国家出版基金项目
NATIONAL PUBLICATION FOUNDATION

"十三五"国家重点出版物出版规划项目
中国石油大学（华东）学术著作出版基金重点资助

煤层气开发理论与技术丛书

煤层气压裂优化设计理论与应用

FRACTURING DESIGN THEORY OF COALBED METHANE AND ITS APPLICATION

程远方　王　欣　丁云宏　著

中国石油大学出版社
CHINA UNIVERSITY OF PETROLEUM PRESS

图书在版编目(CIP)数据

煤层气压裂优化设计理论与应用/程远方,王欣,
丁云宏著.—东营:中国石油大学出版社,2018.3
ISBN 978-7-5636-5600-4

Ⅰ.①煤… Ⅱ.①程… ②王… ③丁… Ⅲ.①煤层－
地下气化煤气－水力压裂－最优设计 Ⅳ.①TE357.1

中国版本图书馆 CIP 数据核字(2018)第 088106 号

书　　名:煤层气压裂优化设计理论与应用
作　　者:程远方　王欣　丁云宏
责任编辑:穆丽娜(电话　0532—86981531)
封面设计:悟本设计
出　版　者:中国石油大学出版社
　　　　　　(地址:山东省青岛市黄岛区长江西路 66 号　邮编:266580)
网　　　址:http://www.uppbook.com.cn
电子邮箱:shiyoujiaoyu@126.com
排　版　者:青岛汇英栋梁文化传媒有限公司
印　刷　者:山东临沂新华印刷物流集团有限责任公司
发　行　者:中国石油大学出版社(电话　0532—86981531,86983437)
开　　　本:185 mm×260 mm
印　　　张:19
字　　　数:453 千
版 印 次:2018 年 4 月第 1 版　2018 年 4 月第 1 次印刷
书　　　号:ISBN 978-7-5636-5600-4
印　　　数:1—1 500 册
定　　　价:60.00 元

序

煤层气（coal bed methane，简称 CBM）俗称"煤矿瓦斯"，是指赋存于煤层及其围岩中的与煤炭伴生的可燃烃类气体，其主要气体组分为甲烷（CH_4）。美国、加拿大、澳大利亚等国已成功进行煤层气商业化开采。美国从 20 世纪 70 年代到 90 年代对煤层气开发持续投入巨额研究经费，取得了煤层气开采技术的突破。例如，美国 1983 年煤层气产量是 $1.7×10^8$ m^3，到 1997 年产量突破 $301.7×10^8$ m^3，2010 年产量达到 $542×10^8$ m^3，占同期天然气总产量的 8.25%，此后趋于平稳常态运营，煤层气有效地弥补了美国常规天然气供应缺口。

我国同样是煤层气储量大国，但商业化进展却非常缓慢。在"十二五"期间，国家为了缓解能源短缺，有效防止瓦斯事故，制定了煤层气开发利用"十二五"规划，规划到"十二五"末煤层气产量地面抽采达到 $140×10^8$ m^3。而 2015 年实际地面抽采量仅为 $44.4×10^8$ m^3，与国家发展目标仍有一定差距。

我国煤层气开发的现状是许多直井的日产量仅为几百立方米，高产区块为几千立方米，上万立方米的煤层气井较少。究竟是何原因导致单井产量低下呢？我国煤层与美国相比有其特殊性，不能照搬美国成功的技术予以开发，因此应针对我国煤层构造运动剧烈、煤层破碎严重等特点，研究出适合我国煤层的工程技术方案，提高我国煤层气开发效率。

水力压裂技术是煤层气井增产的核心手段，目前我国还没有形成能够实现高产的煤层气压裂技术，因此需要从构造地质、地质力学、压裂工艺、压裂液等多个方面进行联合攻关，形成配套的煤层气压裂技术，而《煤层气压裂优化设计理论与应用》一书正是在这一背景下完成的。本书详细介绍了我国煤层的复杂性和特殊性，提出了复杂裂缝水力压裂设计理论、复杂裂缝支撑剂分布规律和经济评价方法，并以沁水盆地南缘和北缘煤层气区块为例介绍了煤层气井压裂的设计方案和压后评价。其中本书对系统掌握煤层气复杂裂缝压裂方法具有很强的针对性，相信对广大煤层气工程技术人员和相关科技人员有较强的参考价值。

让我们共同努力，早日攻克我国煤层气井单井产量低这一技术难题，实现我国煤层气的跨越式发展，提升我国天然气的自给水平。

中国工程院院士

2017.10

前　言

我国煤炭资源丰富，截至 2014 年底已探明煤炭储量 $1\,145\times10^8$ t，约占全球总量的 12.83%。煤层气资源量为 $(30\sim35)\times10^{12}$ m^3，其中埋深 $300\sim1\,500$ m 范围内的煤层气总资源量约为 25×10^{12} m^3。"十一五""十二五"期间煤层气探明地质储量为 $5\,164\times10^8$ m^3。2015 年煤层气抽采量为 180×10^8 m^3，其中井下瓦斯抽采量 136×10^8 m^3、地面煤层气产量 44×10^8 m^3。与资源量相比，我国的煤层气产量还很低，地面开采量占比少得可怜。与美国、加拿大等国相比，差距更大。煤层压裂是煤层气经济开采的主要手段，在我国取得了长足进步，但是现场增产效果还不稳定，已成为制约我国煤层气上产的技术瓶颈，一系列关键技术还有待突破。由于煤层压裂的复杂性和特殊性，目前还没有系统阐述煤层压裂理论与方法的著作。

本书主要阐述煤层气压裂复杂裂缝形成的基本原理及压裂优化设计方法，涉及岩石力学、渗流力学、经济评价等相关理论，并给出了现场应用的实例。全书共分 9 章。第 0 章绪论简单介绍全球煤层气资源分布及主要国家煤层气年产量现状，系统介绍煤层气压裂复杂裂缝特性及压裂优化设计的研究现状。第 1 章详细介绍煤层的基础特性，包括煤岩的结构特征、吸附-解吸及孔渗物理特性、力学特性和煤岩的地应力特性。第 2 章介绍煤岩压裂的多样性和复杂性，给出竖直缝、水平缝、T 型缝、复杂缝的形成条件，并通过物理模拟实验进行验证。第 3 章对多个水力压裂经典模型求解过程进行阐述，包括二维 PKN 模型、KGD 模型、Palmer 拟三维裂缝模型和 Barree 全三维模型。第 4 章针对煤岩水力压裂的特点，给出复杂裂缝建模的求解过程，包括 T 型缝、多裂缝模型。第 5 章介绍煤层气压裂液摩阻分析与支撑剂运移分布，包括不同流型压裂液摩阻计算方法和支撑剂运移分布模型。第 6 章给出煤层气压裂产能计算模型，并分析直井压裂前后、水平井压裂前后产能的变化规律及多分支井的产能特征。第 7 章简要介绍煤层气压裂经济评价方法，并以直井压裂为例给出典型井压裂的经济特征。第 8 章为煤层气井压裂实践部分，以沁水盆地南缘和北缘两个区块为例，介绍典型煤层气井压裂的产能分析、压裂设计及压后评价，探讨两个区块实际产量存在显著差异的主要原因。

　　本书内容主要取自国家重大专项"煤层气完井与高效增产技术及装备研制"项目相关研究课题的成果以及中国石油大学(华东)岩石力学研究中心的一批博士、硕士研究生,如李娜、袁征、张超、许瑞、赵凤坤、祝东峰和吴百烈等的毕业论文。本书的出版得到了"教育部长江学者和创新团队发展计划"及中国石油、中国海油多个项目的支持。同时,本书获得了国家出版基金项目、"十三五"国家重点出版物出版规划项目以及中国石油大学(华东)学术著作出版基金重点资助,在此一并表示感谢。本书引用了大量的文献,在此向文献作者致以谢意。

　　由于作者水平有限,书中难免存在一些错误与不妥之处,敬请读者批评指正。

作　者

2017 年 10 月

目　录

第 0 章　绪　论

　　煤层气俗称"煤矿瓦斯",是指赋存于煤层及其围岩中的与煤炭伴生的可燃烃类气体,其主要气体组分为甲烷(CH_4),国际上习惯将煤层气称为煤层甲烷(coal bed methane,简称 CBM)。煤层气是一种自生自储式非常规油气资源。目前,世界上开展煤层气勘探开发的国家主要有美国、加拿大、澳大利亚、俄罗斯、中国等,其中美国在圣胡安、黑勇士、北阿巴拉契亚、粉河等多个盆地进行了大规模的开发,且煤层气在美国天然气供应中发挥了重要作用;加拿大也已形成商业煤层气产能,且煤层气生产规模仍在扩大;在北美,煤层气与致密气、页岩气一起成为实现天然气储量接替的 3 类重要的非常规资源;中国沁水盆地南缘已建成煤层气生产示范区。

0.1　煤层气储量分布状况

　　世界范围内煤层气资源分布广泛,储量丰富,总资源量可达 $260 \times 10^{12} \ m^3$,其中 90% 分布在俄罗斯、美国、中国、加拿大、澳大利亚[1]。世界主要国家煤层气资源储量分布见表 0-1。

表 0-1　世界主要国家煤层气资源储量

序　号	国　家	煤层气资源量/($10^{12} \ m^3$)
1	俄罗斯	17~113
2	美　国	21.19
3	中　国	35
4	加拿大	17.9~76
5	澳大利亚	8~14
6	德　国	3
7	波　兰	3
8	英　国	2
9	乌克兰	2
10	哈萨克斯坦	1.1
11	印　度	0.8

序　号	国　家	煤层气资源量/(10^{12} m³)
12	南　非	0.8
合　计		84～262

0.1.1　美　国

美国煤层气资源主要分布在华盛顿西部盆地、大格林河盆地、尤因塔盆地、皮申斯盆地、圣胡安盆地、拉顿盆地、阿科马盆地、黑勇士盆地、中阿巴拉契亚盆地、北阿巴拉契亚盆地、伊利诺斯盆地、温德河盆地等 14 个盆地,其中,近 85% 的煤层气资源分布在西部 Rocky Mountain 地区中生代和新生代的含煤盆地内。美国含煤盆地煤层气资源概况见表 0-2。

表 0-2　美国含煤盆地煤层气资源概况

盆地名称	面积/km²	煤层最大埋深/m	单井最大总煤层厚度/m	单煤层最大厚度/m	煤层气地质储量/(10^{12} m³)
圣胡安	19 500	1 200	30	12.0	2.38
皮申斯	17 400	3 660	30	6.7	＞2.38
大格林河	54 600	1 830	29	6.0	8.89
温德河	67 000	1 220	91	60.0	0.85
拉　顿	5 700	920	27	3.0	0.28
西华盛顿	16 900	—	—	12.0	0.68
温德河	21 000	3 660	30	8.5	0.06
尤因塔	24 000	920	—	7.6	0.28
北阿巴拉契亚	11 400	610	6	3.7	1.73
伊利诺斯	130 000	920	5	4.6	0.55
黑勇士	15 500	1 220	6	2.4	0.57
中阿巴拉契亚	1 300	760	5	1.8	0.14
阿科马	35 000	920	3	2.1	0.11
卡霍巴和库萨	940	3 800	—	—	0.08
里奇蒙德	650	920	—	4.6	0.08
宾州无烟煤盆地	1 300	920	—	2.0	—
瓦利	160	1 220	—	—	—

美国煤层气探明储量从 1989 年的 1 040×10^8 m³ 提高到 2007 年的 6 191×10^8 m³,平均每年递增 11%,如图 0-1 所示。

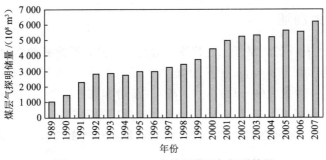

图 0-1　1989—2007 年美国煤层气探明储量

0.1.2　加拿大

加拿大具有可观的煤层气资源量,17 个含煤盆地和含煤区的资源量为 $(17.9 \sim 76) \times 10^{12} \, m^3$,其中两大储量丰富的区块为西部阿尔伯塔省的沉积盆地和东部新斯科舍省的坎伯兰盆地,主力产层分布在曼恩维尔(Mannville)、阿德利(Ardley)和马蹄峡谷(Horseshoe Canyon)等地层中(图 0-2)。根据阿尔伯塔省地质部门的估计,阿尔伯塔拥有煤层气资源量 $15 \times 10^{12} \, m^3$,可采资源量达到 $2.1 \times 10^{12} \, m^3$ 。

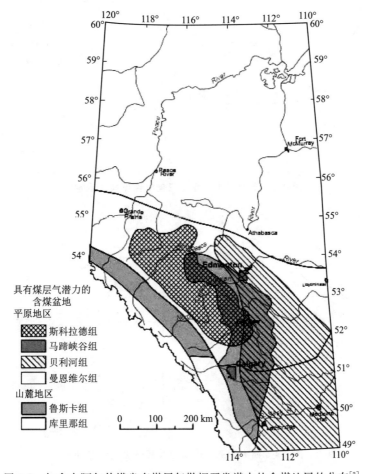

图 0-2　加拿大阿尔伯塔省有煤层气勘探开发潜力的含煤地层的分布[2]

0.1.3 澳大利亚

除美国外,澳大利亚的煤层气工业化程度最高。澳大利亚拥有约 30 个含煤盆地,多为二叠—三叠纪煤层(图 0-3),煤炭资源量为 1.7×10^{12} t,煤层平均含气量为 $0.8 \sim 16.8$ m^3/t,煤层气资源量为 $(8 \sim 14) \times 10^{12}$ m^3,主要分布在东部鲍恩(Bowen)盆地、悉尼盆地(图 0-4),煤层气储层厚度平均在 $6 \sim 17$ m 之间,煤层埋深普遍小于 1 000 m,渗透率主要集中在 $(1 \sim 10) \times 10^{-3}$ μm^2 之间。澳大利亚主要盆地和地区的煤层气资源量分布如图 0-5所示。

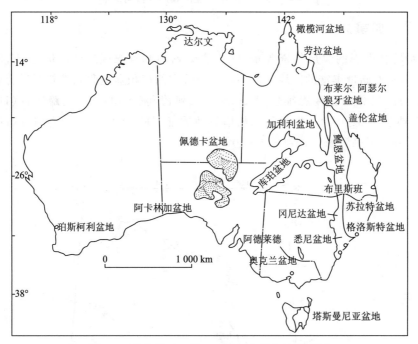

图 0-3 澳大利亚二叠—三叠纪含煤盆地示意图

图 0-4 澳大利亚含煤盆地及其煤层气资源分布

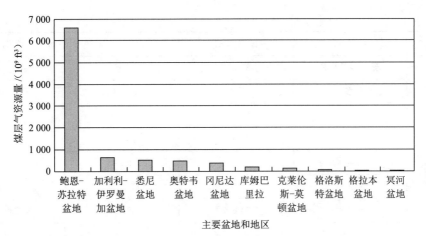

图 0-5 澳大利亚主要盆地和地区的煤层气资源量分布[3]

$1\ ft^3 = 0.028\ 3\ m^3$

0.1.4 中 国

据我国国土资源部油气资源战略研究中心的统计结果,我国煤层气的勘探、开发和利用主要经历了 3 个发展阶段:① 矿井瓦斯抽放发展阶段(1952—1989 年);② 现代煤层气技术引进阶段(1989—1995 年);③ 煤层气产业逐渐形成发展阶段(1996 年以后)。在资源量方面,我国煤层气资源丰富,继俄罗斯和加拿大之后居世界第 3 位[4,5]。

最新一轮全国油气资源评价结果[6]显示,我国大陆 42 个聚煤盆地埋深 2 000 m 以内煤层气地质资源量为 $36.8 \times 10^{12}\ m^3$(相当于 $520 \times 10^8\ t$ 标准煤),其中 1 500 m 以内煤层气可采资源量为 $10.9 \times 10^{12}\ m^3$。按照煤层气资源的地理分布特点可分为东部、中部、西部及南方 4 个大区,其中东部区煤层气地质资源量 $9.74 \times 10^{12}\ m^3$,可采资源量 $4.05 \times 10^{12}\ m^3$,分别占全国的 26.5% 和 37.2%,是我国煤层气资源最为丰富的大区;中部区煤层气地质资源量 $10.47 \times 10^{12}\ m^3$,可采资源量 $2.00 \times 10^{12}\ m^3$,分别占全国的 28.5% 和 18.4%;西部区煤层气地质资源量 $10.10 \times 10^{12}\ m^3$,可采资源量 $2.75 \times 10^{12}\ m^3$,分别占全国的 27.4% 和 25.2%;南方区煤层气地质资源量 $4.44 \times 10^{12}\ m^3$,可采资源量 $1.59 \times 10^{12}\ m^3$,分别占全国的 12.1% 和 14.6%(表 0-3)。

表 0-3 我国煤层气资源量及可采资源量分布状况表

地 区	盆 地	面积/km^2	资源量/($10^8\ m^3$)	可采资源量/($10^8\ m^3$)
东 部	沁 水	27 137	39 500	11 216
	二 连	34 853	25 816	21 026
	海拉尔	12 986	15 957	4 503
	豫 西	5 923	6 744	1 154
	徐 淮	3 490	5 784	1 482
	宁 武	1 718	3 643	1 129

地 区	盆 地	面积/km²	资源量/(10⁸ m³)	可采资源量/(10⁸ m³)
中 部	鄂尔多斯 C-P	37 515	45 858	11 706
	鄂尔多斯 J	71 330	52 775	6 164
	四 川	19 684	6 042	2 110
西 部	天 山	10 550	16 261	6 671
	塔里木	40 637	19 338	6 866
	三塘湖	2 763	5 942	1 752
	准噶尔	34 607	38 268	8 077
	吐 哈	9 393	21 198	4 100
南 方	川南黔北	19 428	9 693	3 045
	滇东黔西	16 055	34 723	12 892
其 他		26 590	20 568	4 803
全 国		374 659	368 110	108 696

此外,我国煤层气资源以中低煤阶为主,中低煤阶煤层气占 79%,主要分布在鄂尔多斯盆地、准噶尔盆地、二连盆地以及川南和滇东地区。

0.2 煤层气开发利用现状

煤层气作为近 20 年来在世界上崛起的新型能源,其成本与常规天然气基本相当,可以作为与常规天然气同等质量的优质能源和化工原料。同时,煤层气又是煤矿生产中的有害气体,对煤矿安全生产构成很大威胁,开采的煤层气若直接排入大气中则会对环境造成严重污染。因此,开发利用煤层气这一洁净能源,对于优化我国能源结构、减少温室气体排放、解决煤矿安全生产以及实现我国国民经济可持续发展等都具有重要意义。

目前,世界上的主要产煤国都在积极开展煤层气勘探开发工作,这些国家大致分为 3 类[6-19]:① 实现煤层气商业开发并已形成煤层气工业的国家,仅有美国;② 正在开展大规模煤层气勘探开发试验,且部分试验区初步具备商业开发条件的国家,如加拿大、澳大利亚、中国、印度、英国;③ 已开展小规模煤层气勘探开发试验或积极准备参与煤层气开发的国家,如波兰、智利、巴西等。

0.2.1 美 国

早在 1951 年,美国就在圣胡安盆地勘探钻成了第一口煤层气开发试验井。20 世纪 70 年代以来,由于能源需求量增加和常规天然气资源不足,美国开始重视并鼓励煤层气的勘探开发,科技投入高达(30~40)×10⁸ 美元。1976 年在圣胡安盆地完成了第一口煤层气商业生产井,获得煤层气工业生产气流,标志着美国煤层气工业的起步。1981 年美国煤层气生产达到商业化规模。20 世纪 80 年代,美国天然气研究院(GRI)着手部署煤层气大规模开发技术攻关,先后投入了 60 多亿美元研究煤层气勘探开发技术,通过进行大规模的科研试验,取得了总体勘探技术的突破。

此外,美国为鼓励非常规燃料的生产制定了《1980 年原油意外获得法》,规定从 1980 年至 1992 年钻成的煤层气井以及于 1992 年 12 月 31 日以前开钻的煤层气井可享受税款补贴政策。在该项优惠政策和大量科技成果的推动下,美国煤层气工业得到了迅速发展(图 0-6),煤层气产量由 20 世纪 70 年代不足 1×10^8 m^3,增加到 1983 年产量 1.7 $\times 10^8$ m^3/a,1984 年煤层气生产井数 284 口、产量 2.8 $\times 10^8$ m^3/a,1987 年达到 9×10^8 m^3/a,1991 年煤层气生产井数 2 982 口、产量约 100×10^8 m^3/a,1993 年产量为 212×10^8 m^3/a,1995 年猛增到 285×10^8 m^3/a,之后增速放缓,1997 年突破 300×10^8 m^3/a,1999 年达到 350×10^8 m^3/a,占美国燃气总产量的 7%~8%。2000 年美国煤层气年产量为 396.48×10^8 m^3/a,2001 年达到 401×10^8 m^3/a,为同期我国天然气产量的 1.3 倍。2002 年美国煤层气生产井数达到 14 200 口,煤层气产量达到 450×10^8 m^3/a,单井产量平均为 8 802 $m^3/a/d$,2005 年新钻煤层气井超过 3 000 口,产量达到 460×10^8 m^3/a,占同期天然气产量的 8.25%。截止到 2008 年,美国已有 12 个煤层气田投入生产,产量达到 540×10^8 m^3/a,2010 年产量达到 542×10^8 m^3/a,占同期天然气产量的 8.25%,此后趋于平稳常态运营。美国煤层气有效地弥补了常规天然气供应的缺口。

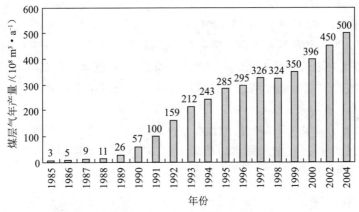

图 0-6 美国 1985—2004 年煤层气年产量

0.2.2 加拿大

2000 年以前,受市场价格与生产技术的影响,加拿大将煤层气列为无经济开采价值的资源,因此未对煤层气进行大规模的开发。1987—2001 年间,加拿大煤层气生产井总数为 250 口,在此期间单纯套用美国煤层气开发技术开采煤层气,未实现产量突破。2000 年以后,受北美常规天然气产量下滑的影响,加拿大天然气供需矛盾突出,天然气价格上涨,在政府政策与资金的支持下,煤层气开发企业开展了一系列的技术攻关,大大降低了煤层气开采的成本,煤层气产业有了新的发展。2001 年第一个商业化煤层气田由加拿大能源公司开发投产,2002 年煤层气产量为 1×10^8 m^3/a。2003 年新钻煤层气井 1 015 口,产量为 5.1 $\times 10^8$ m^3/a。2004 年钻新井 1 500 口,煤层气生产井总数达 2 900 口,产量达 15.5 $\times 10^8$ m^3/a。2005 年,加拿大又投资 10 亿加元用于煤层气井钻井,新钻煤层气井 3 900 多口,其中有 3 000 多口已经连接到输气管线,此时煤层气产量达到 31×10^8 m³/a。截至 2006 年底,煤层气井总数超过 6 500 口,煤层气产量达到 52.9×10^8 m³/a,占天然气总产量的 3%,2007 年产量达到 86×10^8 m³/a,截至 2009 年加拿大钻探煤层气井总数约 1.55 万口,煤层气年产量近 100×10^8 m³/a。

尽管近年来加拿大煤层气产业发展迅速,但在开采过程中仍存在一些问题,如高效低成本开采技术研发问题、煤炭石油天然气开采矿业权争议问题、煤层气产出水造成的环境问题等。

0.2.3　澳大利亚

澳大利亚十分重视煤层气的开发利用,整个煤层气的勘探开发工作发展迅速,煤矿安全生产的相关政策促进了煤层气产业的发展,同时充分吸收美国煤层气资源评价和勘探、测试分析方面的成功经验,针对本国煤层含气量高、含水饱和度变化大、原地应力高等地质特点进行自主创新,将煤矿井下抽放技术应用到地面开发中,形成了独特的 U 型井开发技术,在苏拉特盆地施工的 U 型水平井(钻入煤层 500 m),单井日产气量达 85 000 m³/d,很好地满足了开采需要。

澳大利亚于 1976 年开始进行煤层气开采,1987—1988 年间开始采用地面钻井开采煤层气,1998 年煤层气产量为 0.4×10^8 m³/a[20]。昆士兰天然气公司在鲍恩盆地靠近 Chinachill 的 Argyle-1 井取得了成功,压裂单井日产气量超过 28 000 m³/d。2004 年澳大利亚煤层气产量为 13×10^8 m³/a,2005 年产量为 15×10^8 m³/a,2006 年产量为 18×10^8 m³/a,2007 年产量为 29×10^8 m³/a,2008 年仅昆士兰州就拥有 725 口煤层气井,产量为 40×10^8 m³/a。近年来,煤层气已成为澳大利亚天然气多元化供应的重要组成部分,据澳大利亚石油天然气工业集团统计,2010 年煤层气产量再创新高。澳大利亚目前主要采用煤矿水平钻井、斜交钻孔和地面钻孔抽放煤层气。

同时,澳大利亚煤层气开发过程中也存在一些问题:一是生产过程中产生的大量废水的处理问题;二是生产过程中用到水力压裂方法的问题;三是煤层气主要成分甲烷在生产和运输过程中的泄漏问题。

0.2.4　中　国

我国是世界上第一煤炭生产大国,伴随巨大的煤炭资源,煤层气资源也十分丰富,经过"六五"到"九五",特别是"十五"以后国家一系列科技攻关项目的实施,通过学习国外煤层气勘探开发的成功经验,结合我国自身煤田地质特点,我国煤层气开发利用技术取得了长足发展,形成了一系列具有自主知识产权的煤层气勘探开发技术。这些技术主要包括:煤层气开发有利地区选区评价技术、绳索取芯技术、清水钻开煤层技术、水力携砂压裂技术、清洁压裂液携砂压裂技术、氮气泡沫压裂技术、欠平衡钻井和完井技术、多分支水平井钻井和排采技术、煤矿井下定向多分支长钻孔抽采技术等。

我国煤层气开采走过了漫长而艰辛的道路,煤矿井下瓦斯抽放始于 20 世纪 50 年代。1952 年煤炭工业部率先在辽宁抚顺矿务局龙凤煤矿进行井下瓦斯抽放试验,并获得了成功。1957 年阳泉矿务局四矿试验成功了邻近层抽放煤层气的方法,当年抽采煤层气量为 $6\ 000 \times 10^4$ m³。20 世纪 60 年代,梁山、焦作、淮南等 20 多个矿井先后开展煤层气抽采工作,抽采量达到 1.6×10^8 m³/a;70 年代,抽采煤层气矿井数量猛增到 83 个,抽采量达到

$2.4×10^8$ m^3/a;80 年代中期,随着美国煤层气地面开采的成功和对煤层气商业价值和能源战略地位认识的不断提高,我国煤层气进入地面开发研究和试验阶段,相关工业部门、研究机构和高校先后进行了全国性、区域性和重点煤田或矿区的煤层气资源勘探评价、开采技术和开发工艺的研究。

为引进先进技术和设备以发展我国煤层气工业,1992 年煤炭部门与联合国开发计划署(UNDP)签订协议,投资 1 000 万美元进行煤层气开发试验。"九五""十五"期间科技攻关设立煤层气研究和试验项目,中华人民共和国国家发展和改革委员会(简称国家发改委)设立"中国煤层气资源评价"国家级项目,有力地支撑了煤层气资源评价及勘探开发的进行。1996 年国务院批准成立了全国唯一的煤层气开发企业——中联煤层气有限责任公司(简称中联公司),拉开了我国煤层气大规模开发的序幕。同年,国家经济贸易委员会将煤层气开发和煤层气发电列入《资源综合利用目录》。

从 1999 年开始,辽宁阜新盆地施工 8 口煤层气井,日产气量 $1.5×10^4$ m^3,我国煤层气地面钻井商业开发实现了零的突破。2001 年中联公司在沁水南部区块探明煤层气地质储量 $402.18×10^8$ m^3,建立了沁南枣园煤层气开发试验井组,日供气 10 000~20 000 m^3。为推进煤层气产业化进程,2002 年国家 973 计划设立了"中国煤层气成藏机制及经济开采基础研究"项目。该项目立足基础理论研究,系统分析了制约我国煤层气发展的关键科学问题,取得了一系列科技成果,对我国煤层气勘探开发进程起到了重要的推动作用。

2004 年 12 月国家发改委批准国家级沁南煤层气高技术产业化示范工程项目;2005 年山西晋城投入 $2.37×10^8$ 美元建设国内第一个煤层气综合开发利用示范项目,示范项目钻井100 口,压裂 40 口,排采 40 口,煤层气年产能达 $0.7×10^8$ m^3/a。"十一五"期间,国家科技重大专项"大型油气田及煤层气开发"立项通过,制订了"十一五"能源发展计划,将煤层气开发列为重点项目并制定了具体的实施措施。2006 年 6 月中华人民共和国国务院办公厅(简称国务院办公厅)发布了《关于加快煤层气(煤矿瓦斯)抽采利用的若干意见》,要求相关部门细化煤层气产业的优惠政策,这对加快我国煤层气产业的发展起到了里程碑式的作用,煤层气产业化迎来了良好的发展契机。

2007 年 10 月煤层气开发利用国家工程研究中心(简称煤层气国家工程研究中心)正式挂牌成立,此后解决了煤层气勘探、开发和利用中的一系列工程技术问题,促进了科技成果在生产中的利用和转化。同年底,全国共钻煤层气生产井 2 000 余口,其中山西、陕西、内蒙古等地区钻井数占全国钻井总数的 80% 以上,沁水盆地南部、鄂尔多斯盆地东缘被确定为煤层气开发重点地区。

2008 年煤层气年产能达到 $4.2×10^8$ m^3/a,此后每年煤层气钻井数量增加约 1 000 口,2010 年新钻井 1 400 口,历年累计 5 520 口,累积探明地质储量 $2 811×10^8$ m^3。为进一步扩大煤层气开发力度,2010 年 12 月国家新增了中国石油天然气集团公司、中国石油化工集团公司、河南煤层气开发利用有限公司等 3 家企业单位作为煤层气开发的试点单位,打破了中联煤层气有限责任公司的垄断地位,煤层气产量达到 $91.9×10^8$ m^3/a,其中地面开发 $15.7×10^8$ m^3/a,井下抽采 $76.2×10^8$ m^3/a。

2011 年底煤层气累积探明地质储量 $4 185×10^8$ m^3,地面开发初步建成沁南、鄂东两个大型煤层气产业基地。2012 年新钻煤层气井 3 976 余口,累积探明地质储量达到 $5 518×10^8$ m^3,勘探工作在新区块、新层系、新领域均取得显著突破。截至 2011 年底,我国累积施工煤层气井 13 580 口,煤层气产量达到 $126 \times 10^8 \ \text{m}^3$,其中地面开发 $25.7 \times 10^8 \ \text{m}^3$,煤矿区煤层气抽采 $100.3 \times 10^8 \ \text{m}^3$。

2013 年 7 月,全国约有 13 000 口煤层气生产井,9 月国务院办公厅下发了《关于进一步加快煤层气(煤矿瓦斯)抽采利用的意见》,有关部门出台了煤炭生产安全费用提取、煤层气抽采利用企业税费减免、财政补贴、瓦斯发电上网及加价、人才培养等扶持政策。煤层气产量达到 $156 \times 10^8 \ \text{m}^3$,其中,井下瓦斯抽采量 $126 \times 10^8 \ \text{m}^3$,地面煤层气产量 $30 \times 10^8 \ \text{m}^3$,煤层气利用总量 $66 \times 10^8 \ \text{m}^3$,利用率为 42.31%。随着政府补贴加大、矿权明确等国家政策的落定,煤层气开采具备爆发式增长空间。

2013 年 9 月 22—24 日在杭州召开了主题为"中国煤层气勘探开发技术与产业化"的"2013 年煤层气学术研讨会"。2014 年 7 月 27—28 日在中国石油大学(华东)召开了"2014 年国际煤层气开采工艺技术交流会"。

按照煤层气"十二五"发展规划,"十二五"期间将建成沁水盆地、鄂尔多斯盆地东缘两大煤层气产业化生产基地,形成勘探开发、生产加工、输送利用一体化发展的产业体系,煤层气产量要达到 $300 \times 10^8 \ \text{m}^3$,地面和井下煤层气产量分别达到 $160 \times 10^8 \ \text{m}^3$ 和 $140 \times 10^8 \ \text{m}^3$。

目前来看,煤层气开发未能实现"十二五"目标。图 0-7 是近 10 年我国煤层气产量变化情况图。从图中可以看出,2015 年煤层气总产量仅为 $180 \times 10^8 \ \text{m}^3$,比预期目标少 $120 \times 10^8 \ \text{m}^3$,地面开采所占份额更是少得可怜。这可能与全球低油价行情有关,但核心技术还有待突破是重要原因。

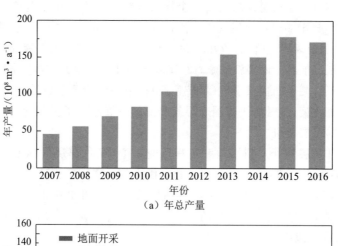

(a) 年总产量

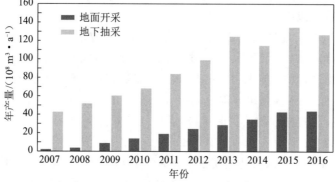

(b) 地面开采和地下抽采产量对比

图 0-7　我国近 10 年煤层气产量变化规律

0.2.5　我国煤层气开发面临的问题

在国家科技重大专项的支持下,借鉴国外煤层气勘探开发的先进经验并通过自主探索,经过大量勘探开发项目的实践,我国煤层气勘探开发理论和技术进步非常显著,逐步形成了一套适合我国煤层气地质特点的煤层气地质评价和常规勘探开发工艺技术。但同时我国煤层气勘探开发面临许多问题[21-26]:

(1) 勘探投入不足。煤层气勘探风险大、投入高、回收期长,而国家用于煤层气基础勘探的资金少,最低勘探投入标准低,探矿权人投资积极性不高,社会资金参与煤层气勘探存在障碍,融资渠道不畅,勘查程度低。煤层气探明地质储量 $2\,734 \times 10^8\ m^3$,仅为预测资源总量的 0.74%,难以满足大规模产能建设的需要。

(2) 抽采条件复杂。我国煤层气赋存条件区域性差异大,多数地区呈低压力、低渗透、低饱和特点,除沁水盆地和鄂尔多斯盆地东缘外,其他地区目前实现规模化、产业化开发难度大。高瓦斯及煤与瓦斯突出矿井多,随着开采深度的加大,地应力和瓦斯压力进一步增加,井下抽采难度增大。

(3) 利用率低。部分煤层气项目管道建设等配套工程滞后,下游市场不完善,地面抽采的煤层气不能全部利用。煤矿瓦斯抽采项目规模小、浓度变化大、利用设施不健全,大量煤矿瓦斯未有效利用,2013 年的利用率仅为 42.31%。

(4) 关键技术有待突破。煤层气开发利用基础研究薄弱。现有煤层气勘探开发技术不能适应复杂地质条件,钻井、压裂等技术装备水平较低,低阶煤和高应力区煤层气开发等关键技术有待研发。煤与瓦斯突出机理仍未完全掌握,深部低透气性煤层瓦斯抽采关键技术装备水平亟待提升。

(5) 扶持政策需要进一步落实和完善。瓦斯发电机组规模小、布局分散,致使部分地区瓦斯发电上网难,加价扶持政策落实不到位。煤层气法律法规和标准规范尚不健全。煤层气开发利用经济效益差,现有补贴标准偏低。高瓦斯及煤与瓦斯突出矿井开采成本高、安全投入大,需要国家在税费等方面出台扶持政策。

(6) 协调开发机制尚不健全。煤层气和煤炭是同一储层的共生矿产资源。长期以来,两种资源矿业权分别设置,一些地区存在矿业权交叉重叠问题,虽然有关部门采取了清理措施,推动合作开发,但煤层气和煤炭协调开发机制尚未全面形成,既不利于煤层气规模化开发,又给煤矿安全生产带来隐患。

0.2.6　煤层气主要开发技术

1) 多分支井技术

多分支井是指在一个主井眼的两侧再钻出多个分支井眼作为泄气通道,如图 0-8 所示。为了降低成本和满足不同需要,有时在一个井场朝对称的 3 或 4 个方向各布一组井眼,有时还利用上下两套分支同时开发两层煤层。多分支井在煤层中形成相互连通的网络,可最大限度地沟通煤层裂隙和割理系统,降低煤层裂隙内流体的流动阻力,提高煤层排水降压速度和煤层气解吸运移速度,增加煤层气产量,提高煤层气采出程度,缩短采气时间,提高煤层气开发经济效益。

图 0-8　多分支井开发煤层气示意图

2）注气提高煤层气采收率技术

注气开采煤层气是指通过向煤层中注入 N_2、CO_2、烟道气等气体进行煤层气开采,其实质是向煤层中注入能量,改变压力传导特性,增大或保持扩散速率不变,从而达到提高单井产量和采收率的目的。煤基质表面对气体分子的吸附能力是一定的,向煤层中注入 N_2、CO_2、烟道气后,这些气体分子会在一定程度上置换甲烷分子,使甲烷分子脱离煤基质的束缚而进入游离状态,混入流动的气流中,从而达到提高煤层气产量的目的。

3）裸眼/洞穴完井技术

针对低煤阶、高渗透、厚煤层钻井易垮塌和煤层污染问题,采用煤层段裸眼下筛管完井或洞穴完井方式,以增加煤层裸露面积,提高单井产量。该技术在美国圣胡安盆地、粉河盆地应用广泛。

4）压裂技术

压裂技术是煤层气开发过程中的关键技术,通过压裂对产层进行改造,以提高煤层气产量。目前国外针对不同储层采用的压裂技术主要有交联凝胶压裂、加砂水力压裂、不加砂水力压裂和氮气泡沫压裂等,各项技术均发展成熟。此外,在生产实践中还采用了多次压裂。

5）沿煤层钻井和一体化抽采技术

该技术适用于地层倾角较大的煤层。通过地面钻井到达煤层后,沿煤层钻进 500 m 以上,只要煤层稳定性许可,也可钻进更长的进尺,煤层段采用裸眼完井。该技术还可以在煤矿区附近应用,结合巷道抽采,实现采煤采气一体化,这样既可利用资源,又可解决煤矿安全生产。

6）煤层气开发与采煤一体化技术

浅层煤炭开采之前要先进行瓦斯抽放,故实现煤层气开发与采煤一体化较容易。开采深层煤炭资源难度大、成本高,但对于高瓦斯深层煤炭采用煤层气开发与采煤一体化技术还是有经济效益的。这项技术主要是利用钻头喷嘴的水射流在煤层段斜穿孔冲洗,循环出水煤浆和煤层气,在地面进行固、液、气三相分离,因此既可采出煤和煤层气,分离出来的水又可注入井内重复使用。该技术特别适用于煤层气含量高、厚度大、强度低、不含夹层的粉煤,如果煤层含水量较大,与制水煤浆技术结合,其经济效益更高。

7) 排采技术

煤层气的生产是通过排水采气实现的,常用的技术主要是气举和管式泵抽油机排采等。抽油机的动力源在电网发达地区为电动机,电网不能到达的地区用气井生产的煤层气带动小型燃气动力装置。该技术的水温、气体埋深、排水量、日产气量、累积产气量等全部由自动化仪表记录。

0.3 煤层水力压裂现状

我国煤层气储层多为低渗透储层,大部分井若不压裂基本无产量,因此水力压裂技术是我国煤层气开发的主体增产技术之一。由于煤岩弹性模量低,地层软,天然割理裂缝发育,因此煤层水力压裂时易形成复杂的裂缝扩展形态,而复杂的裂缝呈网络状发育,单条裂缝张开程度有限,易砂堵,砂比难以提升,裂缝最终有效支撑率低,裂缝长度延伸难度大。

从 20 世纪六七十年代开始,美国和加拿大等国家进行了一系列煤层气压裂现场试验,形成了一定的煤层气复杂裂缝扩展理论和现场实施经验。国内外通过巷道挖掘实地观察也得到多种复杂裂缝形态,其中典型代表是水平缝与竖直缝共存、T 型缝或工型缝、大范围分布斜交裂缝、多裂缝、转向裂缝、缝网等。TerraTek 公司对煤层气压裂监测利用测斜仪、微地震等综合监测手段,采用邻井双井监测等方法对煤层压裂的复杂裂缝形态进行了监测,结合连续油管等煤层气压裂设备以及与之相配套的压裂设计、监测软件,对煤层气井的分层压裂、诊断技术等进行了较为系统的研究[27-42]。

我国对煤层气的研究起步较晚,在我国 30 余年的煤层气勘探开发实践中,产气量在 1 000 m³/d 以上的煤层气井几乎都要经过压裂技术改造,但压裂技术单一,煤层裂缝扩展理论、实验方法大多延用油层的压裂理论、方法和技术。为此,中国石油勘探开发研究院廊坊分院、中国石油大学(北京)、中国石油大学(华东)、西南石油大学等多家研究院所及高校进行了大量的全三维煤岩物理模拟实验研究和复杂裂缝扩展理论研究,取得了一系列有意义的研究成果。进入 21 世纪以来,晋煤集团、中联公司、中国石油等煤层气公司在沁南地区、鄂东地区应用水力压裂技术开发煤层气获得了巨大成功,极大地推动了我国煤层压裂技术的应用。

0.3.1 煤层水力压裂改造需求

我国煤层呈现低饱和、低渗透、低压的“三低”特点,煤层气单井产量较低,经济开采需要进行一定的压裂改造增产措施。煤层与常规油气储层在介质组构、生成环境、物性、地应力等方面有很大差异。首先,煤层中含有丰富的天然割理裂缝,这些割理裂缝是煤层的主要裂隙系统,同时也是导致压裂裂缝形态复杂化的重要原因。割理和天然裂缝对水力裂缝形态有不同的影响,割理主要影响水力裂缝的延伸过程,而天然裂缝对水力裂缝的起裂和延伸过程都产生影响,表现为破裂压力低,延伸过程中存在突然转向和次生裂缝等。其次,煤岩地应力大小和方向是控制煤层气井水力压裂裂缝起裂压力、起裂位置及裂缝形态的重要因素。研究表明,地应力差越小,起裂压力越小,随着水平主应力差系数的减小,天然裂缝与最大水平地应力间的夹角对破裂压力的影响程度增大。煤层压裂时,水平主应力差高时容易产生较为平直的水力主缝,水平主应力差低时裂缝以径向网状扩展模式为主;在相同应力差条件下,高围压状态会使水力裂缝形态趋于复杂。再次,煤岩密度、硬度、弹性、强度、变形、渗透及断裂特性等与常规油气储层不同。煤岩的弹性模量较低,泊松比较高,易破碎,易受压缩。由于煤岩结构的非均质性,原生和次生裂缝系统十分发育和复杂,导致煤岩物理力学性质具有显著的各向异性特征。同常规压裂结果相比,煤层压裂裂缝宽而短,缝面较粗糙,形态可能呈不规则网络状。最后,由于煤层厚度较薄,顶底板的力学性质也是影响煤层压裂裂缝的重要因素。煤层与顶底板之间力学性质及界面性质的差异对煤层中地应力场的分布产生重要影响,从而影响压裂裂缝扩展。资料显示,煤层压裂裂缝的垂向延伸不只局限在煤层中,通常要穿越煤层的顶底板,单纯的煤层与顶底板之间的物理力学性质差异(弹性模量、泊松比等)对压裂裂缝穿层的抑制作用并不显著,顶底板上的垂向压应力和界面性质是决定水力裂缝能否穿层的主要因素。当垂向压应力小,界面胶结强度低,摩擦系数小时,水力裂缝在界面上易产生横向滑移,难以穿入隔层扩展;反之,水力裂缝将穿越界面进入隔层扩展。

此外,压裂施工技术参数、煤岩的脆性和易碎性使得压裂液压开煤岩时产生大量煤屑,压裂液性质、注入方式等其他一些因素都影响煤层气压裂裂缝起裂及裂缝形态的扩展。煤层压裂后裂缝的实际形态复杂多样,且难以直接观察,煤层易受伤害,比表面积大,容易吸收更多的外来流体及添加剂,与外来污染产生协同效应,大大降低施工效果,高注入压力、砂堵、支撑剂嵌入、压裂液返排以及煤粉堵塞等问题突出。煤层水力压裂改造的目的是在尽可能降低储层污染的前提下最大限度地沟通井底—水力裂缝—储层的连接通道。

0.3.2　煤层水力压裂工艺技术

常用于煤层的水力压裂工艺主要有水力加砂压裂、分层压裂、重复压裂、连续油管压裂、氮气泡沫压裂等。

1) 水力加砂压裂

水力加砂压裂是进行煤层气勘探开发的关键技术之一,也是我国应用范围最广的压裂手段。该技术要求压裂液能够与煤层配伍,具有强携砂能力、低伤害、高返排特性,要求支撑剂具有一定强度,一般要求其在闭合压力 30 MPa 下破碎率小于 20%。水力加砂压裂主要包括清水加砂压裂、活性水加砂压裂、线性胶加砂压裂、冻胶加砂压裂等。

水力加砂压裂在我国多个区块进行了应用并取得了很好的效果。沁南潘河煤层气田采用活性水、清水、清水加氮气作为压裂液进行了大量施工。其中,活性水加砂一次压裂施工 36 口井,平均日产气 2 510 m³;采用清水加 1% KCl 配成清水压裂液,清水加砂压裂施工 107 口井,平均日产气 1 998 m³;采用清水加氮气压裂液加砂压裂 4 口井,平均日产气

2 010 m³。辽河油田在东北煤层气田,针对煤层滤失严重、液体效率低、施工难度大的特点,采用大排量、大砂量、阶段加砂、不同粒径砂粒复合支撑等手段进行了压裂施工,平均压裂井深达 886.3 m,平均压裂煤层厚度 25.32 m,经压裂改造后,煤层气产量有了大幅度提高,每口井平均日产气在 3 000～3 500 m³ 之间。大庆井下作业分公司井下压裂队采用清水作压裂液,在山西压裂 35 口煤层气井,成功率 100%,取得了很好的压裂效果。

1991 年 11 月—1996 年 4 月,中国石油下属煤层气压裂施工单位采用水力加砂压裂技术在淮南、安阳、柳林和韩城等 4 个煤层气勘探区对 12 口煤层气试验井累计压裂施工 20 层次,所用压裂液类型包括活性水、冻胶、线性胶、低黏水和空气泡沫等,区块压裂后均见到明显增产效果,其中以柳林地区压裂增产效果最为显著,压裂前各井产气量均小于 5 m³/d,压裂后单井最高产气量达 7 050 m³/d,各井产气量一般超过 1 000 m³/d,施工成功率 100%。

2) 分层压裂

分层压裂主要应用于一口井存在多个压裂目的层的情况,当相邻目的层之间间隔距离足够大、遮挡条件好时,分层压裂往往能够实现高效快速开发,达到预期产能。对于煤层分层压裂合排采气,两套煤层"共享"一个井筒,排采过程中压力传递的相对速度直接决定着单井产能的提高效果,只有两套煤层压力传递速度趋于一致,才能最大限度地增大解吸体积,提高产气量。分层压裂技术实施主要考虑的因素有储层压力与储层压力梯度、层间距、上下围岩岩石性质等。当储层压力差较大时,高压煤层中的流体将倒灌入低压煤层,开采时压力传递速度差别较大,造成供液能力差异明显。受下入封隔器的影响,当煤层间距小到合层压裂适用范围时,需采用合压方式。受煤层厚度小的影响,压裂裂缝很容易传至隔层界面,因此上下围岩应该具有一定厚度及良好的岩石力学性质遮挡条件。

我国现有煤层气井深度一般在 300～1 000 m 之间,最深不超过 1 500 m,相对于油气井而言,属于浅井。在鄂尔多斯盆地东部吉县—大宁地区,以山西组 5# 煤和太原组 8# 煤为主要煤层气目标层;在沁水盆地南部晋城地区,以山西组 3# 煤和太原组 15# 煤为主要煤层气目标层;南方的滇东黔西地区煤层达 20 多套。这些地区具有纵向上多煤层的特点,因此分层压裂成为提高煤层气资源利用率的有效途径之一。

3) 重复压裂

我国相当一部分煤层气井一次压裂后不能有效沟通储层,产气效果不理想,甚至不产气,需要采用重复压裂措施。煤层重复压裂工艺技术主要包括变排量技术、降滤失技术、煤粉防治技术等。通过排量的瞬间跃变,将支撑剂输送至裂缝更深处,增大支撑缝长,同时快速提高砂比,在缝口形成楔形砂堤,降低近井气流阻力。通过粉砂降滤、排量优化等,避免压裂液大量进入煤层,有效减少储层污染。施工中压裂液的水力冲蚀及支撑剂的打磨作用会产生大量的煤粉,导致施工压力偏高,作业风险增加,因此煤粉问题是煤层压裂中特有且急需解决的问题。

受地质因素、工程因素影响,并非所有煤层气井都适合重复压裂。煤层气垂直井重复水力压裂选井评判体系见表 0-4。

表 0-4　煤层气垂直井重复水力压裂选井评判体系[39]

评判指标		影响因子		隶属度			
名　称	权　值	名　称	权　值	[100,90+]	[90,80+]	[80,60+]	[60,0]
资源条件	0.35	临储压力比	0.35	≥0.8	0.6～0.8	0.4～0.6	<0.4
		含气饱和度/%	0.40	≥80	60～80	40～60	<40
		资源丰富度/(10^8 m³·km⁻²)	0.25	≥2.0	1.5～2.0	1.0～1.5	<1.0
开发条件	0.40	煤体结构	0.60	Ⅰ,Ⅱ类煤比例≥80%	Ⅰ,Ⅱ类煤比例60%～80%	Ⅰ,Ⅱ类煤比例40%～60%	Ⅰ,Ⅱ类煤比例<40%
		最小主应力/MPa	0.40	≤8	8～10	10～12	>12
		排采工作制度	0.25	降液速度过快,液量<400 m³	降液速度较快,液量400～500 m³	降液速度较慢,液量500～700 m³	降液速度慢,液量≥700 m³
		压裂规模	0.40	排量<6.5 m³/min	排量6.5～7.5 m³/min	排量7.5～8.5 m³/min	排量≥8.5 m³/min
		支撑剂	0.25	性能差	性能一般	性能较好	性能好
		射孔工艺	0.10	不合理	不太合理	较合理	合　理

煤层气井重复压裂前选井选层原则：

（1）所选井必须有足够的剩余可采储量；

（2）若前次压裂由于施工方面的原因造成施工失败,则必须在对失败原因进行分析的基础上加以改进,然后进行重复压裂；

（3）初次压裂规模较小、砂比低、裂缝导流能力低、有效缝长较短的井或裂缝的有效支撑范围不够或支撑剂铺置不合理,以及井的产量下降较快的井；

（4）前次压裂效果较好,但规模不够,未对整个改造层段支撑的井；

（5）前次支撑缝虽然很长,但支撑剂破碎严重、渗透率低、井的产量下降较快的井；

（6）前次压裂成功,但由于压后作业事故造成油气层污染不出液的井；

（7）含水率较低的井；

（8）压裂后产量低而邻井产量高；

（9）复压层段管外无串槽。

4）连续油管压裂

连续油管是国外 20 世纪 90 年代发展起来的热门技术,美国的圣胡安盆地将该技术用于煤层气开发试验项目中,证实了连续油管技术在煤层气开发应用中的优势和潜力。

与常规压裂技术相比,连续油管压裂技术可缩短施工时间,减少环境污染,减小施工量。目前已开始利用连续油管进行多煤层压裂。连续油管压裂技术在美国、加拿大多煤层地区得到了广泛应用。在美国,弗吉尼亚州布坎南县煤层气藏埋深浅,但层多层薄、纵向跨度大,常规压裂工艺费时费力、经济性差,采用连续油管进行压裂改造,压裂液采用低凝胶硼酸盐泡沫体系,支撑剂采用 16/30 目和 20/40 目的砂粒,施工排量 1.3 m³/min,经产量分析及经济性评价,每口井产气量提高到常规压裂措施井的 1.5 倍,成本降低了 8%。2002 年,加拿大在 Drumheller 煤层开发层气,建立了加拿大第一个商业性煤层气项目,采用大排量连续油管压裂技术,将所需支撑剂准确注入目的层,与常规加砂压裂相比产气量增加了 18%。

起初由于连续油管压裂的技术限制,我国只能进行一些先导性试验和简单工艺的实践[40]。近年来,由于大管径油管车的引进,国内连续油管压裂技术逐渐兴起,不过目前此项技术主要应用于多层浅井煤层,特别适用于小井眼压裂以及薄煤层的分层压裂。随着煤层气勘探开发程度的提高,连续油管压裂必将为煤层气高效、快速、经济开发提供新的技术支撑。

　　5) 氮气泡沫压裂

氮气泡沫压裂技术是 20 世纪 70 年代发展起来的一项压裂技术,具有携砂、悬砂能力较强,滤失小,较易造长而宽的裂缝,易返排,地层损害较小,产气速度快等特点,特别适用于低压、低渗透和水敏性地层的压裂改造。氮气泡沫压裂工艺在美国的应用已经相当普遍,在黑勇士盆地的煤层气开采井中,大多数施工井都采用氮气泡沫压裂工艺。然而,该技术在我国还有待试验。潘河煤层气田采用氮气泡沫压裂了 2 口井,压后日产气量平均为 3 037 m³/d,产量增加是其他增产措施的 1.5 倍以上(表 0-5)。

表 0-5　潘河煤层气田氮气泡沫压裂效果统计表

井　号	煤层号	煤层厚度/m	钻井工艺	压裂次数	前置液量/m³	携砂液量/m³	顶替液量/m³	总液量/m³	砂量/m³	平均产气量/(m³·d⁻¹)
PH1	3#	6.2	空　气	1	169	102	4.7	275.7	17	2 884.46
PH1-006	3#	6.4	空　气	1	169	102	4.7	275.7	17	3 190.48

0.3.3　压裂液技术

在水力压裂改造煤层气储层过程中,压裂液不但起到造缝和携砂的作用,同时由于压裂液侵入储层,还将对储层造成一定的伤害,受煤体中黏土矿物及煤粉膨胀和运移的影响,这种伤害程度尤为严重,因此压裂液与煤层应具有良好的配伍性。另外,煤层压裂施工中排量比较大,剪切速率高,因此压裂液必须具有一定的抗剪切性能,施工的整个过程中具有较高的黏度,而在返排阶段还必须具有良好的破胶性,以尽快破胶化水。

煤层压裂常用压裂液有活性水压裂液、清洁压裂液、线性胶压裂液、冻胶压裂液、泡沫压裂液,另外还有新型压裂液、氮气泡沫压裂液。各种类型压裂液的性能特点见表 0-6[41]。

表 0-6　压裂液性能对比

压裂液体系	优　点	缺　点	组　成
活性水压裂液	无滤饼,无残渣,低伤害,活性水携砂距离短,近井厚度大,远井厚度小,有效支撑小,配置简单	摩阻高,悬砂性差,用液量大,造缝效率相对较低	氯化钾＋表面活性剂

压裂液体系	优 点	缺 点	组 成
清洁压裂液	无滤饼,无残渣,摩阻低,悬砂能力较强,造缝效率较高,配置简单	成本高,滤失大	黏弹性表面活性剂
线性胶/冻胶压裂液	摩阻低,滤失小,悬砂能力强,造缝效率高	容易形成大量滤饼,破胶后存在大量残渣,对地层伤害大	线性胶/冻胶
泡沫压裂液	低伤害,黏度高,悬砂能力强,适用于低压、水敏地层	设备复杂,成本高	液相、CO_2 或 N_2、起泡剂

1) 活性水压裂液

活性水压裂液是我国使用最多的压裂液类型,已多次用于煤层气井的开发试验。中联公司在沁水盆地南部国家级煤层气开发示范工程中有 148 口井采用活性水加砂压裂技术,占压裂井总数的 98.7%。活性水压裂液主要由洁净水、氯化钾、表面活性剂等组成,主要用于煤层气藏埋深浅、温度较低、对储层伤害要求高的情况。韩城区块活性水压裂液配方性能测试见表 0-7。

表 0-7 韩城区块活性水压裂液常规检测

项 目	1	2	平 均
黏度/(mPa·s)	1	1	1
稠度系数 K/(Pa·s^n)	0.001	0.001	0.001
流变指数 n	1	1	1
pH 值	7	7	7
配伍性	—	好	—
密度/(g·cm^{-3})	1.013	1.013	1.013
表面张力/(mN·m^{-1})	25.25	25.52	25.39
界面张力/(mN·m^{-1})	1.85	1.83	1.84

2) 清洁压裂液

清洁压裂液又称为黏弹性表面活性剂压裂液,1997 年首次由斯伦贝谢公司研制成功。中联公司在陕西省韩城地区选用清洁压裂液对煤层进行压裂试验,共压裂 3 口井、8 层煤层,施工成功率 100%,并取得了良好的压裂效果,压完后的火把高度为 2~4 m,平均砂比在 30% 以上,最高单层加砂 68 m^3,压后放喷液显示完全破胶(未添加任何破胶剂)。

3) 线性胶/冻胶压裂液

线性胶压裂液由水溶性聚合物稠化剂和其他添加剂组成,其配方为:羟丙基瓜胶＋氯化钾＋助排剂＋氢氧化钠＋低温活化剂＋过硫酸铵。冻胶压裂液配方为:羟丙基瓜胶＋氯化钾＋助排剂＋氢氧化钠＋低温活化剂＋过硫酸铵＋硼砂。线性胶/冻胶压裂液适用于长缝长延伸的情形,但其破胶和返排困难。

4）泡沫压裂液

用于煤层气开采的泡沫压裂液主要包含两类：CO_2 和 N_2 泡沫压裂液。斯伦贝谢公司在 20 世纪 90 年代将 CO_2 泡沫压裂液成功应用于煤层气压裂改造。我国在 20 世纪 90 年代中期引进泡沫压裂液并着手研发，目前主要工作为实验室内配方研制和对各项性能的评价，而在现场施工方面尚处于试验阶段。2010 年，依托国家科技攻关项目，氮气泡沫压裂技术首次在沁南盆地南部煤层进行工业试验，取得了良好的效果，但基于成本、设备要求等原因，目前尚未大规模推广应用。

0.3.4 支撑剂技术

支撑剂的类型、粒度、粒度分布、强度、密度、圆球度等会影响压后闭合裂缝的导流能力，进而影响增产效果。常用的支撑剂有石英砂、陶粒（实心、空心、多孔）、玻璃球、铝球、树脂包层砂等。考虑到强度要求和成本，煤层气井压裂用支撑剂一般选用陶粒和石英砂两类，其中石英砂颗粒的相对密度在 2.65 左右，陶粒的相对密度在 $2.7\sim3.6$ 之间。我国煤层压裂多采用活性水、清洁压裂液等低伤害、低密度压裂液体系。为满足携砂要求，低密度支撑剂的研发将是煤层气压裂研究的一个重要方向。目前低密度砂的密度远小于石英砂，其体积密度小于 $1.15\ \mathrm{g/cm^3}$，真密度小于 $1.9\ \mathrm{g/cm^3}$，携带更容易，有利于铺设在裂缝远端。另外，还要求支撑剂在一定闭合压力下具有一定的强度，破碎率尽可能小，圆球度尽可能高（接近 1），在地层条件及施工条件下具有一定的化学稳定性。

图 0-9、表 0-8 给出了煤层气井压裂常用支撑剂图示及应用目的。

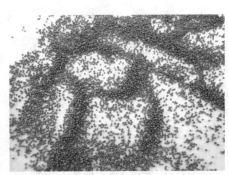

（a）石英砂　　　　　　　　　　　　　（b）低密度砂

图 0-9 煤层气井压裂常用支撑剂类型

表 0-8 煤层气井压裂常用支撑剂用途

支撑剂类型	粒度/目数	应用目的
石英砂	40/70	支撑端割理，降低端割理滤失，阻挡裂缝外煤粉污染
	20/40	铺设主要支撑段
	16/30	铺设在近井地带
低密度砂	20/40	铺设在远井地带，裂缝的远端

1994年9月,采用20/40目石英砂作为支撑剂,在煤拂5井获得了单井日产煤层气超过7 000 m³的工业气流,同区块其他各井也取得了很好的效果,日产气量在1 000～3 000 m³/d之间。

0.3.5　裂缝监测技术

由于煤岩具有割理裂隙系统发育、弹性模量低等特点,容易形成复杂形态裂缝,因此充分认识煤层压裂裂缝方位和几何尺寸,可为制定压裂方案提供重要依据,是评价压裂效果的重要手段。长期以来人们采取多种方法来加强对水力裂缝的认识,概括起来有:煤矿巷道挖掘法、地面电位法、井温测井法、示踪剂测井法、地面测斜仪法、微地震法等。

煤矿巷道挖掘是所有方法中最直接、最能准确反映裂缝性质的方法,但这种方法受各种因素的制约,仅在比较浅的煤层中可以实施,同时要求在压裂后很短的时间内进行挖掘。我国在湖南白沙湾里王庙压后进行了巷道挖掘。该煤层气井井深164 m,煤层厚度12 m,压裂后挖掘发现:煤层压开3条缝,其中一条裂缝长23 m,宽2～7 cm,高0.6～1.8 m,稍向下延伸,如图0-10所示。

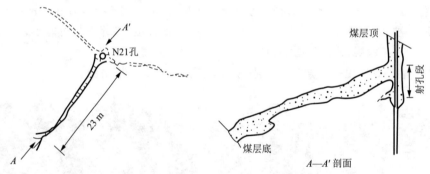

图0-10　白沙湾里王庙煤矿裂缝巷道挖掘示意图

地面电位法是利用煤层压裂前后地层流体导电性能的差异来判断裂缝延伸方向和距离的一种方法。

井温测井法是利用压裂前后井温曲线的差异来进行水力压裂裂缝高度诊断的一种方法,它一般要求在测压前井温基线时井筒内液体静止48 h以上,压后井温曲线在压后2～6 h内测完。

示踪剂测井法是将放射性物质注入井内,使之最终存在于裂缝中,通过测井方法得到放射性物质的存在情况,进而判断裂缝位置。

地面测斜仪法是一种独特、高效的水力裂缝监测和诊断技术,它通过布置在压裂井周围、精度极高的一组地面测斜仪来测量由压裂裂缝引起的地面倾角变化,反演获得裂缝的形态、方位、倾角等,测试结果相对准确,但施工复杂,价格较高。

微地震法是指将井下地震技术用于探测由岩石内应力发生变化引起的微地震事件的一种方法,它将高灵敏度的地震传感器布放于压裂井四周相应位置处,连续记录因压裂引起的储层物理特性改变而产生的微地震活动。该技术用于储层水力压裂裂缝的成图,通过对压裂过程中的微地震数据连续采集记录并实时处理,标定出微地震事件压裂裂缝位置。

微地震监测技术在四川盆地须二储层非常规油气压裂项目中得到了很好的应用,以滑溜水为压裂液,以陶粒为支撑剂,采用"大排量、低砂比、大液量"模式,施工排量 10 m³/min,最高砂比 240 kg/m³,滑溜水体积 1 511 m³,陶粒 95 t,压后试气日产量为 2 000 m³,压后微地震监测裂缝波及范围 227 m×174 m,分布图如图 0-11 所示。

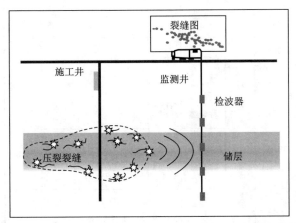
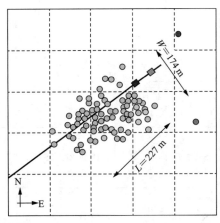

图 0-11　微地震监测图示

沁水盆地南部柿庄南区块将微地震监测技术应用于 6 口井,6 口井的压裂施工数据及监测结果数据见表 0-9 和表 0-10,TS61-06 井井下微地震裂缝监测解释结果如图 0-12 所示。

表 0-9　沁水盆地压裂施工数据表

井 号	压裂层位	煤层号	射孔井段/m	射孔厚度/m	施工日期	监测邻井	压裂液 类型	压裂液 用量/m³	支撑剂 类型	支撑剂 用量/t	备 注
ZY-551			759.07~765.31	6.24	2010-11-22	ZY-550	活性水	531.0		50.0	
ZY-590			737.25~743.85	6.60	2010-12-19	ZY-591	活性水	552.0		50.0	
TS-354	山西组	3#	764.90~770.70	5.80	2012-04-02	TS-353	清洁压裂液	456.1	石英砂	35.5	施工井和监测井均为新井
TS61-06			691.60~698.20	6.60	2012-11-02	TS61-07	活性水	520.0		50.0	
TS86-01D1			1 031.10~1 037.10	6.00	2012-11-22	TS86-01	潜在酸压裂液	452.0		50.0	
TS95-01D1			1 015.50~1 021.80	6.30	2012-11-27	TS95-01	活性水	510.6		51.0	

表 0-10　沁水盆地压裂监测结果

井　号	射孔井段/m	施工日期	监测邻井	三分量检波器		裂缝监测解释结果					
				放置级数	井段/m	类型	形　态	方　位	网络长度/m	网络宽度/m	裂缝高度/m
ZY-551	759.07～765.31	2010-11-22	ZY-550	7	669.7～768.2		单翼裂缝	N55°W	250	180	35
ZY-590	737.25～743.85	2010-12-19	ZY-591	7	662.0～730.5		单翼裂缝	N55°W	300	110	70
TS-354	764.90～770.70	2012-04-02	TS-353	8	650.0～720.0	网络裂缝	单翼裂缝	N57°E	400	65	35
TS61-06	691.60～698.20	2012-11-02	TS61-07	10	658.2～748.2		双翼不对称裂缝	N48°E	280	240	48
TS86-01D1	1 031.10～1 037.10	2012-11-22	TS86-01	10	933.0～1 023.0		双翼不对称裂缝	N42°E	180（东北翼 85 m，西南翼 95 m）	140	32
TS95-01D1	1 015.50～1 021.80	2012-11-27	TS95-01	10	913.0～1 003.0		双翼不对称裂缝	N40°E	150（东北翼 80 m，西南翼 75 m）	125	50

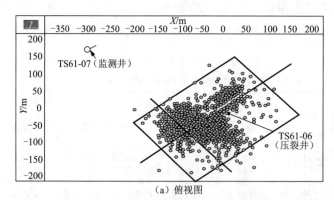

（a）俯视图

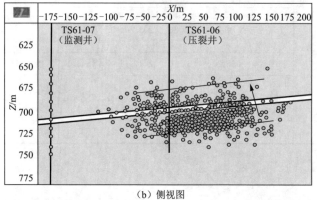

（b）侧视图

图 0-12　TS61-06 井井下微地震裂缝监测解释结果图

0.4　煤层压裂优化设计研究概述

0.4.1　压裂裂缝形态研究

对煤层压裂裂缝形态的研究经过了单一裂缝、组合裂缝、多裂缝 3 个阶段。单一裂缝形态包括两种：竖直裂缝和水平裂缝。压后形成何种形态的裂缝主要取决于 3 个主地应力（简称主应力）的大小及相应方向上岩石抗拉强度的大小。根据最小主应力原理，水力压裂裂缝总是产生于强度最弱、阻力最小的方向，即岩石破裂面垂直于最小主应力轴方向。如图 0-13 所示，假设煤岩各个方向的抗拉强度相同，当 $\sigma_z > \sigma_x > \sigma_y$ 时，形成竖直裂缝，裂缝面垂直于 σ_y 方向；当 $\sigma_z > \sigma_y > \sigma_x$ 时，形成竖直裂缝，裂缝面垂直于 σ_x 方向；当 σ_z 最小时，形成水平裂缝。

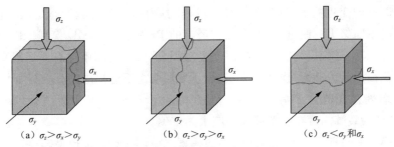

$$\text{(a)}\ \sigma_z > \sigma_x > \sigma_y \qquad \text{(b)}\ \sigma_z > \sigma_y > \sigma_x \qquad \text{(c)}\ \sigma_z < \sigma_y \text{和} \sigma_x$$

图 0-13　人工裂缝形态示意图

对于割理或天然裂缝发育的煤层来说，压后裂缝形态并不单一。受割理或天然裂缝等煤岩本身物理特性的影响，压裂裂缝在扩展延伸过程中大多发生转向，出现多条竖直裂缝或者水平裂缝共存或竖直裂缝与水平裂缝共存的现象。另外，天然裂缝张开会引导压裂流体流向，形成分叉裂缝、鱼骨状裂缝等多裂缝形态，施工压力越高，天然裂缝开启程度越大，条数越多，形成的裂缝越复杂。

国内外众多学者从理论与实验上对压裂产生的裂缝形态进行了广泛而深入的研究[43-49]。1995 年，Renshaw 和 Pollard 采用实验方法研究了正交情况下裂缝穿过非固结摩擦界面现象，认为当裂缝扩展到界面近端后，裂缝尖端附近处的应力状态对裂缝扩展方式及形态起重要作用。1997 年，陈治喜等研究了层状介质中水力裂缝的垂向扩展，表明地应力剖面是影响裂缝垂向扩展范围和扩展方向的主要因素，岩层断裂韧性对裂缝的垂向扩展有止裂作用。2005 年，单学军等研究了华北地区 5 个试验区块煤层气井的压裂裂缝扩展规律，指出由于煤层中含有大量的天然裂缝，压裂时压裂液滤失严重、裂缝扩展极其复杂，其中裂缝扩展是地应力、局部地层构造和煤层割理共同作用的结果。同年，N. Potluri 等研究了天然裂缝对水力裂缝扩展的影响，指出当水力裂缝扩展遇到天然裂缝时存在 3 种扩展模式，即直接穿过、沿着天然裂缝扩展、受天然裂缝阻挠停止扩展，不同的扩展模式可产生不同的裂缝形态。2007 年，中国石油大学（华东）赵益忠、程远方等利用真三轴模拟压裂实验系统对玄武岩、巨砾岩、泥灰岩岩芯进行了水力压裂裂缝起裂及裂缝扩展模拟实验，得到了压后裂缝几何形态。2008 年，陈勉、金衍等采用实验方法研究了岩性突变体对水力裂缝延伸的影响,指出岩性突变体会阻碍水力裂缝的扩展,改变水力裂缝的扩展方向,形成复杂裂缝。2010年,Gu H.和Weng X.对Renshaw和Pollard的研究工作进行了补充和完善,指出裂缝是否穿过界面受应力比、界面摩擦系数、交角等控制。2011年,Gu H.和Weng X.等指出,天然裂缝与水力裂缝的相互作用取决于原地应力状态、岩石力学性质、天然裂缝性质以及施工参数等。

0.4.2　压裂模型研究

国内外所用水力压裂模型主要有二维模型、拟三维模型以及全三维模型。常用二维模型主要有卡特模型、PKN模型及KGD模型。二维模型要求缝高为一定值,而且压裂液在缝内为一维流动;拟三维模型考虑了缝长方向上缝高的变化;三维模型允许缝高随注入压裂液量的增减而变化,并考虑了压裂液在缝内的二维流动。

最早的裂缝模型是Carter于1957年提出的计算模型,该模型考虑了滤失速度随暴露在液体中的时间的变化关系,忽略了裂缝内的压力降落,认为裂缝形态是长方体。随后经过许多学者的不断努力与改进,发展了比较经典的PKN模型、KGD模型。PKN模型认为裂缝截面为椭圆形,压裂层与上下遮挡层间光滑闭合,二者之间不存在界面滑移。KGD模型认为裂缝侧面形状为椭圆,横断面为矩形,压裂层与上下遮挡层间存在界面滑移,缝长方向上裂缝尖端处存在流体滞后区,不承受液体压力,裂缝尖端光滑闭合。PKN模型与KGD模型都认为裂缝高度在整个缝长方向上为定值。

拟三维模型是目前压裂设计采用最多的模型之一。相比二维模型,它考虑了沿缝长方向缝高的变化,更符合实际压裂施工的需要,考虑了流体力学、固体力学、断裂力学以及热力学等多学科的相互耦合渗透关系,其主要类型有块体和单元体两种。块体模型假设垂向剖面由中心相连的两个半椭圆组成,它采用固有的假设条件,每一时间步长计算出井筒中裂缝缝端的垂向延伸,所得裂缝形态要满足物质守恒。单元体模型将裂缝视为一系列相连的单元,不需要对裂缝形态进行假设,但一般假设变形模式为平面应变,流体垂向流动计算与裂缝几何形状之间非完全耦合,流体流动是沿缝长的方向,裂缝延伸过程中缝高得到控制,形成长裂缝。拟三维模型主要有Nolte-Smith模型、Sttari-Cleary改进模型、Palmer-Carrll模型等。

三维模型与拟三维模型相比,计算精度更高,模拟结果更合理,但增加了计算时间,对计算机性能要求高。三维模型没有对裂缝方位作假设,其计算量大,而且需要专人对结果做解释,适合于研究水力裂缝起裂的细节以及近井筒的复杂情况,对裂缝整个延伸过程的研究意义并不是很大,一般不用于常规压裂设计,主要用于研究裂缝的主体在裂缝起裂地层以外或者压裂液垂向流动比水平流动更强烈的情况。三维模型主要有Cleary模型、Abou-Sayed改进模型、Lam-Touboul改进模型、Vand-Jeffrey改进模型等。

实践表明,煤层压裂后裂缝呈现复杂形态,现有模型无法表征煤层压裂裂缝形态与几何尺寸分布,研究适合煤层的压裂裂缝模型是煤层气压裂设计满足现场需要的必要条件。

0.4.3　压裂设计软件发展现状

目前,常规储层压裂模拟设计软件已经形成了较为完善的体系,包括区块整体压裂设计、单井压裂优化设计以及施工实时监测和分析等。其中,单井压裂设计软件主要有FracproPT,E-StimPlan,Terrfrac,GOHFER,MEYER,CFDCBM(中国石油大学(华东))和3D-HFODS(西南石油大学)等。

FracproPT 是美国 GRI 公司开发的拟三维压裂软件,可对现场施工数据进行实时管理、监督与分析,可与油藏数值模拟软件连接,模拟压裂后产能变化,适合现场技术和施工人员应用。该软件采用无网格计算方法,在进行弱遮挡储层的裂缝扩展模拟时,缝高容易出现失控,因此在弱遮挡储层及多层砂岩油藏压裂设计方面的应用受到限制。

E-StimPlan 是 NSI 公司开发的全三维压裂设计与分析软件,能够完成压前地层评估、压裂方案设计与优化、全三维压裂模拟与敏感性分析、压裂过程及压后压力降落实时数据采集与分析、压力历史拟合和压裂效果评价等,尤其是 Nolte 和 Smith 创建的压裂压力诊断技术,特别适合现场工程师进行现场压裂分析。

Terrfrac 是一款全三维压裂设计软件,所用理论最为完善,采用二维流动方式实现裂缝扩展,由于只能对已知压裂方案的裂缝扩展进行模拟与敏感性因素分析,因此其应用范围受到限制。

GOHFER 由美国 Stim-Lab 公司开发,采用三维网格结构算法,可动态计算和模拟三维裂缝的扩展,充分考虑了地层各向异性、多相多维流动、支撑剂输送、压裂液流变性、压裂液动态滤失性等因素,其特点是采用有限元方法进行求解,能够模拟多个射孔层段的非对称裂缝扩展,具有强大的压裂液、支撑剂数据库,但是该软件的产能预测模块尚不完善,压裂方案的经济优化能力薄弱,不能开展泵注程序的优化。

MEYER 是一套拟三维压裂设计分析软件,其优点是采用类似人工智能的技术进行压裂设计和分析,在压裂充填设计方面具有一定的优势。目前该软件新版本很重要的一个功能为对页岩气、致密油等非常规储层的压裂设计与分析。

目前压裂软件发展较为成熟,已有模块的功能达到了较为完善的地步,但还没有针对煤层的专用压裂设计商业软件,总体来讲,软件整合性还有欠缺,没有形成从压裂开发到压后返排一体化的优化设计技术,另外对当前亟须开发的非常规油气储层,欠缺压裂后形成复杂裂缝网络的模拟与优化设计功能。

0.4.4　压裂设计的优化方法

压裂设计是压裂施工的基础,压裂施工需要严格按照压裂设计的内容进行,并由压裂设计人员临场指导,压裂设计对压裂施工成功与否具有重要影响[50]。压裂设计主要是根据压后裂缝几何尺寸和导流能力的要求,通过压裂设计软件或其他手段得到一系列压裂参数,如排量、泵注阶段砂比、施工时间、压裂液参数、支撑剂参数等。压裂设计的优化是指使用各种油气藏模拟器、水力压裂模拟器及经济模拟器,对给定的油气藏地质条件与不同泵送参数条件,反复计算与评价不同裂缝规模与导流能力的裂缝所产生的经济效益,从中选出能实现少投入、多产出的压裂设计。在整个过程中要充分考虑储层的供给能力、井的生产方式、地层岩石力学性质、压裂液及支撑剂性能、支撑剂输送、操作上的限制(约束)以及经济条件等因素。

1) 压裂设计步骤

完成一个完整的压裂设计及优化过程需要综合考虑地层特征、储层条件、作业制约因素和经济成本等,并把各方面因素有机结合起来。科学地进行压裂设计和优化的基本程序和内容如下:

(1) 压裂前地层评价。根据测井资料计算压裂设计所需要的基本相关数据,建立储层剖面(包括地应力、弹性模量、渗透率剖面等)。

(2) 选择压裂液和支撑剂。开展一系列评价实验,主要包括:压裂液滤失实验、流变实验、破胶实验、残渣测定、伤害评价、岩芯评价、煤层流体评价、地面流体评价、支撑剂性能评价等,通过这些实验选取低伤害压裂液和支撑剂体系。

(3) 裂缝计算。选择压裂模型及支撑剂铺设模型,模拟预测裂缝几何形态及导流能力等。

(4) 产能分析。根据压裂裂缝几何形态及闭合裂缝导流能力计算压后煤层气井产能。

(5) 经济评价。根据压裂施工费用成本、市场气价、政府补贴等计算经济评价指标,对压裂设计结果做出经济性分析。

同一地层条件下,不同的施工条件(排量、泵注程序等)可得到不同的压裂设计结果,因此需要选取优化的压裂设计,用以指导现场施工,获取最好的压裂效果和最大的经济效益。

2) 优化过程

优化压裂设计应遵从的准则包括:最大储层供给能力、最优支撑裂缝穿透长度或导流能力、最优泵送参数、最低施工成本、最大经济效益。优化过程包括:

(1) 基于储层特性,选取适当的水力裂缝模型,计算出不同缝长所需最少的总用液量;

(2) 根据储层与储层流体特性,以及可望实现的产量优选压裂液和支撑剂;

(3) 考虑操作上的限制,得到施工中最优化的泵送参数;

(4) 优化支撑剂的泵送程序,得出最大支撑缝长,从而得到最优裂缝支撑几何形态;

(5) 结合储层的供给能力、井的生产方式以及最优裂缝支撑几何形状,在储层与裂缝特性平衡的基础上,使井口的供给能力达到最大;

(6) 对各种不同缝长的设计方案进行经济净现值计算,完成总的经济评价,从中选出投入最少、收益最大的设计方案,即为最优化的压裂设计。

这一优化过程实质上是将油气藏的供给能力、井的生产方式、水力裂缝特征以及施工的泵送条件等因素在数学上结合起来,完成总的经济分析,最终得到最经济有效的设计与井的最大增产效益。

参 考 文 献

[1] RETZET G A.The rise of coalbed methane. Oil and Gas Journal Online,2007-12-17.

［2］ ANDREW B,WILLEM L,CRISTINA P. Coalbed methane resources and reservoir charateristics from the Alberta plains,Canada［J］. International Journal of Coal Geology,2006,65(1-2):93-113.

［3］ CHAKHMAKHCHEV A. Worldwide coalbed methane overview［C］. SPE 106850,2007.

［4］ 叶建平,秦勇,林大扬,等. 中国煤层气资源［M］. 徐州:中国矿业大学出版社,1999.

［5］ 杨起,刘大锰,黄文辉,等. 中国西北煤层气地质与资源综合评价［M］. 北京:地质出版社,2005.

［6］ 宋汉成. 煤层气发展利用的技术分析［J］. 上海煤气,2007(5):20-24.

［7］ 韩建光. 中国煤层气的开发与利用［J］. 矿产保护与利用,2009(4):53-56.

［8］ 王联,潘真. 国内外煤层气利用现状之比较［J］. 煤矿现代化,2006(5):1-2.

［9］ 程龙,黄建良,周强. 中国煤层气的研究开发历史现状和发展趋势展望［J］. 科技信息,2009(20):344.

［10］ 林金贵. 我国煤层气研究开发的历史现状与趋势措施［J］. 科技资讯,2006(7):17.

［11］ 孙茂远,黄盛初,朱超. 世界煤层气开发利用现状［J］. 中国界煤炭,1996(4):51-53.

［12］ 章柏洋,朱建芳. 世界非常规天然气资源的利用与进展［J］. 中国石油和化工经济分析,2006(9):42-45.

［13］ 王淑玲,张炜,张桂平,等. 非常规能源开发利用现状及趋势［J］. 中国矿业,2013,22(2):5-8.

［14］ 严绪朝,郝鸿毅. 国外煤层气的开发利用状况及其技术水平［J］. 环球石油,2007(6):24-30.

［15］ 张建博. 加拿大煤层气勘探开发现状［J］. 西部时报,2009,5(15):1-2.

［16］ 石智军,董书宁. 澳大利亚煤层气开发现状［J］. 煤炭科学技术,2008,36(5):20-23.

［17］ 蔚远江,杨起,刘大猛,等. 我国煤层气储层研究现状及发展趋势［J］. 地质科技情报,2001,20(1):56-59.

［18］ 董治堂. 中美能源政策对比研究［J］. 经济经纬,2007(1):61-65.

［19］ 董治堂. 美国能源技术发展及政策考察报告［J］. 环球扫描,2006(11):28-31.

［20］ 卡特 R A. 美国和澳大利亚的煤层气开发［J］. 世界煤炭,1998,24(3):48-50.

［21］ 杨伟. 煤层气的开采技术浅谈［J］. 科技信息,2008(19):643-649.

［22］ 李文阳,王慎言,赵庆波,等. 中国煤层气勘探与开发［M］. 徐州:中国矿业大学出版社,2003.

［23］ 王仲勋,郭永存. 煤层气开发理论研究进展及展望［J］. 天然气勘探与开发,2005,28(4):64-66.

［24］ 孙赞东,贾承造,李相方,等. 非常规油气勘探与开发(下册)［M］. 北京:石油工业出版社,2011.

［25］ 杨秀夫,刘希圣,陈勉,等. 国内外水力压裂技术现状及发展趋势［J］. 钻采工艺,1998,21(4):21-25.

［26］ 李志刚,夏和海,刘茂,等. 煤层气井压裂技术方法研究与应用［J］. 矿井地质,1996,2(10):78-82.

［27］ 白建平. 微地震法在煤层气井人工裂缝监测中的应用［J］. 中国煤层气,2006,3(3):34-36.

［28］ GRIFFIN L G,SULLIVAN R B,WOLHART S L,et al. Fracture mapping of the high-temperature,high-pressure bossier sands in east Texas［C］. SPE 84489,2003.

［29］ CLEARY M P,LAM K Y. Development of a fully three-dimensional simulator for analysis and design of hydraulic fracturing［C］. SPE 11631,1983.

［30］ 乌效鸣,屠厚泽. 煤层水力压裂典型裂缝形态分析与基本尺寸确定［J］. 中国地质大学学报,1995,20(1):113-114.

［31］ VEATCH R W,MOSCHOVIDIS Z A. An overview of recent advances in hydraulic fracturing technology［C］. SPE 14085,1986.

［32］ PALMER I D. Review of coalbed methane well stimulation［C］. SPE 22395,1992.

［33］ RIMMER B R,MACFARLANE C U. Fracture geometry optimization:designs utilizing new polymer-free fracturing fluid and log-derived stress profile/rock properties［C］. SPE 58761,2000.

［34］ 郭大立,赵金洲,吴刚,等. 水力压裂优化设计方法研究［J］. 西南石油学院学报,1999,21(4):61-63.

［35］ 修乃岭,严玉忠,骆禹,等. 地面测斜仪压裂裂缝监测技术及应用［J］. 钻采工程,2013,36(1):50-52.

［36］ 王永辉,卢拥军,李永平,等. 非常规储层压裂改造技术进展及应用［J］. 石油学报,2012,33(增1):

149-157.

[37] 张平,吴建光,孙晗森,等.煤层气井压裂裂缝井下微地震监测技术应用分析[J].科学技术与工程,2013,13(23):6 681-6 690.

[38] 万仁溥.采用工程技术手册[M].北京:石油工业出版社,2003.

[39] 倪小明,朱明阳,苏现波,等.煤层气垂直井重复水力压裂综合评价方法研究[J].河南理工大学学报,2012,31(1):39-43.

[40] 王海涛,李相方.连续油管压裂技术进展[J].科学与技术工程,2009,9(16):4 742-4 749.

[41] 管保山,刘玉婷,刘萍,等.煤层气压裂液研究现状与发展[J].煤层气压裂液,2016,44(5):11-17.

[42] 张遂安,袁玉,孟凡圆.我国煤层气开发技术进展[J].煤炭科学技术,2016,44(5):1-5.

[43] RENSHAW C E,POLLARD D D. An experimentally verified criterion for propagation across unbounded frictional interfaces in brittle,linear elastic materials[J]. Int. J. Rock Mech. Min. & Geomech. Abstracts,1995,32(3):237-249.

[44] 陈治喜,陈勉,黄荣樽,等.层状介质中水力裂缝的垂向扩展[J].中国石油大学学报,1997,21(4):26-26.

[45] 单学军,张士诚,李安启,等.煤层气井压裂裂缝扩展规律分析[J].天然气工业,2005,25(1):130-132.

[46] POTLURI N,ZHU D,HILL A D. The effect of natural fractures on hydraulic fracture propagation[C]. SPE 94568,2005.

[47] 赵益忠,曲连忠,王幸尊,等.不同岩性地层水力压裂裂缝扩展规律的模拟实验[J].中国石油大学学报,2007,31(3):63-66.

[48] 陈勉,周健,金衍,等.随机裂缝性储层压裂特征实验研究[J].石油学报,2008,29(3):431-434.

[49] GU H,WENG X. 44th US Rock Mechanics Symposium and 5th US-Canada Rock Mechanics Symposium[C]. Salt Lake City,USA,27-30 June,2010.

[50] ECONOMIDES M J,NOLTE K G,Reservoir stimulation[M]. 3rd ed. New York:John Wiley & Sons,Ltd.,2000.

第1章 煤层气储层基本特性

1.1 煤储层结构特征

裂隙、割理等结构几乎存在于所有煤层中,并控制着煤岩的稳定性、可采性和流体特性。割理通常以两组相互正交的方位出现,并与层理面垂直,如图1-1所示[1]。先期沿层理面形成的贯穿裂缝称为面割理,而后期形成的与面割理相交的裂隙称为端割理。随着煤层气开采工业的兴起,人们才逐渐重视对割理系统的研究。割理几何测绘和岩石力学研究可能解决煤岩压裂裂缝扩展预测的不确定性问题。

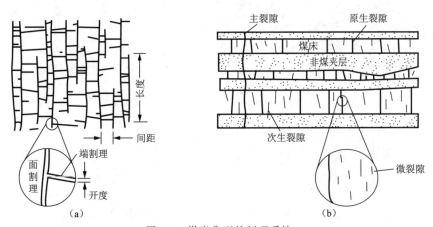

图 1-1 煤岩典型的割理系统

1.1.1 割理特性

很多研究成果表明,割理的特性与其他岩石类型中称作"节理"的裂缝非常类似。割理是张开型裂缝而不是断层,通常没有明显的平行于割理壁的偏移量。从表面上看,裂隙宽度小于0.1 mm,且平面上存在很多阻碍线。孤立裂缝一般是平面的,但有时在平面视图中可见局部弯曲;而割理在平伏的地层中是接近垂直的,通常取向于层理的垂直角度,即使在地层褶皱的地方也是如此。割理的显著特征广泛存在于各种煤阶的煤层中,煤岩割理的发育程度远大于其他岩性隔层的裂缝发育程度,由此可以判定割理的成因。

1）割理尺寸

文献中极少有定量的割理尺寸数据。由于很多割理的长度和高度只有几厘米,而且常见的割理尺寸几乎观察不到,因此建模研究通常假设割理的长度、高度、缝宽很小。

割理长度和高度的变化范围很宽,从几微米到几米不等。Gamson 等指出原位割理宽度的估计值在 0.001～20 mm 之间[2]。然而大多数关于割理宽度的资料是基于露头研究、无围压下的煤样品微观测试得到的,几乎没有地下原位割理缝宽的可靠资料。平行板裂缝渗透率模型估计割理的缝宽在 3～40 μm 之间。

虽然有许多不同岩性地层张开型裂缝缝宽尺寸分布的研究成果[3],但很少有煤岩裂隙宽度的数据。Close 和 Mavor 给出了美国圣胡安盆地 6 口井煤岩裂隙宽度分布的研究结果[4]。图 1-2 是其割理宽度分布的累积频率图,其中 3 块岩芯的割理宽度范围为 0.01～0.2 mm。割理缝宽与割理密度(累积频率)的关系如下:

$$f = be^{-d} \tag{1-1}$$

式中　f——累积频率;

　　　b——割理密度参数;

　　　e——缝隙宽度,mm;

　　　d——分形维数。

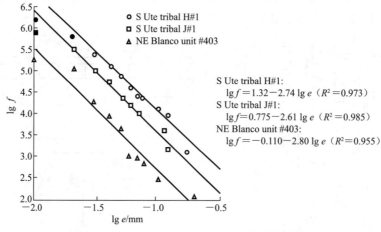

图 1-2　圣胡安盆地割理宽度分布累积频率图

Close 和 Mavor 认为割理高度与宽度成正比,即 $h = ae$,其中 h 为割理平均高度,$a = 1\,000$。a 值与线弹性断裂力学对张开型裂缝的预测结果相符。

2）割理间距

割理间距十分小(厘米尺度),煤岩芯中常见很多裂缝。由于煤中割理尺寸范围较广,因此间距的定量描述只有依据割理尺寸分析才有意义。

影响割理发育的因素多种多样,包括煤阶、内部组成、层厚等。这些因素对割理的影响已经有了定量描述,用平均割理间距描述割理特征。其他因素,如矿物填充、构造和压实变形程度和煤炭年代等还未受到关注。

割理间距随煤阶升高而降低。基于露头和北美煤岩芯数据得到:

$$s = 0.473 \times 10^{0.398/R_o} \qquad (1\text{-}2)$$

式中　s——割理间距，cm；

　　　R_o——镜质体反射率，%。

随着煤阶的升高（从褐煤到中等沥青质煤），割理间距减小，但是当镜质体反射率大于1.5%后，割理间距恒定（图1-3）。这一规律可能反映了裂缝形成和韧化的竞争过程。对于大多数煤层，平行于层理的压实面和煤在刚性颗粒周围的流变表明扁平化早于裂缝形成。对于被高度约束的高阶煤，其变形主要表现为流动而不是形成裂缝。由于构造运动通常伴随着高的热成熟度，因此可以推断在无烟煤中构造运动会消除先前形成的割理，使其表现为少割理。这样就存在一个问题，韧化过程是否是一个不可知但非常重要的过程，它改变着低阶煤的裂缝形态。若是这样，对于褐煤到中阶煤来说，割理间距随煤阶升高而降低的规律就不存在。

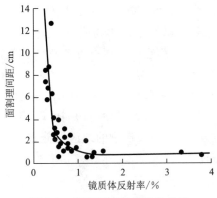

图1-3　割理间距与煤阶的关系

许多研究者注意到割理间距与煤的类型、灰分含量有关。亮煤的割理间距小于暗煤的割理间距，低灰分煤的割理间距小于高灰分煤的割理间距[5,6]。富有机质页岩通常也包含大量类似割理的裂缝。这表明地化过程如与煤成分有关的收缩，是形成大量裂隙的关键。

割理间距的量化间接来自开采煤碎片大小的测量数据，将质量分数转换为累积数：

$$N = ms^{-d} \qquad (1\text{-}3)$$

式中　N——单位体积内不小于割理间距的累积数；

　　　m——煤体积与割理频数的度量；

　　　d——分形维数。

3）割理网络及连通性

如果煤层中的所有裂缝都是孤立的，那么观察到的流动能力将受限于基质渗透率。裂缝网络及其连通性对煤岩渗透率的影响是显著的，如煤层沿面割理方向的渗透率可能比其他方向大3～10倍[7]。由局部观察可知，割理的连通性是由裂缝的切割和对接造成的。由割理图片可以看出，裂缝网络包含大量不同尺度的裂缝。由于小尺寸割理终止于煤层界面，而大尺寸割理终止于煤-非煤界面，使得割理的垂向连通性很差。

描述割理网络特性的一种方法是计算各种类型的裂缝末端（连通缝、约束缝和终止缝）。约束缝和终止缝对煤岩渗透性增强没有意义，虽然它们有助于煤层气从基质到裂缝的流动。从一个煤层表面可以看出，由于端割理发育，从一个面割理连接到另一个面割理，使得裂缝网络的连通性很高；而另一个层理表面表明割理间的连通性很差，因为只有大的割理连通。

4）割理岩石学

割理缝隙可能充填有自生矿物（通常为黏土、石英和方解石）、有机物质和胶质。在煤炭开采中，这些矿物对煤的质量产生影响，但对于煤层气，由于自生胶结物的沉淀，割理网络的成岩蚀变可能堵塞或保持裂缝孔隙度，裂缝因此有了导流能力，这一领域的研究甚少。

裂隙充填矿物共生表明裂缝产生于煤化阶段。英国 Westphalian A Canock 煤层裂隙充填矿物在区域上和地层间发生变化，产生了矿物沉淀的共生作用。首先沉积的矿物是硫化物（黄铁矿、闪锌矿、方铅矿），与石英、黏土共生；其次是碳酸盐矿物[8]。美国伊利诺斯盆地宾夕法尼亚煤层具有相似的特征。裂隙中存在多相表明割理的张开型渗透持续了一段时期，或者在某些情况下重新张开，通过割理迁移的流体组分是变化的。裂隙的封闭性表明裂隙的张开是间歇性的，煤岩裂隙充填矿物与附近砂岩裂隙充填矿物相近。例如，美国得克萨斯和怀俄明煤层面割理和端割理中充填有方解石和石英，与邻近白垩纪砂岩的自生矿物序列对应。研究表明，宾夕法尼亚煤层割理中充填的方解石沉积于煤化作用的早期，割理中方解石和其他矿物的沉积是割理形成于早期的唯一证据，这是因为矿物抑制了后续煤化阶段的韧性化。由于割理可能出现在煤化的初期阶段，因此在某些煤层割理中充填了煤化后期形成的有机物。这样，割理充填矿物的地区性分布和地层变化可以帮助识别割理的张开程度及优势裂缝导流能力。

5）割理类型的局部变化

除了割理大小、密度和成岩变化外，影响割理渗透率的因素还有裂隙的剪切滑移量。随着滑移量的增加，裂缝由割理转变为断层。一般认为煤层内存在不同尺度的断层，这些断层以前可能是割理。割理强度和尺寸随着与断层和褶皱位置的不同而变化，因此割理类型和强度的突然变化可用来预测这些地质特征。断层类型的变化是由上覆和下伏的硬质岩石引起的应力，甚至是盆地本身的形状演变所造成的。

6）割理方位的区域分布

由于煤岩露头的主割理易于分析，因此煤岩的割理模式比其他岩石易于确定。由割理方位的区域图可清晰地分辨出割理走向及其变化。早在 19 世纪初人们就观察到煤岩割理取向在很大的区域范围内表现出一致性，数百平方千米面积的地区具有一致的割理方向。然而，主导割理走向也可能在一个煤矿这样的小范围内突然转变。这样在均匀走向区域之间存在一个过渡区，它可能阻碍或疏导流体在割理系统中的流动。这种取向分布模式在推测割理起源中发挥了突出作用，也是一个需要解释的关键属性。

割理在区域内的一致性表明裂缝响应了区域一致应力模式，反映出平面构造应力及与隆起或盆地几何形态相关的应力。在盆地尺度上，割理走向一致的区域之间的转变从渐变到突变都存在。在某些情况下，这些区域方位与特定的褶皱或断层相关联。然而，穿过褶皱且走向保持一致的裂缝可能早于褶皱形成。

1.1.2　割理起源

没有任何可见剪切偏移的割理是张开型裂缝,割理方位与过去的应力场一致。但是,对于控制应力场和割理形成的驱动机制还存在争议。一个核心问题在于:割理是在一定埋藏深度成岩过程中形成的,还是在隆起时形成的? 具体来说,我们提出如下问题:割理是在煤层脱水过程中收缩形成的,还是由煤岩张性应力导致的? 割理只是褶皱或断层导致的局部应力扰动的结果吗? 由于水从煤层排出或甲烷气形成,孔隙压力升高是关键因素吗?

1) 张开型裂缝断裂力学

一个世纪以来有大量文献研究割理或节理的起源问题。人们争论的问题是割理是否是由剪切破坏形成的。虽然拉应力可以形成裂缝,但是这种情况主要出现在近地表的褶皱、冷却、火成岩收缩、脱水或剪切带[9]。这种裂缝不表现为平面的、边缘尖利、区域方位一致的特性。拉应力不可能存在于深层,深部地层的裂缝一定是由剪切破坏造成的。Secor[10]认为,若孔隙压力足够大,在压应力状态下,可用有效应力概念解释张性裂缝的形成。但是许多节理呈共轭状分布,有人认为是剪切缝[11];也有人认为是共轭缝呈羽状分布,且没有观测到剪切偏移量,不是剪切缝[12],割理的张开性位移沿无剪应力的最大主应力面扩展,这样的裂缝方位就是过去地应力方位的一种标示。竖直缝走向沿着最大水平地应力方向。这种情况下断裂力学可以很好地描述割理形态,设 K_I 为张开型裂纹应力强度因子,用于衡量裂纹尖端应力集中的大小。对于均匀外载作用下竖直缝的平面扩展,缝长远远大于缝高。K_I 和缝高具有简单数学关系:

$$K_I = \Delta\sigma \left(\frac{\pi h}{2}\right)^{1/2} \tag{1-4}$$

式中　$\Delta\sigma$——驱动压力,MPa;

　　　h——裂缝高度,mm。

当 K_I 超过临界值 K_{Ic} 时,裂缝就会延伸。由于应力集中的出现,必有裂缝张开位移,这需要正驱动压力,定义为:$\Delta\sigma = p - \sigma_h$,其中,$p$ 为裂缝中作用的孔隙压力,σ_h 为最小水平原地应力。

另一个割理断裂力学分析结果是分析割理缝宽与作用力的关系。假设裂缝形成时煤岩近似表现弹性,割理的最大缝宽 e_{max} 取决于裂缝高度、驱动压力和煤岩弹性性能:

$$e_{max} = \frac{4(1-\nu^2)\Delta\sigma(h/2)}{E} \tag{1-5}$$

式中　ν——泊松比;

　　　E——弹性模量。

割理缝宽与驱动压力、缝高成正比,与弹性模量成反比。裂缝在孔隙压力作用下的传播为天然水力压裂[13]。

2) 割理形成

煤岩中割理的普遍存在表明它们来自所有煤层共有的过程。裂隙形成的普遍原因是煤化阶段泥炭的强烈压实和干燥。在煤化过程中,碳质材料的脱水和收缩会产生内应力而形成裂隙,但是收缩本身不足以解释割理在大范围内具有强烈的优先取向。地质构造可传递出应力场的各向异性,许多研究者将割理取向在大面积内的一致性归因于裂缝生长方向的构造应力。割理可以作为过去的地质构造事件的运动学指标,反过来,一个盆地或地区构造历史的知识可用于预测割理取向。

地层的抬升和剥蚀导致所有应力分量降低,使得形成裂缝的驱动压力增大。与先前存在的面割理相垂直的应力分量被释放,而与之平行的应力分量没有释放,促使形成与面割理相垂直的次生裂隙。地层抬升使未被充填的面割理张开,且新形成的端割理终止于张开面。除卸载作用外,煤岩进一步的脱挥发分作用使煤体显著收缩,此时地层不抬升也能形成割理。但进一步的岩芯研究表明,在一定埋深下面割理和端割理同时存在,因此它们的成因不完全是地层抬升或卸载。割理中矿物序列研究表明,温度升高和埋深增加也能形成割理。许多煤岩露头表明,割理在褶皱之前就已经形成。

基于沉积和热历史的时间-温度模型可以用于估计达到给定的镜质体反射率或煤阶的热成熟度所需的时间,此时由于干燥或脱挥发分最有可能形成割理。煤在煤化阶段经历了系统的化学变化,致使泥炭收缩或挥发质析出。虽然水分和挥发质的损失有利于煤岩收缩,但是煤层结构的重新排列对收缩贡献最大,并形成裂隙。在泥炭转化为褐煤的过程中,固有水分的损失会使泥炭产生明显的体积收缩。固有水分是指与微孔隙表面张力和物理吸附有机物有关的自由水分。早期形成的收缩裂隙由于煤的韧化或再聚合而闭合。在后续煤化过程中,劈理的交联、含氧官能团导致煤岩的进一步收缩和割理的产生。

3)煤岩韧化

虽然韧化被用来解释无烟煤中割理很少这一现象,但是没有观察到大规模的割理形成后被破坏(韧化)的现象。然而在沉积和热化历史条件下,在复杂的有机物(煤)的结构演化过程中,韧化起到了控制裂缝类型的作用。在泥煤固结早期,大规模的垂向收缩暗示早期形成的结构随着逐渐的压实而扭曲,促进裂缝的形成,如脱水、脱挥发分作用和区域局部构造影响着贯穿褐煤到无烟煤的有机沉积过程。然而,相似现象形成的割理出现在不同的煤阶中,包括褐煤到低阶的烟煤[6]。

1.1.3 割理和煤层气

一般认为 95% 的甲烷气存储在直径为 $0.5\sim1.0$ nm 的微孔隙中,如此小的孔径导致煤岩基质基本没有有效渗透率,煤岩的割理孔隙度在 $0.5\%\sim2.5\%$ 之间。虽然少量的自由气存在于煤岩裂隙系统中,但绝大多数煤层气吸附在煤岩基质微孔隙的内表面和裂缝表面上。只有降低储层压力才能使吸附气解吸,一般通过排水来降低煤层压力,因此在最初的采气阶段必须进行排水。煤层气解吸后从基质扩散到裂隙,连通的裂缝体系是气和水流向井眼的通道。裂缝表面积/煤岩体积是影响煤层气开采量的关键因素。在煤层气开发过程中,裂缝不仅是气、水流向井眼的通道,也是影响煤层井壁稳定、完井和增产成功的关键因素。水平井或水力压裂应该最大限度地沟通渗透性裂隙系统。例如,美国 Appalachian Pennsylvanian 煤层垂直于面割理的水平井的产量是沿着面割理水平井产量的 $2\sim10$ 倍。

不同于传统的裂缝性储层,煤层生产过程中裂缝系统绝对渗透率的变化也很重要。随着有效应力、气体压力和基质收缩的变化,绝对渗透率可能有好几个数量级的改变[14]。影响裂缝绝对渗透率的关键属性包括裂隙尺寸、缝间距、缝宽、矿物充填程度、裂缝方位等。

割理密度会影响煤层稳定性及洞穴完井的成功率。动态裸眼洞穴完井增产需要煤层气的自然积累或空气注入建立起高压,随后突然释放,诱导煤在井筒处形成空穴。这是圣胡安盆地一些煤层气开采获得成功的方法之一,而在盆地的其他位置常规增产技术更加有效。迄今为止,洞穴完井在世界其他地区并不是非常有效。洞穴完井的经验表明:煤岩强度显著影响着煤岩渗透率的空间强化,紧挨着的低强度天然裂缝可能产生长距离的破坏和变形。在洞穴完井成功的区域(属于高阶煤)分布着两组相互重叠、相互干扰的高密度割理系统。

1.2　煤层气储存、运移及产出特征

煤层既是煤层气的源岩又是储层,它是由割理、裂隙切割形成的煤基质块固相、煤层水液相、气相物质组成的三维地质体。

煤是由多种结构形式的有机物和不同种类的矿物质组成的混合物。煤的有机组分包括镜质组、壳质组和丝质组。煤的无机成分是指各种矿物组成,其中黏土类矿物是煤中最常见、最重要的矿物成分,易受液体侵入影响,对煤层稳定性及渗透率等都有较大影响。

煤层中的液相介质主要是煤层水,其中包括自由水(游离于孔隙、裂隙中)和束缚水(附着于孔隙、裂隙表面)。根据水的结构形态、分子引力(p_m)与重力(p_r)的关系及围岩颗粒的作用力,将煤层水分为结合水和自由水[15],见表 1-1。

表 1-1　煤层中水的分类

类　型	结构类型	受力类型	特　点
结合水($p_m \geqslant p_r$)	强结合水	分子静电引力、氢键连接力	黏度高、抗剪强度高
	弱结合水	范德华力、分子静电引力	黏度、抗剪强度小于强结合水
自由水($p_m < p_r$)	重力水	分子静电引力、重力	在自身重力作用下运动
	毛细水	毛管力	毛细现象而产出的水

煤层中赋存的气相成分主要有 CH_4, N_2, CO_2, C_2H_6 等,其中以 CH_4 为主。气相在煤层中的赋存方式分为吸附态、游离态和溶解态。CH_4 所占比例取决于煤层的孔隙裂隙系统特征、煤的大分子结构缺陷及煤的吸附能力,一般情况下以吸附态为主。

1.2.1　煤层气生成及赋存特征

1)煤层气的生成

在成煤过程中,由于压力和温度等因素的作用,成煤物质发生了复杂的物理化学变化,挥发分含量和水的含量减少,发热量和固定碳含量增加,甲烷气体也随之产生。总体而言,煤层气成因主要分为生物成因、热成因等[15,16]。

生物成因煤层气是在相对较低的温度(一般小于 50 ℃)条件下,煤中有机质在微生物降解作用下所形成的气体,其成分以甲烷为主并含有少量其他气体,主要形成于煤化作用的早期阶段。热成因煤层气是在较高的温度(一般大于 50 ℃)和压力条件下,煤中有机质发生一系列物理化学变化,大量富含氢和氧的挥发分物质主要以甲烷、二氧化碳和水的形式释放出来。热成因煤层气主要形成于低煤阶向高煤阶演化的过程中,并且随着煤化作用

的不断加深，生成量也逐渐增多。

2）煤层气的储存

煤层气的储存需要有良好的边界，包括垂向边界和侧向边界。垂向边界取决于上覆地层有效厚度和顶底板封闭性能。适度的埋深和厚度、岩性以泥质为主的顶底板能够保持储层压力，阻止煤层气解吸和逃逸，对煤层气的保存十分有利。侧向边界对煤层气储层具有封闭作用，主要有物性封闭、岩性封闭、水动力封闭和断层封闭。若煤层渗透性极小或与煤层相邻的岩体十分致密，则常形成物性与岩性封闭。水动力封闭控气主要包括水动力运移逸散控气、水力封闭控气、水力封堵控气，其中第一种作用导致煤层气散失逃逸，后两种作用则对煤层气起封闭作用，十分利于煤层气的保存。断层封闭的断层多指封闭性逆断层，对煤层气散失路径起阻隔作用，从而形成封闭。

煤层气在煤中的赋存形式主要有下面几类：吸附于煤基质颗粒和孔隙裂隙表面、游离于煤体裂隙及溶解于煤层水中，其中主要以吸附气为主，占 70％～95％，游离气占 10％～20％，溶解气所占比重极小。

（1）游离态煤层气。

当煤层气以游离态存在于煤层割理裂隙中时，在压差作用下，煤层气可以自由运移，此时可用真实气体状态方程来描述[16]：

$$pV_{\text{free}} = ZnRT \tag{1-6}$$

式中　V_{free}——游离气体积，m^3；

　　　p——气体压力，MPa；

　　　Z——压缩因子；

　　　n——气体的物质的量，mol；

　　　R——通用气体常数，$R = 0.820\,5$，$\text{J}/(\text{mol} \cdot \text{K})$；

　　　T——热力学温度，$T = t + 273$，K；

　　　t——摄氏温度，℃。

（2）溶解态煤层气。

煤层中普遍含有水，在一定的温度、压力条件下，一部分煤层气溶解于煤层水中，这部分气体可以利用亨利定律来描述[16]：

$$p_{\text{b}} = K_{\text{c}} C_{\text{b}} \tag{1-7}$$

式中　p_{b}——气体的蒸汽平衡分压，Pa；

　　　K_{c}——亨利常数；

　　　C_{b}——气体在水中的溶解度，mol/m^3。

上式表明，在一定温度条件下，煤层气在水中的溶解度与压力成正比。

（3）吸附态煤层气。

煤层中存在大量微孔及裂隙，比表面积较大，这为煤层气吸附提供了充足的物质空间，70％～95％的煤层气吸附于煤基质颗粒表面上。煤层气之所以能吸附于煤基质颗粒表面上，是因为煤体表面上的引力场是不饱和的，甲烷气体与煤分子之间存在德拜诱导力和伦敦色散力，由此形成吸附势阱[16]。气体分子与煤体表面发生碰撞，当分子动能小于吸附势阱时，气体分子被吸附并放出热量，随着吸附的不断进行，煤体表面剩余力减小，分子间相互作用力也随之减小,气体分子碰撞距煤核心的距离变远,直到吸附势阱与气体分子动能相等时,就达到了吸附的动态平衡。这样从煤核心到外围的宏观裂隙系统依次形成了稳定吸附层、平衡吸附层和自由气体层,如图 1-4 所示。

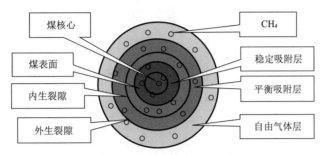

图 1-4　单个煤体"球形"吸附层结构示意图

在恒温条件下,由压力变化引起的吸附即为等温吸附,可用等温吸附曲线描述。实验测得的等温吸附曲线形状多种多样,大体上分为 5 类[16],如图 1-5 所示。

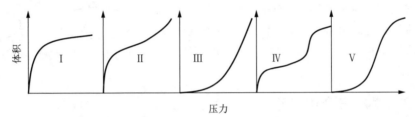

图 1-5　气体在固体上吸附的 5 种类型

煤对甲烷的吸附属于第 I 种类型,即不存在吸附分子与脱附分子分离的现象,无论是单分子层吸附还是多分子层吸附都表现为这种趋势,此时煤层气的吸附量和储层压力之间的关系可以用朗格缪尔(Langmuir)等温吸附(图 1-6)理论来描述:固体表面均匀,不同位置的吸附能力均相同,吸附热为常数,不随覆盖度发生变化,当热运动力克服吸附引力时,被吸附的分子会回到气相中,且其概率不受相邻吸附分子作用力的影响,吸附作用总体表现为动态平衡,其作用形式可以表示为:

$$\text{气体分子(空间)} \xrightleftharpoons[\text{解吸}]{\text{吸附}} \text{气体分子(吸附在固体表面上)}$$

朗格缪尔等温吸附方程如下:

$$V = \frac{V_\mathrm{m} b p}{1 + b p} = \frac{V_\mathrm{L} p}{p + p_\mathrm{L}}$$

式中　V_L——Langmuir 体积,代表每克吸附剂表面覆盖满单分子层时的吸附量,也称为最大吸附量 V_m,cm^3/g;

　　　b——Langmuir 压力常数,也称为吸附常数,$1/MPa$;

　　　p_L——Langmuir 压力,是吸附量达到最大吸附量的 50% 时所对应的压力,$p_\mathrm{L}=1/b$,MPa;

　　　V——吸附剂在压力 p 时吸附的气体体积,cm^3/g。

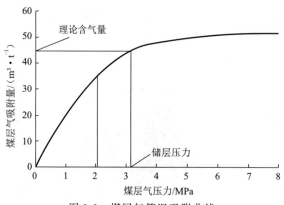

图 1-6　煤层气等温吸附曲线

煤层气在煤层中的 3 种赋存状态随着储层压力的变化始终处于动态平衡。当储层温度一定时,随着储层压力的降低,煤孔隙中的气体发生解吸,溶解度降低,吸附气和溶解气都向游离气转化;当储层压力升高时,孔隙内的气体压力随之升高,游离气首先向溶解气转化,当水中溶解气饱和后,游离气开始被吸附到煤基质孔隙表面上,如图 1-7 所示。

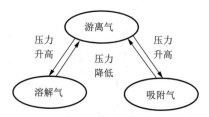

图 1-7　煤层气赋存状态转化关系

1.2.2　煤层气产出机理

煤层气储层在孔隙裂隙特征、吸附及渗透能力等方面与常规天然气储层都存在一定的差异,煤层气的顺利产出需要一定的先决条件。从物质基础、流动通道及能量系统角度分析可知,煤层气的开采需要有一定的资源量,资源量的多少决定了其开采价值的高低,较高的含气量、合适的煤层厚度及较大的含气面积等因素对煤层气的开采都十分有利。作为气体赋存空间与外部环境连接的重要纽带,储层渗透率的大小对气体能否顺利产出具有决定性的作用,若裂隙发育、导流通道通畅,则会获得较高的渗透率,有利于煤层气产出。解吸能力的强弱体现了煤层气气源供给能力的大小,同时对煤层气产出有重要的影响,较高的含气饱和度及较大的解吸能力可使煤层气的运移及排采相对容易。因此,煤层气产出的先决条件主要包括充足的资源量、良好的渗透能力、较强的解吸能力等。

在煤层气的开采过程中,通过排水降压达到煤层气的临界解吸压力后,煤层气从煤基质表面脱附,在浓度差的作用下从基质微孔、裂隙扩散到割理裂隙中,与割理裂隙中的自由水混合后,以气水两相流态存在,并在压差作用下渗流进入井筒。总体而言,气体的产出可以概括为 3 个主要过程:① 解吸过程,气体从吸附态转变为游离态;② 在浓度差、压差作用下气体分子的扩散过程;③ 主要在压差作用影响下的流体渗流过程。因此,煤层气产出的理论基础主要由上述煤层气的解吸、扩散及渗流理论所组成[16-23]。

1) 煤层气的解吸

煤层中气体的各种状态(主要包括游离态、溶解态及吸附态)始终处于动态平衡,储层中温度、压力的改变会打破这种平衡,引起煤层气 3 种状态之间的转化,其中起决定性作用的是吸附气与游离气之间的转变。排水作用使煤层压力逐渐降低,当达到临界解吸压力时,吸附平衡被打破,气体发生解吸,吸附态气体分子脱附形成游离气,直到形成新的平衡。煤层气的整个解吸过程可以利用等温吸附曲线来描述,如图 1-8 所示。

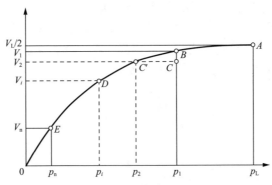

图 1-8　煤基质 Langmuir 等温吸附曲线

$A(p_L,V_L/2)$—兰氏吸附点;$B(p_1,V_1)$—理论吸附点;$C(p_1,V_2)$—实际吸附点;
$D(p_i,V_i)$—排采过程吸附点;$E(p_n,V_n)$—枯竭吸附点;$C'(p_2,V_2)$—临界解吸点

煤层气的解吸特征不仅与压力有关,还与煤层的含气饱和度密切相关。煤层含气饱和度数值为实测含气量 V_2 与理论含气量 V_1 的比值。$V_2/V_1<1$ 表示煤层处于欠饱和状态,气体的解吸和流动均会受到抑制,此时即使压力降低,解吸也不会马上发生,只有当压力下降到曲线上实测含气量 V_2 所对应的压力 p_2 时,气体才会解吸。$V_2/V_1>1$ 表示煤层处于过饱和状态,此时只要压力降低就会发生气体解吸。

临界解吸压力 p_2 与储层压力 p_1 的差值能够反映煤层气排采初期所需的压降幅度,两者之比可以反映排采初期降压产气的难易程度,且差值越大、比值越小,表明产气所需的降压幅度越大,产气难度相对也越大。$(V_2-V_n)/V_2$ 为理论采收率,因此尽量降低枯竭压力能够最大限度地提高煤层气采收率。

2）煤层气的扩散

煤层气内外表面的二元解吸是一个连续不断的过程,在此期间,由于煤基质孔隙直径小、渗透率低,煤层气在基质中的达西渗流十分微弱,气体运移及物质传递主要以扩散的方式进行。随着压力的传递,煤体外表面的气体分子在挣脱煤体束缚前会发生表面扩散作用。表面扩散作用仅仅发生在吸附态气体分子之间。当气体开始解吸转变为游离态时,气体分子之间会发生体积扩散,气体分子开始缓慢自由运动,此时若气体分子在直径很小的孔隙、裂隙中运移,部分气体分子与孔壁表面碰撞,可能发生克努森扩散;当孔隙、裂隙直径更小,达到气体分子的平均自由程时,气体分子可能通过滑移的方式向外流动。Smith 和 Williams 发现[21],煤基质块中煤层气的扩散是表面扩散、克努森扩散和体积扩散的综合作用。煤层气在基质中的扩散可以利用非稳态模型和拟稳态模型进行描述。

基于 Fick 第二定律,基质中的煤层气浓度由外边界到中心是不断变化的。根据质量守恒定律,在任意一个微元控制体中,煤层气浓度变化符合如下方程:

$$\nabla(D\nabla C)=\frac{\partial C}{\partial t}$$ （1-8）

式中 D——气体扩散系数，m^2/d；

C——微元体内的煤层气浓度，m^3/m^3。

非稳态模型较为真实地描述了基质中气体浓度的分布及变化规律，但其求解较为复杂，拟稳态模型则可以对非稳态模型进行很好的简化。

拟稳态模型基于 Fick 第一定律，认为煤层气在扩散过程中，其浓度可以从梯度分布简化为平均分布，假设每一个时间段内气体浓度都存在一个较为稳定的平均值，该平均浓度受多个参数的影响，包括扩散系数 D、形状系数 F_s 及上一时间段的平均浓度等，可以用如下微分方程表示：

$$\frac{\mathrm{d}V_m}{\mathrm{d}t} = DF_s\left[V_E(p_g) - V_m\right] \tag{1-9}$$

$$DF_s = \frac{1}{\tau}$$

式中 τ——吸附时间，为实测解吸气体积达到总解吸气量的 63% 时所对应的时间，d；

$V_E(p_g)$——压力 p_g 下的煤层含气量（气体浓度），遵循 Langmuir 理论，$10^{-3}\ m^3/kg$；

V_m——煤层基质中的平均含气量，$10^{-3}\ m^3/kg$。

从基质到裂隙的扩散总量为：

$$q_m = -F_G\frac{\mathrm{d}V_m}{\mathrm{d}t} \tag{1-10}$$

式中 F_G——常数；

q_m——气压方程中的源汇项，$10^{-3}\ m^3/kg$。

3）煤层气的渗流

煤层气渗流主要存在于割理裂隙中，压力降低使得解吸的气体从煤基质中扩散出来，然后与裂隙中的水一起在压力梯度的作用下以气水两相形式沿割理裂隙流入水力裂缝，最后流向井底，此时可用达西定律来描述[22-24]。

4）煤层气的产出

由煤层气解吸机理可知，过饱和、饱和、欠饱和储层煤层气的解吸机理不同。由于我国煤层多为欠饱和，因此以欠饱和气藏为例进行说明。如图 1-9 所示，排水使储层压力降低，进而使煤层气发生解吸，解吸的气体在浓度梯度的作用下发生扩散，且扩散过程符合非平衡拟稳态模型，当扩散进入割理裂隙后，以达西流流入井筒。

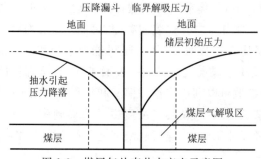

图 1-9 煤层气从直井中产出示意图

欠饱和煤层气藏的产气过程可分为 4 个流态变化阶段[24,25]，如图 1-10 所示。

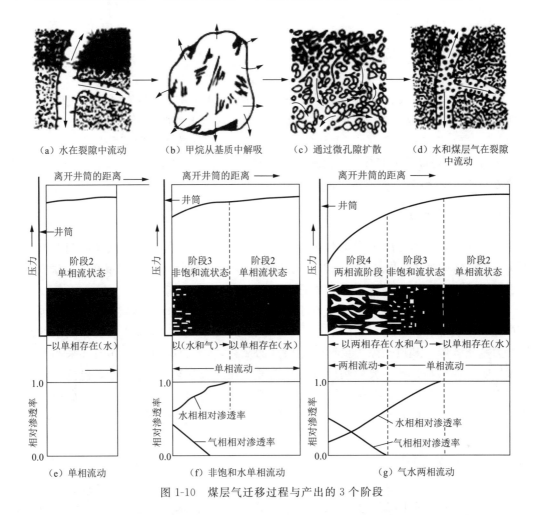

（a）水在裂隙中流动　　（b）甲烷从基质中解吸　　（c）通过微孔隙扩散　　（d）水和煤层气在裂隙
　　　　　　　　　　　　　　　　　　　　　　　　　　　　　　　　　　　　　　中流动

（e）单相流动　　　　　　（f）非饱和水单相流动　　　　　　（g）气水两相流动

图 1-10　煤层气迁移过程与产出的 3 个阶段

第 1 流态阶段：仅有压降传递，无水、气流动阶段。此时处于煤层气井排采最初阶段，降压幅度较小，还不足以引起煤层水流动，煤层处于静水状态，此阶段维持时间很短。

第 2 流态阶段：饱和水单相流阶段。此阶段煤层压力始终高于临界解吸压力，气体未发生解吸，压差仅使水发生流动。此阶段时间的长短取决于临界解吸压力与原始地层压力比值的大小，比值越小，维持时间越长，反之比值越大，维持时间越短。

第 3 流态阶段：非饱和水单相流阶段。压力降低到临界解吸压力后，煤层气开始解吸并扩散到割理裂隙中，此时气体量较小，在水中仅形成泡流，随着气体量的增多，气相相对渗透率逐渐增大，水相相对渗透率逐渐降低，气泡逐渐增大，但此阶段始终处于泡流状态。

第 4 流态阶段：气水两相流阶段。随着压力的不断下降，解吸区域逐渐扩大，产气量逐渐增大，气泡相互连接，最终形成流线。此阶段前期，水相相对渗透率依然大于气相，气水两相流以水的流动为主，随着解吸气量的不断增大，气相相对渗透率不断升高，直至大于水相相对渗透率，此时气水两相流以气体流动为主。

当排采进行到一定程度时，由于气体不断解吸，气源供给能力逐渐降低，压降的传递不足以使更多气体解吸,流态可能从以气体流动为主过渡到以水的流动为主,直至没有开采价值。

1.3 煤储层物性特征

煤层中含有许多微裂隙,在储层应力状态发生变化时,储层内部结构发生改变,储层的物性参数随之改变,煤层表现出明显的应力敏感性。应力敏感性对于研究煤层的一些性状极为关键,严重影响研究结果,因此不能忽略。应力敏感性的本质原因是岩石应力状态发生变化时,岩石内部孔喉结构和骨架颗粒承载的应力分布发生改变,导致岩石内部孔喉和裂隙等均产生变化,岩石内部渗流面积和通道严重受到影响。

1.3.1 煤储层的孔隙特征

煤岩的性质与常规岩石不同,煤岩既是煤层气产生的源岩,又是煤层气吸附和流通的场所。煤岩性质对于煤层气的勘探开发有很大的影响,不能将常规油气藏开发方法直接应用于煤岩,因此需要探讨煤岩的独特物性,建立煤岩开采模型。

煤岩与常规岩石最本质的不同在于煤岩内部孔隙的特殊性。煤岩内部孔隙包括基质孔隙和微裂隙,煤岩中天然存在的裂缝即为裂隙,在基质块内部,这些裂隙围限的微孔隙即为基质孔隙。基质孔隙主要影响煤层气的赋存,而裂隙则对煤层气的开采和流通有重大影响。煤层物性的主要影响因素是其内部存在的大量裂缝,裂缝主要包括面割理和端割理。割理在煤层中分布的间距和方位一般是均匀的,且一般垂直于煤层层面。面割理和端割理的主要区别在于,面割理一般连续、较长且发育好,而端割理连续性差,终止于面割理[19]。

1) 煤层的孔隙类型

煤层中包含 3 种类型的孔隙,即原生孔隙、次生孔隙和裂隙。这 3 种孔隙类型的形成主要受煤层形成过程中沉积物的组成、煤化作用以及后期的构造运动影响;在不同的时期,3 种孔隙分别占据的比例有所不同。在沉积物沉积阶段,原生孔隙大量存在,但随着煤化作用的进行,原生孔隙的数量大大减少,有时甚至消失;次生孔隙主要产生于煤化作用过程中,其分布大多混乱无规则;煤层中含有大量的裂隙,主要包括构造裂隙和煤化作用裂隙,其中裂隙对煤岩的物性起决定作用。

2) 煤层的孔隙系统

不同煤阶的煤层内部孔隙孔径分布变化很大,相同煤阶的煤层的孔径大小也不相同,且有很大差距。大孔隙的直径有的达到微米级,而小孔隙则只有纳米级。根据孔径大小的不同,孔隙主要分为大孔、小孔和微孔。在低煤阶煤层中,大孔较多,随着煤阶的升高,大孔所占的比例逐渐减小,而微孔和小孔所占比例逐渐增加[25],因此不同煤阶的煤层性质差别很大。孔隙直径对煤岩的物性、渗流特性及开采运移都有极其重要的影响。我国煤层气界应用最为广泛的是 ХодоТ 于 1961 年提出的十进制分类系统,见表 1-2。该系统将孔隙分为 4 种:孔径大于 1 000 nm 的孔隙为大孔,孔径在 100~1 000 nm 之间的孔隙为中孔,孔径在 10~100 nm 之间的孔隙为小孔,孔径小于 10 nm 的孔隙为微孔。气体在大孔中主要以剧烈层流和紊流方式渗流,在微孔中以毛细管凝结、物理吸附及扩散等现象存在。

表 1-2 煤中孔径结构划分方案比较(直径,nm)

ХодоT(1961)	Dubinin(1966)	IUPAC(1978)	Gan(1972)	杨思敬(1991)
微孔,<10	微孔,<2	微孔,<2	微孔,<1.2	微孔,<10
小孔,10~100	小孔,2~20	小孔,2~50	小孔,1.2~30	小孔,10~100
中孔,100~1 000				中孔,100~1 000
大孔,>1 000	大孔,>2	大孔,>50	粗孔,>1 000	大孔,>1 000

3) 煤层的孔隙表征

煤层的孔隙性常用孔容、孔比表面积和孔隙度来表征。

煤的孔容是指煤的孔隙体积,常用比孔容表示,即每克煤所具有的孔隙体积,单位为 cm^3/g。通过氦、汞渗透密度可以计算煤的总孔容(总孔隙体积),即

$$V_t = \frac{1}{\rho_{He}} - \frac{1}{\rho_{Hg}} \tag{1-11}$$

式中 V_t——煤中全部孔隙体积,即煤的总孔容,cm^3/g;

ρ_{He}——煤的氦透入法所测密度,g/cm^3;

ρ_{Hg}——煤的汞侵入法所测密度,g/cm^3。

煤的总孔容与煤阶和煤物质组成密切相关。随着煤阶的增高,煤的总孔容先减小后增大,在焦煤中期阶段达到最小值,如图 1-11 所示[26]。一般来说,煤阶增高,大孔和中孔比例减小,微孔比例增大。煤的孔隙结构直接影响煤层气的富集和产出。大孔和中孔利于煤层气的储集和运移,被称为气体容积型扩散孔隙;小孔和微孔利于煤层气的储集,但不利于煤层气的运移,被称为气体分子型扩散孔隙[27]。

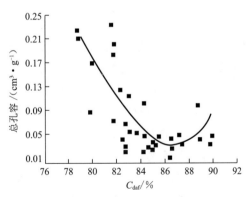

图 1-11 煤的总孔容随煤中碳含量 C_{daf} 的变化

煤的孔比表面积包括外表面积和内表面积,其中外表面积所占比例极小,贡献率几乎全来自内表面积。煤的内表面积用比表面积表征,单位为 m^2/g。煤的比表面积大小与煤的分子结构和孔径结构有关。在同样总孔容条件下,微小孔隙占比越大,煤的比表面积就越大;煤阶增高,孔比表面积增大。通常用汞侵入法和低温氮吸附法测定煤的比表面积。

沁水盆地南部石炭—二叠系主要煤层煤的孔比表面积分布特征与孔隙体积分析表明,

煤的孔比表面积与孔隙体积成正比,如图 1-12 所示。孔比表面积主要集中在小孔段,其次是微孔段,中孔和大孔段的孔比表面积最低。

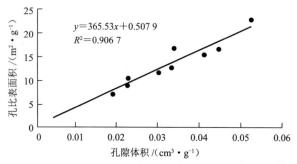

图 1-12　煤的孔比表面积与孔隙体积的关系

在相似孔容条件下,孔径与孔比表面积成反比,如图 1-13 所示。孔比表面积主要集中在小孔段,其次是超微孔、极微孔段,而微孔、中孔和大孔段的孔比表面积最小。孔比表面积与煤层气的吸附能力有直接关系,煤的孔比表面积大,则煤对煤层气的吸附能力就强。

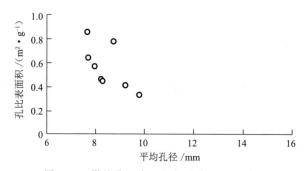

图 1-13　煤的孔比表面积与平均孔径的关系

煤的孔隙度是煤中孔隙裂隙体积与煤的总体积的比值,是衡量煤层储集性的主要参数。一般用氦气测定煤的孔隙度,因为氦气是惰性气体,不产生吸附,而且其分子直径小,约为 0.38 nm,可以进入煤岩很小的孔隙中。用氦气测得的孔隙度为理论最大值,可反映煤对气体的容纳能力。氦孔隙度减去割理孔隙度即为基质孔隙度,它可反映煤岩中微孔所占的比例及煤岩对甲烷的吸附能力。例如,沁水盆地南缘郑庄煤矿山西组 3# 煤孔隙度为2.32%～10.54%,太原组 15# 煤孔隙度为 2.74%～8.97%。

煤层孔隙度在 1.5%～12.2% 之间,一般在 5% 以下,不同煤化阶段煤样孔隙度存在差异性。煤的孔隙度与煤的变质程度相关,一般低变质程度煤,如褐煤、长焰煤和气煤的孔隙度相对较高,在 10% 以上;中等变质程度煤的孔隙度最低,约为 3%,如肥煤、焦煤;随着煤变质程度的进一步加深,如瘦煤、贫煤和无烟煤的孔隙度又有所增加,在 5%～10% 之间。不同煤阶煤的孔隙特征不同,褐煤和低煤阶烟煤以大孔为主,而高煤阶烟煤和无烟煤以微孔为主,中煤阶烟煤则以小孔为主,部分为中孔和微孔。煤的孔隙特征在煤化过程中的演化与煤化作用阶跃的显现位置相一致,表明煤的孔隙特征与煤的大分子结构之间存在成因联系。此外,煤的孔隙性还与煤岩成分相关,如丝炭的孔隙度比镜煤大 3～4 倍,且以中孔、大孔为主,镜煤则以微孔和小孔为主。煤中的大孔和中孔有利于甲烷气体的运移,而小孔和微孔则与甲烷的吸附能力有关。

1.3.2　煤储层的渗透特征

1)煤岩渗透率的概念

煤层的渗透性是指在一定压力差下允许流体通过其连通孔隙的性质。渗透性的大小用渗透率来表示。

达西定律是法国人亨利·达西在解决巴黎市供水问题时,用未胶结砂充填模型做水流渗滤实验得到的一个经验公式,即当单相流体通过多孔介质、沿孔隙通道呈层流时,其渗流特征符合达西定律:

$$v = \frac{K(p_1 - p_2)}{\mu L} \tag{1-12}$$

式中　v——水的流速,cm/s;

　　　K——渗透率,μm^2;

　　　p_1——进口压力,0.1 MPa;

　　　p_2——出口压力,0.1 MPa;

　　　μ——流体黏度,Pa·s;

　　　L——试样长度,m。

通常以液体或气体为渗流介质进行渗透率的测定。大量实验表明,以液体为渗流介质测量岩石的渗透率会受到许多因素的影响,如岩石所含黏土矿物遇水膨胀、岩石孔隙表面吸附液体等。针对这些影响建立起以气体为渗流介质的岩石渗透率测试方法。气体体积流量随压力和温度的变化而变化,且在岩石内部各点的体积流量是变化的。气体在岩石内任一点的流动状态须用达西定律的微分形式表示:

$$v = -\frac{K_g}{\mu} \frac{dp}{dL} \tag{1-13}$$

式中　K_g——气测渗透率,μm^2。

如果气体通过各断面的质量流量不变,那么根据玻意耳-马略特定律,在等温条件下气体体积流量随压力的变化规律可表示为:

$$Q = \frac{Q_0 p_0}{p} \tag{1-14}$$

式中　Q,Q_0——压力 p 和 p_0 下气体体积流量,m^3/s。

将式(1-14)代入式(1-13)并积分得:

$$K_g = \frac{2Q_0 p_0 \mu L \times 10^2}{A(p_1^2 - p_2^2)} \tag{1-15}$$

式中　p_1——进口压力,MPa;

　　　p_2——出口压力,MPa;

　　　p_0——大气压力,MPa;

　　　μ——气体黏度,mPa·s;

　　　A——岩石试样的横截面积,cm^2;

L——岩石样品的长度,cm。

对比液测渗透率和气测渗透率发现,气测渗透率总比液测渗透率要高,这使得人们对绝对渗透率是岩石自身性质,而与流体性质无关的结论产生了怀疑。1941 年 Klinkenberg 较好地解释了气测渗透率高于液测渗透率的原因:

(1)同一岩石、同一气体,在不同的平均压力下测得的气测渗透率不同。低平均压力下气测渗透率较高,高平均压力下气测渗透率较低。气测渗透率和平均压力的倒数呈较好的线性关系。

(2)同一岩石在同一平均压力下,不同气体测得的渗透率不同。气体的相对分子质量越大,测得的渗透率越低。

(3)同一岩石,不同气体测得的渗透率和平均压力的直线关系交纵坐标轴于一点,该点(即平均压力趋于无穷大)的气测渗透率与同一岩石的液测渗透率是等价的,因此该点的渗透率称为等价液测渗透率,也称为 Klinkenberg 渗透率。

$$K_\infty = \frac{K_g}{1+b/p_m} \tag{1-16}$$

式中 K_∞——Klinkenberg 渗透率,μm^2;

K_g——每个测点的气测渗透率,μm^2;

b——与岩石孔隙结构及气体分子平均自由程有关的系数,称为 Klinkenberg 系数;

p_m——平均压力,MPa。

Klinkenberg 认为,气体在岩石孔道中的滑脱效应是导致气测渗透率大于液测渗透率的根本原因。

2)煤岩渗透率的特征

煤岩渗透率是煤层气开采中的关键参数,其大小决定了煤层气能否顺利地产出。煤基质孔隙虽然是煤层气的主要储存空间,但它基本不具有渗透性,煤层裂隙系统的渗透性才是煤层渗透率大小的决定性因素。我国煤层气储层的渗透率普遍偏低,90%的储层渗透率低于 $3×10^{-3}$ μm^2,通常为 $(0.001～0.1)×10^{-3}$ μm^2,大多属于典型的低渗透、特低渗透储层[26]。

渗透率的影响因素十分复杂,地质构造、应力、埋深、煤体结构、煤岩特征等都会对储层渗透率产生影响。一般而言,应力松弛地区的渗透率较高,正常应力地区的渗透率中等,高应力地区的渗透率较小。煤层渗透率通常随着煤层埋深的增大而降低。天然裂隙发育,裂隙之间相互沟通,都有利于提高煤层渗透率。煤体结构对渗透率的影响主要在于煤体破碎程度,结构相对完整、强度高、裂隙连通性好的煤体,渗透率较高;结构松软、强度低的煤体,渗透性较差。

排采过程中,煤基质渗透率具有自调节效应,有效应力增加导致渗透率负调节作用,煤层气解吸导致煤基质收缩,对渗透率产生正调节作用[25,26]。气体流动过程中,与固体表面发生相互作用,其流速不为零,产生滑脱现象,增加了气体分子的流速,使煤层的渗透率增加。煤层气排采的初期、中期、后期分别主要表现出应力效应、基质收缩效应和气体滑脱效应,这些效应引起煤层渗透率的变化,影响最终的产气量。

3)煤层渗透率的测定

煤层渗透率的测定方法目前基本上套用常规油气储层渗透率的测定方法,其测定装置和方法很多,可归纳为两类:瞬态法(适用于低渗透煤岩)和稳态法(适用于高渗透煤岩)。

(1) 瞬态法。

低渗透煤岩瞬态测量方法渗透率 K 的计算公式为:

$$K = \mu\beta V \frac{L}{A} \frac{\lg(p_1/p_r)}{t_r - t_1} \qquad (1-17)$$

式中　μ——流体的黏滞系数,0.01 cm^2/s;

　　　β——流体的体积压缩系数,$\beta = 4.74 \times 10^{-6}$ Pa^{-1};

　　　V——水箱体积,$V = 336$ L;

　　　L——试件高度,cm;

　　　A——试件的横截面积,cm^2;

　　　t_1, t_r——实验的起止时间,s;

　　　p_1, p_r——孔压的起止压力,MPa。

该方法测得的渗透率在 $10^{-9} \sim 10^{-5}$ μm^2 之间。

(2) 稳态法。

记录恒定流量下试件两端的压差 Δp,基于达西定律计算渗透率 K:

$$K = \frac{\mu Q L}{A \Delta p} \qquad (1-18)$$

式中　Q——渗流过程的水流量,m^3/s。

该法测得的渗透率大于 10^{-5} μm^2,可测量高渗煤试样的渗透率。

1.3.3　煤储层的基质收缩与应力敏感性

随着煤层气的不断产出,岩石孔隙内部的压力减小,而储层的上覆岩层压力未发生改变,因此有效应力增大,使得储层中的孔隙和裂缝开度减小,煤岩渗透率大幅度下降。因此,随着煤层气开采的进行,煤岩表现出较强的应力敏感性。随着有效应力的变化,煤层极易发生变形。煤层发生变形的主要原因包括裂缝体积变化、基质收缩/膨胀[21,28-34]。

1) 裂缝体积变化

煤层气赋存于煤岩中,它首先应从煤基质中释放出来,然后才能进行开采。煤层气释放过程包括解吸、扩散和渗流。煤层气开采主要包括排水、降压和采气等阶段。伴随着煤层气的开采,储层内部压力不断减小,煤层骨架承受的有效应力随之增加,基质产生弹性变形,裂缝体积受到压缩而减小。

2) 基质收缩/膨胀

随着煤层气的不断产出,由于上覆岩层压力不变,孔隙压力逐渐减小,当煤层孔隙压力小于煤层气的临界解析压力时,煤层气从煤层中释放出来。在这个过程中,煤层基质会随气体的解吸而受到压缩,引发裂隙周围的局部应变,使煤岩渗透率有较大的变动。基质收缩会使煤岩内部裂缝变宽,渗透通道和渗透面积增大,渗透率增大;反之,当煤岩吸附气体时,基质膨胀,渗透率减小。

3) 煤层渗透率应力敏感性

由于煤层气开采过程中有效应力发生变化,不仅导致煤岩发生变形,还导致煤岩渗透率发生变化。图 1-14 给出了沁水盆地山西组 3#煤岩液测渗透率随有效应力和驱动压力的变化规律。从图中可以看出,液测渗透率不仅与有效应力相关,而且与岩芯两端的压差(驱动压力)相关。

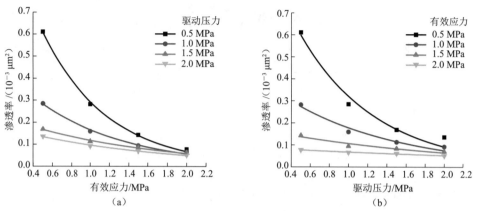

图 1-14　沁水盆地山西组 3#煤岩液测渗透率随有效应力和驱动压力的变化

根据实验结果得出煤岩液测渗透率随有效应力变化的定量表达式为:

$$\frac{K}{K_0} = m \mathrm{e}^{-n\sigma} \tag{1-19}$$

式中　K——渗透率,$10^{-3}\ \mu \mathrm{m}^2$;

K_0——初始渗透率,$10^{-3}\ \mu \mathrm{m}^2$;

σ——有效应力,MPa;

m,n——实验常数,它们的取值范围为 $m = 0.1 \sim 2.0$,$n = 0.6 \sim 2.0$。

1.4　煤岩力学特性

煤岩力学性质是指煤岩的弹性模量、泊松比、单轴抗拉强度、单轴抗压强度、峰值强度、内聚力、内摩擦角等力学参数,与煤岩的类型、煤阶、组织结构等密切相关,是水力压裂工程设计及压后分析的基础参数。下面介绍一些典型煤矿的力学特性。

1.4.1　沁水盆地煤岩力学性质

沁水盆地南部是指山西省东南部的长治、高平、晋城、阳城、沁水、安泽一带,盆地南部东西长约 120 km,南北长约 80 km,总面积约 7 000 km²。沁水盆地南部煤炭资源丰富,同时煤层中瓦斯含量高、煤层渗透性相对较好,早在 20 世纪 90 年代初就开始了煤层气的勘探和生产试验,不仅是我国优质无烟煤生产基地,而且是目前全国勘探程度最高、开发前景最好、商业化程度较高的煤层气气田。

中国石油大学(华东)岩石力学实验室对沁水盆地寺河矿、太阳矿和唐安矿的山西组 3#煤岩进行了系统的岩石力学参数测试。图 1-15 是部分煤样单轴抗拉强度实验前后的照片,其单轴抗拉强度、单轴抗压强度实验结果见表 1-3。从表中可以看出,3#煤岩密度在 1.29 ~ 1.59 g/cm³ 之间,单轴抗压强度在 17.41 ~ 68.12 MPa 之间,单轴抗拉强度在

0.54～3.81 MPa 之间,单轴抗压强度与单轴抗拉强度比为 15.4～54.7。

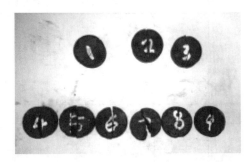

（a）拉伸实验前   （b）拉伸实验后

图 1-15 单轴抗拉强度实验试样形貌

表 1-3 沁水盆地山西组 3# 煤岩单轴强度

岩芯组号	岩芯号	煤矿名称	岩石密度/(g·cm⁻³)	单轴抗拉强度/MPa	单轴抗压强度/MPa
1	A1	寺河矿	1.34	1.29	23.22
	A2		1.35	1.34	23.45
	A3		1.36	1.31	23.97
	A4		1.36	1.37	24.66
	A5		1.36	1.32	23.10
	A6		1.35	1.27	24.89
	A7		1.35	1.31	24.23
2	C1	寺河矿	1.51	1.28	24.32
3	D1	寺河矿	1.34	1.27	23.62
	D2		1.34	1.28	23.17
	D3		1.33	1.32	25.48
	D4		1.33	1.30	24.70
4	F1	寺河矿	1.41	1.27	25.40
	F2		1.41	1.35	24.99
	F3		1.44	1.22	25.62
	F4		1.45	1.23	22.93
5	G1	寺河矿	1.36	1.24	23.24
6	H1	寺河矿	1.35	1.45	26.10
	H2		1.35	1.26	23.36
	H3		1.35	1.41	25.24
	H4		1.37	1.34	25.61
	H5		1.37	1.25	22.50

岩芯组号	岩芯号	煤矿名称	岩石密度/(g·cm⁻³)	单轴抗拉强度/MPa	单轴抗压强度/MPa
7	I1	寺河矿	1.34	0.99	19.80
	I2		1.34	1.24	23.13
	I3		1.34	1.16	22.14
	I4		1.34	1.16	20.98
8	J1	寺河矿	1.33	1.26	21.47
	J2		1.33	1.20	19.87
	J3		1.39	1.26	20.74
	J4		1.39	1.17	18.46
9	L1	寺河矿	1.35	1.26	19.40
	L2		1.39	0.87	17.41
	L3		1.37	1.17	22.81
	L4		1.37	1.16	21.74
	L5		1.36	1.13	21.02
	L6		1.36	1.13	22.14
	L7		1.36	1.16	21.92
	L8		1.35	1.28	22.74
	L9		1.35	1.25	22.85
	L10		1.29	1.29	22.94
	L11		1.29	1.28	23.01
10	M1	太阳矿	1.58	3.53	68.12
	M2		1.59	3.81	71.45
	M3		1.52	2.73	49.14
11	N1	唐安矿	1.45	2.45	50.04
	N2		1.46	0.60	35.19
	N3		1.48	2.26	57.14
12	O1	唐安矿	1.49	1.30	54.78
	O2		1.47	0.54	29.53
	O3		1.46	2.13	40.47

表1-4 给出了17组煤岩在不同围压下的纵横波波速测试结果。利用纵横波波速及岩石密度,由下述关系可求得岩石的动态弹性参数。

动态泊松比:

$$\nu_d = \frac{0.5(v_p/v_s)^2 - 1}{(v_p/v_s)^2 - 1} \tag{1-20}$$

动态弹性模量：

$$E_d = \frac{\rho v_s^2 (3v_p^2 - 4v_s^2)}{v_p^2 - v_s^2} \times 10^{-6} \tag{1-21}$$

式中　ν_d——动态泊松比；

E_d——动态弹性模量，GPa；

v_p——纵波波速，m/s；

v_s——横波波速，m/s；

ρ——岩样密度，g/cm³。

表 1-4　沁水盆地山西组 3# 煤岩动态弹性参数实验结果

煤矿名称	岩芯号	岩石密度 /(g·cm⁻³)	纵波波速 /(m·s⁻¹)	横波速度 /(m·s⁻¹)	动态弹性模量 /MPa	动态泊松比
寺河矿	A3	1.36	2 412.99	1 571.69	7 602.938	0.132
	A6	1.36	2 477.60	1 611.51	8 005.734	0.133
		1.35	2 406.37	1 656.70	7 777.092	0.050
		1.35	2 493.00	1 609.70	7 992.981	0.142
寺河矿	B1	1.35	2 539.99	1 638.45	8 289.653	0.144
		1.36	2 461.03	1 671.30	8 144.930	0.072
		1.36	2 530.64	1 644.20	8 344.088	0.135
	B2	1.36	2 580.66	1 675.03	8 669.526	0.136
		1.51	2 870.33	1 810.09	11 575.640	0.170
		1.51	2 930.06	1 821.24	11 872.280	0.185
寺河矿	C4	1.51	2 960.86	1 860.14	12 267.560	0.174
		1.47	2 866.93	1 850.10	11 504.160	0.143
寺河矿	D2	1.47	2 956.57	1 830.012	11 711.430	0.189
		1.34	2 597.30	1 661.75	8 536.453	0.153
		1.34	2 684.08	1 714.45	9 101.638	0.155
	D3	1.34	2 713.76	1 632.47	8 688.140	0.216
		1.31	2 382.33	1 498.80	6 900.542	0.172
		1.31	2 463.54	1 547.02	7 364.233	0.174
寺河矿	E4	1.31	2 507.47	1 573.10	7 621.290	0.175
		1.41	2 548.19	1 612.21	8 548.460	0.166
		1.41	2 700.71	1 598.30	8 864.294	0.230
寺河矿	F4	1.41	2 813.50	1 720.15	10 025.750	0.202
		1.45	2 659.73	1 690.34	9 621.865	0.161
		1.45	2 823.90	1 740.46	10 486.470	0.194

煤矿名称	岩芯号	岩石密度 /(g·cm⁻³)	纵波波速 /(m·s⁻¹)	横波速度 /(m·s⁻¹)	动态弹性模量 /MPa	动态泊松比
寺河矿	G3	1.45	2 912.97	1 730.14	10 655.530	0.227
		1.32	2 423.39	1 534.16	7 242.593	0.166
		1.32	2 509.77	1 585.84	7 752.708	0.168
	G6	1.32	2 579.03	1 527.27	7 574.024	0.230
		1.33	2 504.36	1 593.95	7 836.357	0.160
		1.33	2 593.42	1 547.64	7 794.887	0.223
寺河矿	H6	1.33	2 626.88	1 567.81	7 998.663	0.223
		1.35	2 666.67	1 615.96	8 530.088	0.210
		1.35	2 718.61	1 637.74	8 800.274	0.215
		1.35	2 745.36	1 654.11	8 976.039	0.215
		1.37	2 716.99	1 651.38	9 019.463	0.207
		1.37	2 770.97	1 604.90	8 804.861	0.248
寺河矿	I7	1.37	2 800.33	1 623.13	9 001.879	0.247
		1.31	2 513.42	1 576.63	7 656.439	0.176
		1.31	2 632.48	1 647.32	8 376.707	0.178
	I8	1.31	2 684.18	1 678.02	8 699.478	0.179
		1.34	2 497.14	1 600.92	7 906.457	0.151
		1.34	2 621.31	1 676.33	8 691.026	0.154
寺河矿	J1	1.34	2 702.54	1 645.66	8 748.355	0.205
		1.33	2 572.39	1 634.96	8 256.114	0.161
		1.33	2 643.73	1 677.96	8 707.953	0.163
	J3	1.33	2 669.36	1 693.41	8 873.203	0.163
		1.34	2 634.89	1 684.58	8 779.065	0.154
寺河矿	K3	1.34	2 713.05	1 542.04	8 038.519	0.261
		1.29	2 447.29	1 415.19	6 452.702	0.249
		1.29	2 552.19	1 426.52	6 682.519	0.273
寺河矿	L10	1.29	2 599.38	1 424.11	6 726.591	0.286
太阳矿	AA4	1.50	2 543.93	1 596.43	8 985.096	0.175
		1.50	2 585.69	1 612.10	9 215.980	0.182
		1.50	2 628.84	1 619.56	9 396.573	0.194
		1.50	2 628.84	1 602.19	9 276.047	0.205
		1.50	2 673.28	1 668.84	9 865.000	0.181

煤矿名称	岩芯号	岩石密度 /(g·cm⁻³)	纵波波速 /(m·s⁻¹)	横波速度 /(m·s⁻¹)	动态弹性模量 /MPa	动态泊松比
唐安矿	BB5	1.46	2 303.62	1 351.48	6 600.503	0.238
		1.46	2 303.62	1 351.48	6 600.503	0.238
		1.46	2 303.62	1 361.48	6 666.120	0.232
		1.46	2 303.62	1 379.79	6 783.618	0.220
		1.46	2 341.43	1 380.79	6 866.597	0.233
		1.46	2 341.43	1 380.79	6 866.597	0.233
		1.46	2 341.43	1 386.50	6 904.405	0.230
唐安矿	CC4	1.47	2 525.23	1 485.43	8 014.505	0.235
		1.47	2 525.23	1 485.43	8 014.505	0.235
		1.47	2 557.53	1 486.94	8 090.857	0.245
		1.47	2 557.53	1 486.94	8 090.857	0.245
		1.47	2 557.53	1 486.94	8 090.857	0.245
		1.47	2 597.58	1 475.90	8 079.670	0.262
唐安矿	DD4	1.46	2 403.50	1 397.38	7 096.981	0.245
		1.46	2 448.07	1 406.94	7 244.763	0.253
		1.46	2 448.07	1 406.94	7 244.763	0.253
		1.46	2 452.07	1 393.22	7 150.812	0.262
		1.46	2 452.07	1 393.22	7 150.812	0.262
		1.46	2 452.07	1 362.26	6 918.645	0.277
唐安矿	EE4	1.46	2 552.22	1 601.31	8 800.657	0.175
		1.46	2 598.69	1 610.87	9 001.493	0.188
		1.46	2 646.88	1 612.50	9 148.286	0.205
		1.46	2 646.88	1 612.50	9 148.286	0.205
		1.46	2 696.90	1 681.81	9 760.858	0.182
		1.46	2 696.90	1 673.72	9 707.805	0.187

　　常规测井一般只有纵波波速数据,因此建立横波波速与波阻抗之间的关系对利用测井数据解释煤岩动态弹性参数有重要意义。图 1-16 是实验煤岩横波波速与波阻抗(波阻抗＝纵波波速×密度)之间的关系图。

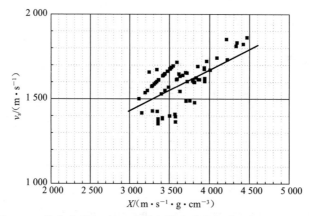

图 1-16　沁水盆地山西组 3$^\#$ 煤岩横波波速与波阻抗之间的关系

拟合关系式为：

$$v_s = 706.59 + 0.241\,13X \tag{1-22}$$

式中　X——波阻抗，m·g/(s·cm^3)。

对沁水盆地山西组 3$^\#$ 煤岩 42 块样品进行三轴强度实验，图 1-17 是部分煤样的形貌。对于同一组岩芯，在不同围压条件下进行三轴强度实验，记录轴向应变、径向应变随轴向载荷的变化规律，即可得到岩芯的全应力-应变曲线。对每块岩芯的全应力-应变曲线进行处理，可得出岩石的弹性模量、泊松比和峰值强度，根据试样破坏时的围压和峰值强度，利用摩尔圆可以得到内聚力和内摩擦角，实验结果见表 1-5。从表中可以看出，围压取值范围在 6～30 MPa 之间，弹性模量随围压的增加而增大，如第 8 组试样，围压为 10 MPa 时弹性模量为 2 810 MPa，而围压增加到 30 MPa 时，弹性模量为 3 180 MPa；泊松比与围压的相关性不大。

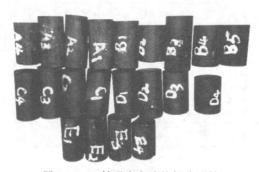

图 1-17　三轴强度实验的部分试样

表 1-5　沁水盆地 3$^\#$ 煤三轴强度实验结果

岩芯组号	岩芯号	密度 /(g·cm^{-3})	围压 /MPa	峰值强度 /MPa	泊松比	弹性模量 /MPa	内聚力 /MPa	内摩擦角/(°)
1	A1	1.34	10	61.40	0.357	3 470	14.00	19.89
	A2	1.35	20	78.12	0.426	4 930		
	A3	1.36	30	102.02	0.289	5 670		

岩芯组号	岩芯号	密度/(g·cm⁻³)	围压/MPa	峰值强度/MPa	泊松比	弹性模量/MPa	内聚力/MPa	内摩擦角/(°)
2	C2	1.53	10	55.81	0.332	2 860	11.31	22.90
	C3	1.53	20	81.71	0.216	4 260		
	C5	1.38	30	101.29	0.301	3 910		
3	D1	1.33	10	55.48	0.512	4 840	12.48	19.82
	D2	1.34	20	76.63	0.256	3 810		
	D3	1.33	30	96.42	0.475	4 160		
4	F1	1.41	10	50.79	0.417	3 940	11.56	18.04
	F2	1.43	20	69.94	0.250	3 360		
	F3	1.34	30	88.74	0.353	3 890		
5	G1	1.33	10	51.88	0.107	2 620	11.94	18.47
	G2	1.34	20	72.77	0.326	4 140		
	G3	1.32	30	90.43	0.334	4 810		
6	H1	1.37	10	58.36	0.203	2 940	14.01	19.57
	H2	1.46	20	82.72	0.292	3 410		
	H3	1.37	30	86.75	0.337	5 050		
	H6	1.35	30	98.51	0.362	4 340		
7	I1	1.33	10	55.48	0.266	3 030	11.68	21.57
	I2	1.34	20	78.59	0.322	3 790		
	I3	1.34	30	98.73	0.424	3 760		
8	J1	1.33	10	48.72	0.285	2 810	10.20	19.73
	J2	1.32	20	70.26	0.244	2 830		
	J3	1.39	30	89.10	0.202	3 180		
9	L1	1.35	10	52.76	0.205	2 200	10.02	22.99
	L2	1.39	20	76.90	0.273	3 350		
	L3	1.37	30	98.40	0.309	3 220		
10	AA1	1.48	6	88.00	0.338	5 540	15.21	38.25
	AA3	1.49	8	97.13	0.369	6 050		
	AA4	1.49	10	105.00	0.420	5 300		
11	BB1	1.46	6	88.24	0.421	4 390	12.11	43.72
	BB2	1.43	8	102.97	0.409	4 210		
	BB3	1.45	10	110.14	0.416	4 830		

岩芯组号	岩芯号	密度/(g·cm⁻³)	围压/MPa	峰值强度/MPa	泊松比	弹性模量/MPa	内聚力/MPa	内摩擦角/(°)
	CC1	1.47	6	116.37	0.368	4 840		
12	CC2	1.46	8	123.41	0.402	4 910	15.97	45.71
	CC3	1.47	10	140.52	0.401	4 810		
	DD1	1.46	6	128.24	0.329	4 840		
13	DD2	1.45	8	138.64	0.357	4 670	22.52	41.20
	DD3	1.45	10	147.68	0.389	4 490		
	EE1	1.48	6	75.33	0.367	4 670		
14	EE2	1.49	8	90.87	0.410	5 890	7.91	46.17
	EE3	1.47	10	100.05	0.429	6 040		

通过三轴实验得到煤岩的静态弹性模量和静态泊松比后,与声波实验结果相结合可以建立煤岩动静态转换关系,如图 1-18 和图 1-19 所示,拟合关系式为:

$$E_s = 1\ 831.96 + 0.318\ 5E_d \tag{1-23}$$

$$\nu_s = 0.210\ 3 + 0.653\ 9\nu_d \tag{1-24}$$

式中　E_s——静态弹性模量,MPa;

　　　ν_s——静态泊松比。

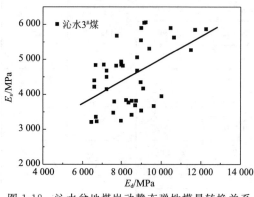

图 1-18　沁水盆地煤岩动静态弹性模量转换关系

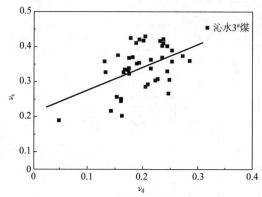

图 1-19　沁水盆地煤岩动静态泊松比转换关系

1.4.2　宁武盆地煤岩力学性质

宁武盆地行政区划隶属山西省宁武县、原平市、神池县、静乐县、娄烦县、岚县,呈 NNE 向狭长带状,为晚古生代成煤期后在华北盆地上受构造运动抬升的构造盆地,构造长约 130 km,宽 20～30 km,面积约 3 120 km²。盆地由南往北略呈平缓抬起;向斜东西两翼边部产状较陡,向内则产状平缓,倾角小于 10°,尤以中段表现明显;向斜南北两端开阔平缓,是进行煤层气勘探的有利地区。

宁武盆地主要含煤地层为石炭系上统太原组、二叠系下统山西组，是煤层气勘探的主要目的层，其特点为：① 煤演化程度中等偏低，表现为中煤阶，属于肥煤—焦煤；② 太原组 9# 煤分布稳定，厚度大，最厚 20 余米，一般厚度可达 12.0 m，山西组 4# 煤层分布较稳定，厚度较大，最厚达 13.15 m，一般厚 3.0～6.0 m；③ 煤层含气量较高，中浅部测定结果表明，9# 煤含气量为 11.7～20.3 m³/t，往盆地内部至中部区，煤层含气量还将增高；④ 煤层气资源可靠，煤层埋深 300～1 500 m，含气面积 876.0 km²，煤层气远景资源量 3 285.99× 10^8 m³，其中有利目标区（埋深小于 1 000 m）含气面积 547 km²，煤层气远景资源量 2 040.46×10⁸ m³。

对 112 块煤层岩样进行测试，部分岩样如图 1-20 所示，实验内容包括超声波、单轴抗拉强度、单轴抗压强度、三轴强度实验以及浸泡单轴抗压实验和浸泡三轴抗压实验。

图 1-20 岩石力学实验的部分试样

对 6 块山西组 4# 和太原组 9# 煤层进行单轴抗拉强度实验，结果见表 1-6。对两组试样的实验结果进行平均，得到山西组 4# 煤层的抗拉强度为 1.078 MPa，太原组 9# 煤层的抗拉强度为 1.289 MPa。

表 1-6 宁武盆地煤岩单轴抗拉强度测试结果

煤层号	试样编号	密度 /(g·cm⁻³)	单轴抗拉强度 /MPa	单轴抗压强度 /MPa
山西组 4#	4-1	1.31	1.200	20.90
	4-2	1.38	0.933	19.60
	4-3	1.35	1.100	20.48
太原组 9#	9-1	1.35	1.364	26.62
	9-2	1.40	1.223	27.91
	9-3	1.32	1.279	27.48

在不同围压下对 6 块煤岩试样开展纵横波测试，结果见表 1-7。从表中可以看出，这 6 组试样的密度差异很大，山西组 4# 煤的密度大于 1.7 g/cm³，而太原组 9# 煤的密度在 1.33～1.56 g/cm³ 之间；随着围压的增加，纵横波波速均有所升高。

表 1-7 宁武盆地煤岩纵横波测试结果

煤层号	岩芯号	围压 /MPa	岩石密度 /(g·cm⁻³)	纵波波速 /(m·s⁻¹)	横波波速 /(m·s⁻¹)	E_d /MPa	ν_d
山西组 4#	4-6-1	3	1.80	3 231.37	1 820.99	15 128.81	0.267
			1.80	3 433.33	1 883.43	16 406.81	0.284
		5	1.80	3 433.33	1 883.43	16 406.81	0.284
			1.80	3 433.33	1 894.25	16 549.81	0.281
		7	1.80	3 506.38	1 894.25	16 714.38	0.293
			1.80	3 506.38	1 894.25	16 714.38	0.293
	4-4-3	3	1.73	2 681.25	1 576.31	10 625.41	0.235
			1.73	2 681.25	1 576.24	10 624.78	0.235
		5	1.73	2 818.11	1 580.65	10 983.04	0.270
			1.73	2 813.11	1 580.66	10 972.83	0.269
		7	1.73	2 813.11	1 595.09	11 119.19	0.263
			1.73	2 813.11	1 595.09	11 119.19	0.263
	4-6-2	3	1.76	3 045.42	1 762.23	13 645.49	0.248
			1.76	3 152.28	1 769.59	13 998.05	0.269
		5	1.76	3 208.57	1 779.01	14 238.06	0.278
			1.76	3 208.57	1 779.01	14 238.06	0.278
		7	1.76	3 208.57	1 779.01	14 238.06	0.278
			1.76	3 208.57	1 779.01	14 238.06	0.278
太原组 9#	9-4-4	8	1.33	2 405.45	1 499.63	7 071.48	0.182
			1.33	2 405.48	1 511.65	7 133.98	0.173
		10	1.33	2 405.48	1 511.54	7 133.42	0.173
			1.33	2 438.89	1 511.61	7 221.40	0.188
		12	1.33	2 438.89	1 511.66	7 221.67	0.188
			1.33	2 438.89	1 511.71	7 221.95	0.188
	9-3-2	8	1.33	2 564.10	1 498.54	7 410.72	0.240
			1.33	2 597.40	1 487.35	7 391.24	0.256
		10	1.33	2 597.40	1 487.74	7 393.99	0.255
			1.33	2 631.58	1 487.74	7 448.51	0.265
		12	1.33	2 631.58	1 487.91	7 449.75	0.265
			1.33	2 631.58	1 487.54	7 447.06	0.265

煤层号	岩芯号	围压 /MPa	岩石密度 /(g·cm^{-3})	纵波波速 /(m·s^{-1})	横波波速 /(m·s^{-1})	E_d /MPa	ν_d
太原组 9$^{\#}$	9-2-2	8	1.56	2 115.25	1 327.07	6 458.72	0.175
			1.56	2 115.25	1 327.67	6 461.90	0.174
		10	1.56	2 115.25	1 327.28	6 459.83	0.175
			1.56	2 115.25	1 336.74	6 509.12	0.167
		12	1.56	2 115.25	1 336.87	6 509.79	0.167
			1.56	2 115.25	1 336.94	6 510.15	0.167

对 6 组试样进行三轴强度实验,结果见表 1-8。从表中可以看出,无论是山西组煤岩还是太原组煤岩,都具有很高的内聚力和内摩擦角。

表 1-8 宁武盆地煤岩三轴强度实验结果

煤层号	岩芯号	围压 /MPa	峰值强度 /MPa	弹性模量 /MPa	泊松比	内聚力 /MPa	内摩擦角/(°)
山西组 4$^{\#}$	4-4-1	3	31.88	3 980	0.222	6.88	38.98
	4-4-2	5	37.95	4 150	0.289		
	4-4-4	7	43.40	4 260	0.316		
	4-6-1	3	35.95	4 120	0.208	7.54	41.18
	4-6-2	5	42.93	5 540	0.303		
	4-6-3	7	48.54	7 080	0.324		
	4-6-4	3	35.12	4 050	0.275	7.77	38.76
	4-6-5	5	39.97	5 830	0.338		
	4-6-6	7	46.54	7 360	0.365		
太原组 9$^{\#}$	9-2-1	8	52.77	3 080	0.210	9.29	38.09
	9-2-2	10	59.69	4 330	0.328		
	9-2-3	12	63.89	6 810	0.356		
	9-3-1	8	54.29	3 560	0.217	8.22	31.05
	9-3-2	10	60.01	4 660	0.331		
	9-3-4	12	66.81	6 320	0.354		
	9-4-1	8	63.79	3 210	0.244	12.44	38.05
	9-4-3	10	68.93	4 350	0.252		
	9-4-2	12	74.89	6 410	0.259		

根据宁武盆地山西组 4$^{\#}$、太原组 9$^{\#}$ 煤动静态实验结果得到动静态转换模型为:

$$E_s = 2\ 452.669 + 0.309\ 56E_d \tag{1-25}$$

$$\nu_s = 0.146 + 0.569\ 78\nu_d \tag{1-26}$$

图 1-21、图 1-22 是宁武盆地煤岩动静态弹性参数相关图。从图中可以看出,煤层的动态泊松比明显低于煤层的静态泊松比,与砂泥岩剖面的转换关系存在显著差别。

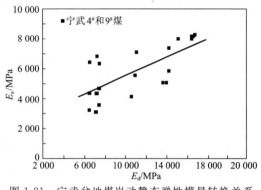

图 1-21　宁武盆地煤岩动静态弹性模量转换关系

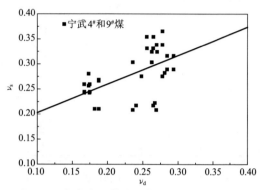

图 1-22　宁武盆地煤岩动静态泊松比转换关系

1.5　煤层地应力特性

从上述分析可以看出,煤岩与常规砂泥岩相比具有非常独特的力学特性,具体表现为:弹性模量低,泊松比大,内聚力中等,而内摩擦角略大于砂岩的内摩擦角。由此导致煤岩的水平地应力与砂泥岩相比存在很大差异。

1.5.1　地应力的影响因素

存在于地壳中的内应力称为地应力,它是由地壳内部的垂直运动、水平运动以及其他因素引起的介质内部单位面积上的作用力。影响地应力大小的因素有很多,包括埋深、构造运动、孔隙压力、温度和岩性差别等。

1)埋深

地层垂向主应力一般认为是由上覆岩层重力产生的,可认为地层垂向主应力 σ_v 等于上覆岩层重力。因此,垂向主应力将随着埋深的增大而增大,同时由于地层岩石密度的不同,应力梯度存在差异。

根据弹性力学理论,在四周位移边界固定的条件下,在上部施加压力会在四周产生侧向应力(图 1-23),而且施加的压力越大,产生的侧向应力也越大。由于地下岩层无限大,分析点可看成四周边界受到限制,因此垂向受到上覆岩层压力作用时,侧向会产生水平应力分量。侧向应力的大小除与垂向应力成正比关系外,与弹性材料的泊松比也成正相关关系:

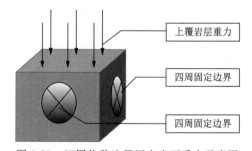

图 1-23　四周位移边界固定岩石受力示意图

$$\sigma_h = \frac{\nu}{1-\nu}\sigma_v \tag{1-27}$$

式中　σ_h——侧向应力,MPa;

　　　σ_v——垂向应力,MPa。

对于新的沉积盆地或构造运动较弱的地区,忽略构造应力作用,水平地应力即为侧向应力,由上覆岩层压力的泊松效应产生。在这些地区,岩层泊松比越大,其水平地应力梯度越大。

2）构造运动

世界范围内的地应力测量资料证明了构造运动的普遍存在性,构造运动的直接结果就是产生构造应力。构造应力是影响地应力的关键因素之一,在工程范围内认为构造运动只影响水平地应力。

构造运动的性质和强弱对地层应力状态会产生重大影响,如正断层活动地区三向主应力间关系一般为 $\sigma_v > \sigma_H > \sigma_h$（$\sigma_H$ 为最大水平地应力,σ_h 为最小水平地应力）,逆断层活动地区三向主应力间关系一般为 $\sigma_H > \sigma_h > \sigma_v$,走滑断层活动地区三向主应力间关系一般为 $\sigma_H > \sigma_v > \sigma_h$。而且,构造运动越强烈,产生的构造应力越大,地层的整体地应力水平就越高。

沁水盆地南部地质构造研究发现,在该地区地壳浅部 650 m 以浅,现代构造作用力较弱,煤层处于拉张应力场中,表现为大地静力场型特征,构造运动以正断层活动为主,煤层的地应力状态表现为 $\sigma_v > \sigma_H > \sigma_h$；在 650～1 000 m 深度处,煤层处于由拉张构造向压缩构造的过渡带,具有准静水压力场的特征,煤储层的地应力状态表现为 $\sigma_v \approx \sigma_H \approx \sigma_h$；在 1 000 m 以深的地层,地层受挤压严重,表现为走滑断层应力特征,煤储层的地应力状态表现为 $\sigma_H > \sigma_v > \sigma_h$[34]。

若已知地质体在构造应力作用下的主变形,根据弹性力学理论,水平方向的构造应力与构造应变（$\varepsilon_H, \varepsilon_h$）关系式为：

$$\left.\begin{aligned}\varepsilon_H &= \frac{\sigma_H^T}{E} - \frac{\nu(\sigma_h^T + \sigma_v)}{E} \\ \varepsilon_h &= \frac{\sigma_h^T}{E} - \frac{\nu(\sigma_H^T + \sigma_v)}{E}\end{aligned}\right\} \tag{1-28}$$

整理得：

$$\left.\begin{aligned}\sigma_H^T &= \frac{E\varepsilon_H}{1-\nu^2} + \frac{\nu E\varepsilon_h}{1-\nu^2} \\ \sigma_h^T &= \frac{E\varepsilon_h}{1-\nu^2} + \frac{\nu E\varepsilon_H}{1-\nu^2}\end{aligned}\right\} \tag{1-29}$$

式中　σ_v——上覆岩层压力,MPa；

σ_H^T, σ_h^T——最大和最小水平构造应力,MPa；

E——弹性模量,MPa；

ν——泊松比；

$\varepsilon_H, \varepsilon_h$——最大和最小水平地应力方向的构造应变。

可以看出,在同一地区、相同应变情况下,地层的弹性模量越大,其水平主应力越大。Yarlong Wang 等[35]的研究也表明,水平应力随地层弹性模量的增大而增大。

3）孔隙压力

考虑孔隙压力的作用,根据有效应力原理,将构造应力模型改写为：

$$\left.\begin{aligned}\sigma_H^T &= \frac{E}{1-\nu^2}\varepsilon_H + \frac{\nu E}{1-\nu^2}\varepsilon_h + \alpha p_p \\ \sigma_h^T &= \frac{E}{1-\nu^2}\varepsilon_h + \frac{\nu E}{1-\nu^2}\varepsilon_H + \alpha p_p\end{aligned}\right\} \tag{1-30}$$

式中　α——有效应力系数(Biot 常数);

$\qquad p_p$——孔隙压力,MPa。

随着煤层气的开发,地层压力逐渐衰竭,导致地应力发生变化。根据式(1-30),假设孔隙压力的改变不影响构造应变,即构造应变 ε_h 和 ε_H 恒定不变,σ_v 不变,则孔隙压力降低 Δp_p 时最小水平地应力的变化量 $\Delta\sigma_h$ 为:

$$\Delta\sigma_h = \frac{\alpha(1-2\nu)}{1-\nu}\Delta p_p \tag{1-31}$$

由此可见,水平方向主应力随着地层孔隙压力的增大或减小而线性地增大或减小。

L. W. Teufel 等在研究北海 Ekofisk 油田油藏衰竭和地层流体压力下降对原地应力的影响时发现:地层孔隙压力的降低将导致储层岩石有效应力增大,且最小水平有效应力的变化量与有效垂向应力的改变量之比近似等于0.2。由32口井水力压裂资料分析得出,随着孔隙压力的降低,总水平应力呈线性减小,最小水平有效应力的改变量约为孔隙压力改变量的80%[36]。

4) 温度

温度的改变将导致地下岩体产生附加应变,此时岩体的应变包含两部分,一部分是由应力引起的,另一部分是由温度改变引起的。

假设地下岩石为各向同性材料,温度改变时地层快速消耗温差引起的垂向应变使垂向主应力保持与上覆岩层压力平衡。将油藏边界视为无穷大,其侧向应变受到约束,温差引起的侧向应变可忽略,则由温度变化引起的侧向应力可表示为:

$$\Delta\sigma_h = \Delta\sigma_H = \frac{\alpha_T E \Delta T}{1-\nu} \tag{1-32}$$

式中　$\Delta\sigma_h,\Delta\sigma_H$——温度变化在最小、最大水平地应力方向上引起的应力变化;

$\qquad \alpha_T$——地层的膨胀系数;

$\qquad \Delta T$——温度变化量,K。

对于油气田开发,储层改造如注水开发、火烧油层、注热水和注蒸汽等活动会引起局部乃至整个油气藏主应力大小和方向的改变,因此在这些情况存在的区域,进行地应力研究时应考虑温度变化引起的热应力。但是,只要温度场的形成不晚于地应力场的形成,或温度场没有发生较大变化,地层温度对地应力的影响较小,可不予考虑。

1.5.2　煤岩地应力模型

目前,地应力的确定方法大致可分为实验法和测井解释法。其中,实验法主要有资料分析法、有孔应力法、岩芯分析法以及地应力的原点测量法。实验法的优点在于能够直观准确地得到地应力的大小和方向,但其效率较低、成本较高的特点限制了其应用。

地应力的测井解释法是利用测井资料,按照一定原理解释地层的岩石物理力学参数,然后使用现有的地应力模型解释地层的地应力剖面。限于篇幅原因,这里只探讨地应力测井解释模型[35-45]。

1) 黄荣樽模型

根据上述分析可知,地应力场的形成主要与以下 3 个方面有关:① 岩石自重产生的应力;② 现代构造运动引起的构造应力;③ 地表附近因地形起伏造成的影响。

海姆(Heim)最先假设在地壳中一定深度处岩石在上覆岩层重力作用下,在铅垂方向上受到压应力作用。由此可得到煤层某深度处压应力大小为:

$$\sigma_v = \int_0^h \rho(z) g \, dz \tag{1-33}$$

式中　σ_v——煤层中某深度处由重力作用造成的压应力,Pa;

　　　$\rho(z)$——埋深 z 处的煤层密度,kg/m³;

　　　g——重力加速度,m/s²;

　　　h——目标煤层所处深度,m。

假设岩石为各向同性材料,在围岩约束下,该深度处岩石侧向应变受到限制,为 0,在岩石的泊松效应作用下产生了均匀的水平地应力:

$$\sigma_h = \sigma_H = \frac{\nu}{1-\nu} \sigma_v \tag{1-34}$$

20 世纪 80 年代以前,地应力基本上是按照上覆岩层压力和均匀水平地应力来进行分析的。

80 年代中期,黄荣樽教授提出了考虑构造应力作用的地应力模型,认为在地应力的 3 个分量中,上覆岩层压力是由重力作用产生的,而水平方向的地应力则是由重力作用的泊松效应和构造应力共同产生的,且构造应力与有效上覆岩层压力成正比。

$$\begin{aligned} \sigma_{T1} &= \xi_1 (\sigma_v - \alpha p_p) \\ \sigma_{T2} &= \xi_2 (\sigma_v - \alpha p_p) \end{aligned} \tag{1-35}$$

式中　σ_{T1}, σ_{T2}——最大、最小水平地应力方向的构造应力,MPa;

　　　ξ_1——最大水平构造应力系数;

　　　ξ_2——最小水平构造应力系数。

这样,地层的水平地应力模型为:

$$\left. \begin{aligned} \sigma_H &= \left(\frac{\nu}{1-\nu} + \xi_1\right)(\sigma_v - \alpha p_p) + \alpha p_p \\ \sigma_h &= \left(\frac{\nu}{1-\nu} + \xi_2\right)(\sigma_v - \alpha p_p) + \alpha p_p \end{aligned} \right\} \tag{1-36}$$

式(1-36)在 20 世纪 90 年代初期被收录到《钻井手册(甲方)》中,得到了我国石油工程界的承认,称为黄荣樽模型。

2) 组合弹簧模型

黄荣樽模型未考虑地层弹性模量差异对构造应力的影响。20 世纪 90 年代,石油大学(华东)岩石力学实验室进一步提出了综合考虑地层弹性模量、泊松比变化的组合弹簧模型。该模型的基本思想是:在构造运动过程中,每次构造运动对地层的变形作用是协调一致的,即每层的变形量相同,但是由于各层刚度(弹性模量、泊松比)不同,导致各层内部产生的构造应力不同。组合弹簧模型如图 1-24 所示。

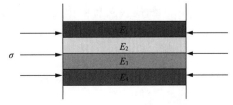

图 1-24　构造应力组合弹簧模型

组合弹簧模型的构造应力表达式为：

$$\left.\begin{array}{l}\sigma_{T1}=\dfrac{E}{1-\nu^2}\varepsilon_H+\dfrac{E\nu}{1-\nu^2}\varepsilon_h \\[3mm] \sigma_{T2}=\dfrac{E}{1-\nu^2}\varepsilon_h+\dfrac{E\nu}{1-\nu^2}\varepsilon_H\end{array}\right\} \tag{1-37}$$

再考虑温度影响，组合弹簧模型总的水平地应力模型为：

$$\left.\begin{array}{l}\sigma_H=\dfrac{\nu}{1-\nu}(\sigma_v-\alpha p_p)+\dfrac{E}{1-\nu^2}\varepsilon_H+\dfrac{E\nu}{1-\nu^2}\varepsilon_h+\alpha p_p+\dfrac{\alpha_T E\Delta T}{1-\nu} \\[3mm] \sigma_h=\dfrac{\nu}{1-\nu}(\sigma_v-\alpha p_p)+\dfrac{E}{1-\nu^2}\varepsilon_h+\dfrac{E\nu}{1-\nu^2}\varepsilon_H+\alpha p_p+\dfrac{\alpha_T E\Delta T}{1-\nu}\end{array}\right\} \tag{1-38}$$

该模型在 21 世纪初得到了国内外的普遍认可，被广泛用作砂泥岩 3 个压力剖面预测分析的基础模型，在常规砂泥岩地层分层地应力的预测方面取得了良好的预测效果。

3）黏弹性地应力模型

由煤岩弹性参数特征和组合弹簧模型可知，由于煤层的泊松比很大，使得煤岩的水平地应力高于砂泥岩隔层的水平地应力。但在煤层气开发过程中，对煤层地应力进行了大量测量，发现一些区域煤岩的地应力远小于硬隔层的地应力。产生这一现象的原因是煤具有黏弹性效应，即煤岩应力随着用时间的延长产生松弛现象。为此，笔者建立了煤岩黏弹性地应力模型。

根据构造运动的剧烈和复杂程度，将地层地应力的演化大致分为两个时期：构造运动活跃期和构造运动沉寂期。

（1）构造运动活跃期。

这一时期的主要特征是地层发生的构造运动很活跃，且非常剧烈，是各种断层等构造形迹的形成时期，也是地应力的积累阶段。由于该阶段内构造运动复杂多变，要研究地应力在此期间的变化过程非常困难，且对现今地应力研究有用的仅仅是该阶段结束时地层所处的地应力状态，因此可用线弹性理论研究构造运动活跃期结束时地层的地应力状态，由组合弹簧模型求取此阶段结束时地层的构造变形。

（2）构造运动沉寂期。

这一时期的主要特征是构造运动趋于稳定，没有新的大型的构造应变产生，岩石的变形保持恒定，随着时间的推移，岩石的流变性开始显现，地应力的变化主要受到应力松弛效应的影响，且随着时间的推移，由于不同岩性岩石流变性的差异，不同岩性地层之间的分层地应力的差异越来越显著，这一过程延续至今。

这里选择 Maxwell 模型来反映地层岩石材料的线性黏弹性特征。此阶段分层地应力的物理模型如图 1-25 所示。

岩石的线性黏弹性地应力模型表达式如下：

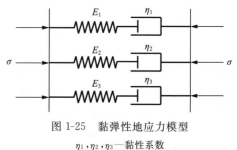

图 1-25　黏弹性地应力模型

η_1,η_2,η_3—黏性系数

$$\left.\begin{array}{l} \sigma_H = \dfrac{\nu}{1-\nu}(\sigma_v - \alpha p_p) + \dfrac{E}{1-\nu^2}\varepsilon_H e^{-\frac{E}{\eta}(t-t_0)} + \dfrac{\nu E}{1-\nu^2}\varepsilon_h e^{-\frac{E}{\eta}(t-t_0)} + \alpha p_p \\[4mm] \sigma_h = \dfrac{\nu}{1-\nu}(\sigma_v - \alpha p_p) + \dfrac{E}{1-\nu^2}\varepsilon_h e^{-\frac{E}{\eta}(t-t_0)} + \dfrac{\nu E}{1-\nu^2}\varepsilon_H e^{-\frac{E}{\eta}(t-t_0)} + \alpha p_p \end{array}\right\} \tag{1-39}$$

式中 η——黏性系数，$mPa \cdot s$；

     t_0——起始时刻。

表 1-9 给出了不同岩性地层的黏性系数。

表 1-9　典型岩石黏性系数的取值范围

岩 性	黏性系数取值范围/$(mPa \cdot s)$
黏土、煤岩、岩盐、石膏层、薄层粉砂质泥岩层	$2 \times 10^{16} \sim 5 \times 10^{19}$
薄层钙质泥灰岩层、砂泥质岩层、大理石岩层	$5 \times 10^{19} \sim 3 \times 10^{20}$
微层状砂岩层、砾岩层、碳酸盐岩层、火山岩层以及经过强烈断裂和轻微变质的砂泥质岩层	$3 \times 10^{19} \sim 1 \times 10^{22}$
花岗岩体、片麻岩、结晶片岩	$1 \times 10^{22} \sim 5 \times 10^{24}$

1.5.3　单因素分析

下面对比分析组合弹簧模型和线性黏弹性地应力模型各个参数对地应力的影响规律。

1）弹性模量的影响

为了解弹性模量对地应力的影响规律，这里根据文献资料和经验设定一组砂岩地层的参数。其中，构造运动活跃期结束时刻的最大、最小水平构造应变分别为 0.000 3 和 0.000 15，上覆岩层压力为 14 MPa；松弛时间为 3.17×10^6 年，在地质构造史上，相当于燕山运动后期，其他参数见表 1-10。

表 1-10　基础参数

参数名称	取 值	参数名称	取 值
岩 性	砂 岩	最大水平构造应变 ε_H	0.000 3
泊松比	0.26	最小水平构造应变 ε_h	0.000 15
弹性模量	变 量	黏性系数/$(mPa \cdot s)$	1.8×10^{19}
上覆岩层压力/MPa	14	松弛时间/a	3.17×10^6
有效应力系数	1	孔隙压力/MPa	5.83

根据表 1-10 中的参数可得到两种分析地应力模型的最大水平地应力和最小水平地应力随弹性模量的变化规律，如图 1-26 所示。从图中可以看出，地层水平地应力随弹性模量的增加而增大，即地层刚度越大，构造应力越显著。另外，经历相同时间应力松弛后，弹性模量越大，应力松弛效应越明显，水平地应力在数值上的下降趋势就越大。在这两种机理的综合影响下，地应力的递增速率随弹性模量的增加而减小。

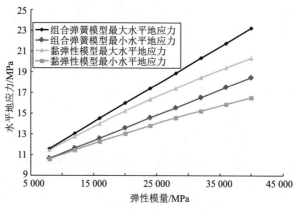

图 1-26　弹性模量对水平地应力的影响

层内水平应力差对水力压裂裂缝的走向有很大的控制作用,层内水平应力差较小是引起煤层水力压裂复杂裂缝形态的重要因素之一。图 1-27 给出了层内水平应力差随弹性模量的变化规律。由图可知,层内水平应力差随弹性模量的增大而增大。另外,经过一定松弛时间后,层内水平应力差随弹性模量的变化不是线性变化的,层内水平应力差增大梯度有减小的趋势。由于煤岩弹性模量远小于砂泥岩、灰岩等硬地层,因此煤层的应力差小,水力压裂时易产生复杂缝。

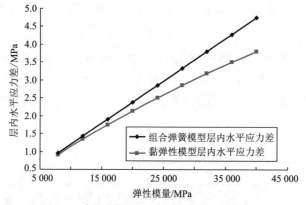

图 1-27　弹性模量对层内水平应力差的影响

2）泊松比的影响

同样,为了解泊松比对地应力的影响规律,根据文献资料和经验设定一组砂岩地层的参数。其中,构造运动活跃期结束时刻的最大、最小水平构造应变分别设定为 0.000 3 和 0.000 15,上覆岩层压力为 14 MPa;松弛时间设定为 3.17×10^{6} 年,其他参数见表 1-11。

表 1-11　基础参数

参数名称	取　值	参数名称	取　值
岩　性	砂　岩	最大水平构造应变 ε_H	0.000 3
泊松比	变　量	最小水平构造应变 ε_h	0.000 15
弹性模量/MPa	18 000	黏性系数/(mPa·s)	1.8×10^{19}

续表

参数名称	取　值	参数名称	取　值
上覆岩层压力/MPa	14	松弛时间/a	3.17×10^6
有效应力系数	1	孔隙压力/MPa	5.83

　　根据表 1-11 中的参数,利用组合弹簧模型和黏弹性模型可计算出最大水平地应力和最小水平地应力随泊松比的变化规律,如图 1-28 所示。从图中可以看出,地层的两个水平地应力分量均随泊松比的增加而增大。这主要是由于泊松比越大,上覆岩层压力由泊松效应产生的侧向应力会相应增大。黏弹性模型的最大和最小水平地应力与组合弹簧模型的变化规律相似,数值上偏小一些,这是由于岩石经过长期的应力松弛后,最大和最小水平地应力有一定的下降。

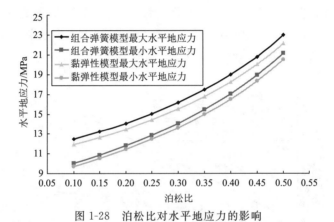

图 1-28　泊松比对水平地应力的影响

　　图 1-29 给出了其他参数不变的情况下层内水平应力差随泊松比的变化规律。由图可知,泊松比越大,层内水平应力差反而越小。煤岩泊松比一般大于砂泥岩的泊松比,这从侧面说明了相对于常规砂泥岩地层,煤层水力压裂更易产生复杂裂缝。

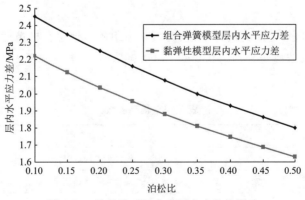

图 1-29　泊松比对层内水平应力差的影响

3）构造应变的影响

　　为了解构造应变对地应力的影响规律,假设最小水平构造应变为 0,只改变最大水平构造应变,研究构造应变对地应力的影响规律,基础参数设定见表 1-12。

表 1-12 基础参数

参数名称	取 值	参数名称	取 值
岩 性	砂 岩	最大水平构造应变 ε_H	变 量
泊松比	0.26	最小水平构造应变 ε_h	0
弹性模量/MPa	18 000	黏性系数/(mPa·s)	1.8×10^{19}
上覆岩层压力/MPa	14	松弛时间/a	3.17×10^6
有效应力系数	1	孔隙压力/MPa	5.83

由图 1-30 可以看出,地层水平地应力随最大水平构造应变的增加呈线性增大,由于构造应变表征的是岩石在水平方向上的应变量,因此构造应变越大,地层的应力就越大。同时由于泊松效应,在最大水平地应力方向上构造应变的增大也会使最小水平地应力增大。应力松弛效应使最大和最小水平地应力出现一定的下降。

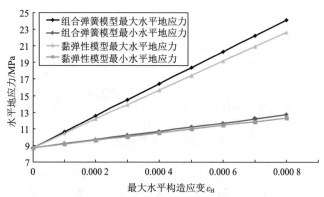

图 1-30 最大水平构造应变 ε_H 对水平地应力的影响

4)黏性系数的影响

为了解黏性系数对地应力的影响规律,假设一组砂岩地层在构造运动活跃期结束时刻的最大、最小水平构造应变分别为 0.000 3 和 0.000 15,上覆岩层压力为 14 MPa,其他参数见表 1-13。

表 1-13 基础参数

参数名称	取 值	参数名称	取 值
岩 性	砂 岩	最大水平构造应变 ε_H	0.000 3
泊松比	0.26	最小水平构造应变 ε_h	0.000 15
弹性模量/MPa	18 000	黏性系数/(mPa·s)	变 量
上覆岩层压力/MPa	14	松弛时间/a	3.17×10^6
有效应力系数	1	孔隙压力/MPa	5.83

由图 1-31 可以看出,在其他参数相同的情况下,经过同样的松弛时间,黏性系数越大,岩石的两水平地应力水平下降的越小,层间应力差越大。由于煤层黏性系数小于砂泥岩,故其应力差小于砂泥岩。

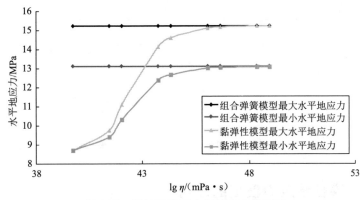

图 1-31 黏性系数对水平地应力的影响

5) 松弛时间的影响

为了解松弛时间对地应力的影响规律,假设一组砂岩地层在构造运动活跃期结束时刻的最大、最小水平构造应变分别为 0.000 3 和 0.000 15,上覆岩层压力为 14 MPa,其他参数见表1-14。

表 1-14 基础参数

参数名称	取 值	参数名称	取 值
岩 性	砂 岩	最大水平构造应变 ε_H	0.000 3
泊松比	0.26	最小水平构造应变 ε_h	0.000 15
弹性模量/MPa	18 000	黏性系数/(mPa·s)	1.8×10^{19}
上覆岩层压力/MPa	14	松弛时间/a	变 量
有效应力系数	1	孔隙压力/MPa	5.83

由图 1-32 可以看出,水平地应力随松弛时间的增加呈指数递减,层内水平应力差随时间的延长逐渐变小。若时间无限延长,水平地应力将保持一稳定值,此值相当于上覆岩层压力由泊松效应在水平方向上产生的侧向应力,这种极端情况已被证实确实存在。Zoback分析了美国 Colorado 的 Piceance 盆地的 SFE2 井砂岩、粉砂岩、泥岩、页岩和石灰岩地层的地应力测试结果,发现最小水平地应力与地层岩石的泊松比呈正相关关系[46]。由于该地区深部地层的沉积大都晚于大型的 Sevier 和 Laramide 造山幕,因此这些地层形成初期的构造应力较小,再经过长期的应力松弛,构造应力变得较为微弱,导致岩石水平地应力主要由上覆岩层压力产生的侧向应力构成。

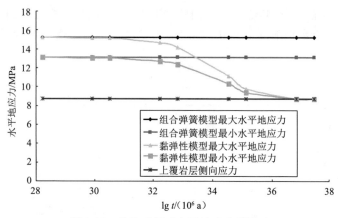

图 1-32　松弛时间对水平地应力的影响

1.5.4　黏弹性地应力模型的应用

应用常规三轴强度实验结果和现场实测地应力数据进行煤层分层地应力解释的步骤如下：

（1）进行常规三轴强度实验，得到岩石的内聚力、内摩擦角和岩石弹性参数。

（2）根据库伦-摩尔准则，得到断层形成时最大和最小水平地应力的关系式，由式（1-38）得到构造运动活跃期结束时刻的水平地应力公式。两式联立得到水平方向构造应变之间的关系式。

（3）进行现场地应力测量，得到现今地应力数据，且水平地应力满足黏弹性地应力模型（1-39），进行数学变形可得到构造应变之间的关系式以及黏性系数与构造应变之间的关系式。

（4）联立两个关于构造应变的关系式，求得该地区的构造应变，再将构造应变和松弛时间代入黏性系数与构造应变的关系式中，求得黏性系数。

（5）按照上述方法求得多组黏性系数，建立某一类型岩石的 $\eta\text{-}f(E)$ 地区经验关系式。

（6）结合测井数据，将黏性系数和构造应变代入式（1-39），得到煤层分层地应力预测剖面。

下面以正断层构造为例，对构造应变和黏性系数的求解进行理论推导。

1）断层形成时应力状态的确定

按照库伦-摩尔准则，断层形成时，正断层构造的三向主应力的关系为：

$$\left.\begin{array}{l} \sigma_v > \sigma_H > \sigma_h \\ \sigma_v = \rho g h \\ \sigma_h - \alpha p_p = (\sigma_v - \alpha p_p)\tan^2\left(45° - \dfrac{\phi}{2}\right) - 2\tau_0\tan\left(45° - \dfrac{\phi}{2}\right) \end{array}\right\} \tag{1-40}$$

式中　　τ_0——内聚力，MPa；

ϕ——内摩擦角，(°)。

按照线性黏弹性地应力模型，构造运动活跃期结束时地层的最小水平地应力为：

$$\sigma_{\mathrm{h}} = \frac{\nu}{1-\nu}(\sigma_{\mathrm{v}} - \alpha p_{\mathrm{p}}) + \frac{E}{1-\nu^2}\varepsilon_{\mathrm{h}} + \frac{E\nu}{1-\nu^2}\varepsilon_{\mathrm{H}} + \alpha p_{\mathrm{p}} \tag{1-41}$$

利用常规三轴实验数据，由式（1-40）和式（1-41）可得：

$$\varepsilon_{\mathrm{h}} + \nu\varepsilon_{\mathrm{H}} = \frac{1-\nu^2}{E}\left[\tan^2\left(45° - \frac{\phi}{2}\right) - \frac{\nu}{1-\nu}\right](\sigma_{\mathrm{v}} - \alpha p_{\mathrm{p}}) - \frac{2(1-\nu^2)}{E}\tau_0\tan\left(45° - \frac{\phi}{2}\right) \tag{1-42}$$

令 $a = \dfrac{1-\nu^2}{E}\left[\tan^2\left(45° - \dfrac{\phi}{2}\right) - \dfrac{\nu}{1-\nu}\right](\sigma_{\mathrm{v}} - \alpha p_{\mathrm{p}}) - \dfrac{2(1-\nu^2)}{E}\tau_0\tan\left(45° - \dfrac{\phi}{2}\right)$，则：

$$\varepsilon_{\mathrm{h}} + \nu\varepsilon_{\mathrm{H}} = a \tag{1-43}$$

2）现今地应力模型参数的确定

按照线性黏弹性地应力模型，经过长时间的松弛后，地层水平地应力为：

$$\left.\begin{array}{l}\sigma_{\mathrm{H}} = \dfrac{\nu}{1-\nu}(\sigma_{\mathrm{v}} - \alpha p_{\mathrm{p}}) + \dfrac{E}{1-\nu^2}\varepsilon_{\mathrm{H}}\mathrm{e}^{-\frac{E}{\eta}(t-t_0)} + \dfrac{\nu E}{1-\nu^2}\varepsilon_{\mathrm{h}}\mathrm{e}^{-\frac{E}{\eta}(t-t_0)} + \alpha p_{\mathrm{p}} \\[3mm] \sigma_{\mathrm{h}} = \dfrac{\nu}{1-\nu}(\sigma_{\mathrm{v}} - \alpha p_{\mathrm{p}}) + \dfrac{E}{1-\nu^2}\varepsilon_{\mathrm{h}}\mathrm{e}^{-\frac{E}{\eta}(t-t_0)} + \dfrac{\nu E}{1-\nu^2}\varepsilon_{\mathrm{H}}\mathrm{e}^{-\frac{E}{\eta}(t-t_0)} + \alpha p_{\mathrm{p}}\end{array}\right\} \tag{1-44}$$

令 $C = \ln\left[\dfrac{1+\nu}{E}(\sigma_{\mathrm{H}} - \sigma_{\mathrm{h}})\right]$，$D = \ln\left\{\dfrac{1-\nu}{E}\left[\sigma_{\mathrm{H}} + \sigma_{\mathrm{h}} - 2\dfrac{\nu}{1-\nu}(\sigma_{\mathrm{v}} - \alpha p_{\mathrm{p}}) - 2\alpha p_{\mathrm{p}}\right]\right\}$，$\Delta t = t - t_0$，则利用现场地应力实测数据，将式（1-44）变形得到：

$$\left.\begin{array}{l}\ln(\varepsilon_{\mathrm{H}} - \varepsilon_{\mathrm{h}}) - \dfrac{E}{\eta}\Delta t = C \\[3mm] \ln(\varepsilon_{\mathrm{H}} + \varepsilon_{\mathrm{h}}) - \dfrac{E}{\eta}\Delta t = D\end{array}\right\} \tag{1-45}$$

令 $f = \mathrm{e}^{C-D}$，由式（1-45）得到：

$$\varepsilon_{\mathrm{H}} = \frac{1+f}{1-f}\varepsilon_{\mathrm{h}} \tag{1-46}$$

$$\eta = \frac{E\Delta t}{\ln\left(\dfrac{2f}{1-f}\varepsilon_{\mathrm{h}}\right) - C} \tag{1-47}$$

这样，由式（1-43）和式（1-46）可以求得：

$$\left.\begin{array}{l}\varepsilon_{\mathrm{h}} = \dfrac{(1-f)a}{(1-f)\nu + 1 + f} \\[3mm] \varepsilon_{\mathrm{H}} = \dfrac{(1+f)a}{(1-f)\nu + 1 + f}\end{array}\right\} \tag{1-48}$$

将式（1-48）中 ε_{h} 表达式代入式（1-47）可得：

$$\eta = \frac{E\Delta t}{\ln\dfrac{2af}{(1-f)\nu + 1 + f} - C} \tag{1-49}$$

综上所述，可得到正断层活动地区构造应变和黏性系数的表达式为：

$$\left.\begin{array}{l}\varepsilon_h=\dfrac{(1-f)a}{(1-f)\nu+1+f}\\[3mm]\varepsilon_H=\dfrac{(1+f)a}{(1-f)\nu+1+f}\\[3mm]\eta=\dfrac{E\Delta t}{\ln\dfrac{2af}{(1-f)\nu+1+f}-C}\end{array}\right\}\qquad(1\text{-}50)$$

其中：$\quad a=\dfrac{1-\nu^2}{E}\left[\tan^2\left(45°-\dfrac{\phi}{2}\right)-\dfrac{\nu}{1-\nu}\right](\sigma_v-\alpha P_p)-\dfrac{2(1-\nu^2)}{E}\tau_0\tan\left(45°-\dfrac{\phi}{2}\right)$,

$$f=e^{C-D},\quad C=\ln\left[\dfrac{1+\nu}{E}(\sigma_H-\sigma_h)\right],$$

$$D=\ln\left\{\dfrac{1-\nu}{E}\left[\sigma_H+\sigma_h-2\dfrac{\nu}{1-\nu}(\sigma_v-\alpha p_p)-2\alpha p_p\right]\right\}$$

同理可得逆断层活动地区构造应变和黏性系数表达式为：

$$\left.\begin{array}{l}\varepsilon_h=\dfrac{(1-f)a}{(1-f)\nu+1+f}\\[3mm]\varepsilon_H=\dfrac{(1+f)a}{(1-f)\nu+1+f}\\[3mm]\eta=\dfrac{E\Delta t}{\ln\dfrac{2af}{(1-f)\nu+1+f}-C}\end{array}\right\}\qquad(1\text{-}51)$$

其中：$\quad a=\dfrac{1-\nu^2}{E}\left[\tan^2\left(45°+\dfrac{\phi}{2}\right)-\dfrac{\nu}{1-\nu}\right](\sigma_v-\alpha p_p)+\dfrac{2(1-\nu^2)}{E}\tau_0\tan\left(45°+\dfrac{\phi}{2}\right)$,

$$f=e^{(C-D)},\quad C=\ln\left[\dfrac{1+\nu}{E}(\sigma_H-\sigma_h)\right],$$

$$D=\ln\left\{\dfrac{1-\nu}{E}\left[\sigma_H+\sigma_h-2\dfrac{\nu}{1-\nu}(\sigma_v-\alpha p_p)-2\alpha p_p\right]\right\}$$

走滑断层活动地区构造应变和黏性系数表达式为：

$$\left.\begin{array}{l}\varepsilon_h=\dfrac{(1-f)b}{(1-f)(1-\nu a)+(1+f)(\nu-a)}\\[3mm]\varepsilon_H=\dfrac{(1+f)a}{(1-f)(1-\nu a)+(1+f)(\nu-a)}\\[3mm]\eta=\dfrac{E\Delta t}{\ln\dfrac{2bf}{(1-f)(1-\nu a)+(1+f)(\nu-a)}-C}\end{array}\right\}\qquad(1\text{-}52)$$

其中：$\quad a=\tan^2\left(45°-\dfrac{\phi}{2}\right),\quad b=\dfrac{1-\nu^2}{E}\dfrac{(a-1)\nu}{1-\nu}(\sigma_v-\alpha p_p)-\dfrac{2(1-\nu^2)}{E}\tau_0\tan\left(45°-\dfrac{\phi}{2}\right)$,

$$f=e^{C-D},\quad C=\ln\left[\dfrac{1+\nu}{E}(\sigma_H-\sigma_h)\right],$$

$$D=\ln\left\{\dfrac{1-\nu}{E}\left[\sigma_H+\sigma_h-2\dfrac{\nu}{1-\nu}(\sigma_v-\alpha p_p)-2\alpha p_p\right]\right\}$$

通过上述方法可以得到多个测点的黏性系数 η,从而得到某一地区某种类型岩石黏性系数与弹性模量的经验公式:

$$\eta = f(E) \tag{1-53}$$

对于待预测层,利用测井数据得到岩石的弹性模量,利用经验公式求得黏性系数,连同构造应变等代入线性黏弹性地应力模型即可得到该层的地应力预测值。

1.5.5　煤层分层地应力特征分析

通过前面的分析可以看出,影响地层地应力的因素较多,而且有些因素之间还相互制约、相互抵消,因此煤层分层地应力的特征要视具体情况而定,不可一概而论。也就是说,不同地区煤层分层地应力的特征会有所不同。

1) 煤层分层地应力随时间变化的典型特征

结合煤层岩石力学性质特征,对煤层及其顶底板岩层分别取不同的地层参数(表 1-15)来模拟煤层分层地应力随时间变化的典型特征,如图 1-33 所示,层内水平应力差随时间变化的典型特征如图 1-34 所示。

表 1-15　基础参数

参数名称	取 值				
岩　性	煤　岩	砂岩 0	砂岩 1	砂岩 2	砂岩 3
泊松比	0.35	0.26	0.26	0.24	0.22
黏性系数/(mPa·s)	1.80×10^{18}	1.8×10^{18}	1.80×10^{19}	1.80×10^{20}	1.80×10^{21}
弹性模量/MPa	5 000	18 000	18 000	22 000	28 000
上覆岩层压力/MPa	14	14	14	14	14
有效应力系数	1	1	1	1	1
最大水平构造应变 ε_H	0.001 5	0.001 5	0.001 5	0.001 5	0.001 5
最小水平构造应变 ε_h	0.000 45	0.000 45	0.000 45	0.000 45	0.000 45
松弛时间/a	变　量	变　量	变　量	变　量	变　量
孔隙压力/MPa	5.83	5.83	5.83	5.83	5.83

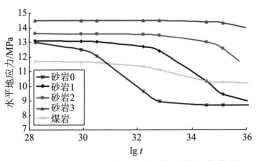

图 1-33　不同地层水平地应力随时间变化的典型曲线

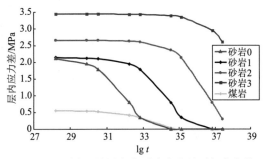

图 1-34　不同地层层内水平应力差随时间变化的典型曲线

由图 1-33 可以看出,不同岩性岩石的水平地应力随时间的变化规律有所不同,但是遵循同一变化特征,即缓慢下降—加速下降—恒定。分析发现,由于煤层的黏性系数一般较小,与硬地层相比不在一个数量级上,导致煤层在水平地应力达到恒定之前的缓慢下降—加速下降阶段与砂岩等硬地层相比持续时间较短,不同类型岩石的地应力变化不同步。在层间应力差方面,在初始阶段,煤层水平地应力进入加速下降阶段后,砂岩等硬地层仍处于缓慢下降阶段,这样,煤层与砂岩层之间的层间应力差会有增大的趋势。同样,在砂岩等硬岩层的水平地应力进入加速下降阶段后,由于水平地应力随时间的下降梯度大于煤层,而且煤岩水平地应力已经处于加速下降后期相对平缓的阶段甚至保持恒定的状态,因此,层间应力差会急速减小,在这个阶段煤层水平地应力有可能接近甚至大于砂岩层等硬地层的水平地应力。最终,由于煤层泊松比较砂岩等硬地层的要大,经过相当长时间的构造应力松弛之后,如无新的构造运动发生,煤层水平地应力将大于砂岩的水平地应力,层间应力差也会保持稳定。

由图 1-34 可以看出,煤层及顶底板砂岩的层内水平应力差随时间变化经历了缓慢下降—加速下降—缓慢下降—恒定 4 个阶段。同样,不同岩性地层之间仍然存在变化不同步的现象,但是煤层一般要早于砂岩等硬地层。从图中还可以看出,煤层的层内水平应力差明显要小于砂岩地层,这意味着在水力压裂施工中煤层更易产生复杂缝。

2) 分层地应力模型应用

在获得测井数据和单点地应力数据后,利用分层地应力模型可以计算出地应力分量随井深的变化曲线。下面以沁水盆地蒲 2-4 井为例,用笔者开发的地应力剖面解释软件进行分析。

测井数据绘图模块的功能是将读取的原始测井文件中的测井数据进行绘图,便于划分岩性界面,主要用来确定煤层的位置,还可识别各类测井数据的取值范围,便于后续处理中设置适合煤层的解释参数,执行界面如图 1-35 所示。

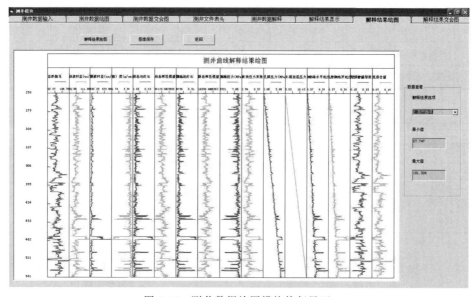

图 1-35　测井数据绘图模块执行界面

从测井曲线图上可以看出,井深为 476.4～481.2 m 地层与上下邻层相比,纵波时差数据明显偏大,密度偏小,自然伽马测井数据则明显低。这说明此处地层岩性为煤岩,因为煤岩孔隙裂隙发育,常含煤层气,所以声波在煤层中传播的过程中衰减很大,且传播速度较小,导致声波时差较大;煤层密度一般小于上下邻层的砂泥岩地层,因此密度测井数据较小;另外,由于煤层主要由煤构成,泥质含量较低,因此辐射强度较低,自然伽马测井数据也会较小。最后,对比深浅侧向电阻率和自然电位测井数据可以确定井深 476.4～481.2 m 处地层为煤层。

根据沁水盆地特点,与岩性参数及地应力实测数据进行对比,可得到相关输入参数,进而得到地应力解释结果。蒲 2-4 井的地应力剖面如图 1-36 所示。

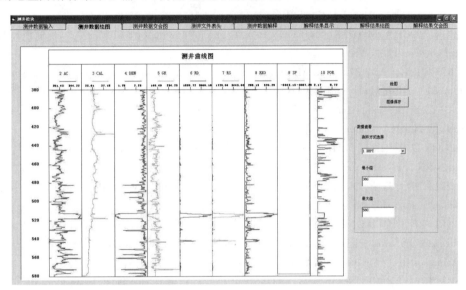

图 1-36　解释结果绘图模块界面

分析蒲 2-4 井的煤层分层地应力可知,在 476.4～481.2 m 深度处的煤层的地应力比上下砂泥岩隔层的要小;在最小水平地应力方面,煤层为 11～12 MPa,上下隔层变化较大,一般在 13～16 MPa 之间,层间应力差为 2～5 MPa;在最大水平地应力方面,煤层为 12～14 MPa,上下隔层一般在 16～20 MPa 之间。在层内水平应力差方面,煤层比砂泥岩层要小,煤层的层内水平应力差为 1～3 MPa,砂泥岩层的层内水平应力差为 3～7 MPa,一般为4～6 MPa,煤层层内水平应力差明显小于砂泥岩的层内水平应力差。

参 考 文 献

[1]　LAUBACH S E,MARRETT R A,OLSON J E,et al. Characteristics and origins of coal cleat:a review[J]. Int. J. of Coal Geology,1998,35:175-207.

[2]　GAMSON P D,BEAMISH B B,JOHNSON D P. Coal microstructure and micropermeability and their effects on natural gas recovery[J]. Fuel,1993,72:87-99.

[3]　MARRETT R. Permeability,porosity,and shear-wave anisotropy from scaling of open fracture popu-

lations[C]//Fractured reservoirs:descriptions,predictions,and applications. Rocky Mountain Association Geologists,1997.

[4] CLOSE J,MAVOR M. Influence of coal composition and rank on fracture development in Fruit land coal gas reservoirs of the San Juan Basin[C]//SCHWOCHOW S D. Coalbed methane of western north America. Rocky Mountain Association Geologists,1991.

[5] TREMAIN C M,LAUBACH S E,WHITEHEAD N H. Coal fracture cleat patterns in upper cretaceous Fruit land formation,San Juan Basin,Colorado and New Mexico:implications for exploration and development[C]//SCHWOCHOW S D,MURRAY D K,FAHY M F. Coalbed methane of western north America. Rocky Mountain Association Geologists,1991.

[6] LAW B E. The relation between coal rank and cleat spacing:implications for the prediction of permeability in coal[C]. Proc. Int. Coalbed Methane Symp.,1993,Ⅱ:435-442.

[7] MCCULLOCH C M,DEUL M,JERAN P W. Cleats in bituminous coal beds[J]. U. S. Bur. Mines, Rept. Invest.,1974,7910:23.

[8] SPEARS D A,CASWELL S A. Mineral matter in coals:cleat mineral and their origin in some coals from the English Midlands[J]. Int. J. Coal Geol.,1986,6:107-125.

[9] ENGELDER T. Joints and shear fractures in rock[M]//ATKINSON B K. Fracture mechanics of Rock. Orlando:Academic Press,1987.

[10] SECOR D T. Role of fluid pressure in jointing[J]. Am. J. Sci.,1965,263:633-646.

[11] HANCOCK P L. Brittle microtectonics:principles and practices[J]. J. Struct. Geol.,1985,7:437-458.

[12] POLLARD D D,AYDIN A. Progress in understanding jointing over the past century[J]. Geol. Soc. Am. Bulletin,1988,100:1 181-1 204.

[13] POLLARD D D,SEGALL P. Theoretical displacements and stresses near fracture in rock:with applications to faults,joints,veins,dikes,and solution surfaces[M]//ATKINSON B K. Fracture mechanics of Rock. Orlando:Academic Press,1987.

[14] SPARKS D P,MCLENDON T H,SAULSBERRY J L,et al. The effects of stress on coalbed methane reservoir performance,Black Warrior Basin,U. S. A[C]. SPE 30734,1995.

[15] RIGHTMIRE C T,EDDY G E,KIRR J N. Coalbed methane resources of the United States[R]. AAPG Studies in Geology,1984.

[16] 倪小明,苏现波,张小东.煤层气开发地质学[M]. 北京:化学工业出版社,2009.

[17] 傅雪海,秦勇.多相介质煤层气储层渗透率预测理论与方法[M]. 徐州:中国矿业大学出版社,2003.

[18] 聂百胜,何学秋,王恩远.瓦斯气体在煤孔隙中的扩散模式[J]. 矿业安全与环保,2000(5):14-17.

[19] YANG R T,SAUNDERS J T. Adsorption of gases on coals and heated-treated coals at elevated temperatures and pressure[J]. Fuel,1985,64:616-620.

[20] 张晓东,秦勇,桑树勋.煤储层吸附特征研究现状及展望[J].中国煤田地质,2005,17(1):16-21.

[21] SMITH D M,WILLAMS F L. Diffusional effects in the recovery of methane from coalbeds[J]. SPEJ,1984,24(5):529-535.

[22] ANCELL K L,LAMBERT S. Analysis of the coalbed degasification on process at a seventeen well pattern in the Warrior basin of Alabama[C]. SPE 8971,1980.

[23] GRAY I. Reservoir engineering in coal seams:Part 1—The physical process of gas storage and movement in coal seams[J]. SPE Reservoir Engineering & Engineering,1987,2(1):28-34.

[24] YOUNG G B C,MCELHINEY J E,PAUL G W. An analysis of Fruit land coalbed methane production,Cedar Hill field,Northern San Juan Basin[C]. SPE 22913,1991.

[25] 冯文光.煤层气藏工程[M]. 北京:科学出版社,2009.

[26]　孟召平,田永东,李国富. 煤层气开发地质学理论与方法[M]. 北京:科学出版社,2010.

[27]　傅雪海,秦勇,韦重韬. 煤层气地质学[M]. 徐州:中国矿业大学出版社,2007.

[28]　WARREN J E,ROOT P J. The behavior of naturally fractured reservoirs[J]. SPE Journal,1963,3 (2):245-255.

[29]　谢中朋,张玉春,罗新荣. 煤矿瓦斯储运机理研究[J]. 煤炭科技,2003(2):1-2.

[30]　张振华,孙晗森,乔伟刚,等. 煤层气储层特征及钻井液选择[J]. 中国煤层气,2011(2):24-27.

[31]　RUDY R,MUTHUKUMARAPPAN R,GRAY R,et al. Coalbed methane principles & practices [M]. Starville:Oktibbeha Publishing,LLC,1994.

[32]　EIDLE J P,JEANSONNE M W,ERICKSON D J. Application of matchstick geometry to stress dependent permeability in coals[C]. SPE 24361,1992.

[33]　PALMER I,MANSOORI J. How permeability depends on stress and pore pressure in coalbeds[C]. SPE 36737,1996.

[34]　JI QUAN SHI,SEVKET DURUCAN. A model for changes in coalbed permeability during primary and enhanced methane recovery[J]. SPE Reservoir Evaluation & Engineering,2005,8(4):291-299.

[35]　WANG Y,et al. Hydraulic fracture stress measurement in rocks with stress-dependent Young's Modulus [C]//Rock mechanics as a multidisciplinary science. Balkerma:Roegiers,1991.

[36]　TEUFEL L W,RHET D W,FARRELL H E. Effect of reservoir depletion and pore pressure drawdown on in-situ stress and deformation in the Ekofisk field,North Sea[C]//Rock mechanics as a multidisciplinary science. Balkerma:Roegiers,1991.

[37]　JAEGER J C,COOK N G W. Fundamentals of rock mechanics[M]. London:Chapman and Hall,1979.

[38]　李志明,张金珠. 地应力与油气勘探开发[M]. 北京:石油工业出版社,1997.

[39]　姜永东,周维新,梅世兴,等. 比德煤矿地应力场测试及分布规律[J]. 矿业安全与环保,2011,38 (1):1-3.

[40]　张宏伟. 采矿工程中的原岩应力测量[J]. 阜新矿业学院学报,1997(6):25-29.

[41]　康红普,林健,张晓. 深部矿井地应力测量方法研究与应用[J]. 岩石力学与工程学报,2007,26(5): 929-933.

[42]　陈庆宣,王维襄,孙叶. 岩石力学与构造应力场分析[M]. 北京:地质出版社,1998.

[43]　韩军,张宏伟. 淮南矿区地应力场特征[J]. 煤田地质与勘探,2009,37(1):17-21.

[44]　沈海超,程远方,赵益忠,等. 靖边气田煤层地应力及井壁稳定研究[J]. 岩土力学,2009,30(2): 123-131.

[45]　黄荣樽,邓金根. 流变地层的黏性系数及其影响因素[J]. 岩石力学与工程学报,2000,19(增): 836-839.

[46]　ZOBACK M L,ZOBACK M. State of stress in the conterminous United States[J]. Journal of Geophysical Research:Solid Earth,1980,85(B11):6 113-6 156.

第2章 煤层气压裂裂缝复杂性

我国煤层气藏具有超低渗和难解吸附的特点,为了实现高产稳产,水力压裂成为煤层气藏生产的主要增产措施[1,2]。现场实践表明,水力压裂主要应用于煤层稳定、单层厚度大于 0.6 m、埋藏浅、物性好、裂隙发育和含气量高的储层。煤岩压裂裂缝形状的特性主要表现为:① 复杂性。各种长短不一的裂缝同时存在。② 不规则性。裂缝走向为不规则的曲线或折线。③ 易窜性。煤层厚度通常较薄,裂缝极易伸窜到顶底板中,甚至更远。④ 多缝性。水平缝、竖直缝和斜交缝共存。本章主要针对煤岩压裂中水平缝、竖直缝、多裂缝、T型缝进行分析,并结合煤岩压裂模拟实验,阐述煤层气压裂裂缝的复杂性。

2.1 水平缝与竖直缝

2.1.1 煤层水力压裂中的水平缝与竖直缝

对于煤层,若埋深较浅,此时上覆岩层压力较小,形成水平裂缝的可能性大。例如,对于山西沁水盆地南部,现场数据表明,煤层压裂水平裂缝向竖直裂缝转换的临界深度为 $200\sim600$ m。而一般煤层的埋深均超过这一深度范围,因此煤层压裂所产生的水力裂缝大多应为竖直裂缝。在中国石油施工的 21 口井中,利用大地电位法对压裂的 17 个层位进行裂缝监测[3],结果见表 2-1。从表中可以看出,试验区的裂缝形态主要表现为双翼竖直缝、单翼竖直缝、两翼不对称缝(一翼为竖直缝,一翼为水平缝)3 种类型,而且煤层压裂过程中一般首先在井筒附近产生不规则的多条水平缝或竖直缝,随着裂缝的进一步延伸,有的井产生水平缝,有的井产生竖直缝。但是,在大 1-1 井埋深相对较深的 1 142 m 以下形成了水平缝,这说明,对于煤层来讲,压裂裂缝的形态具有一定的复杂性。

表 2-1 煤层气井压裂裂缝方位测试结果

井 号	煤层号	埋深/m	解释裂缝方位	解释裂缝长度/m	备 注
晋试 1-1	3#	523.0～525.6	N80°E	54/73	对称不等长竖直裂缝
	15#	612.8～616.0		57/62	对称不等长竖直裂缝
晋试 1-5	3#	539.0～544.4	N65°E	60/51	对称不等长竖直裂缝
	15#	626.4～629.4		65/53	对称不等长竖直裂缝

续表

井　号	煤层号	埋深/m	解释裂缝方位	解释裂缝长度/m	备　注
吉试 1	5#	977.8～987.4	N45°E/S45°W	69/53	对称不等长竖直裂缝
	8#	1 050.6～1 059.4	N45°E/S45°W	89/66	对称不等长竖直裂缝
吉试 3	8#	1 267.7～1 277.3	N79°E	72	单翼竖直裂缝
吉试 4	8#	1 134.9～1 144.2	N37°E/S37°W	68/44	对称不等长竖直裂缝
吉试 5	5#	904.4～915.5	N86°E/S86°W	65/54	对称不等长竖直裂缝
晋试 2	3#	514.2～520.6	S85°E/N85°W	75/58	对称不等长竖直裂缝
晋试 5	3#	837.8～843.2	S85°E/N55°W	67/55	不对称不等长竖直裂缝
	15#	941.8～947.0	N80°E/N70°W	76/50	不对称不等长竖直裂缝
吴试 1	3#	1 279.5～1 284.0	N0°E/S60°W	104/97	不对称不等长竖直裂缝
大 1-1	2#+3#	1 142.0～1 174.2	S72°W/N42°E	60/51	水平裂缝和竖直裂缝
	4#	1 186.8～1 200.8	S72°W/N42°E	65/73	不对称不等长竖直裂缝
大 1-5	2#+3#	1 136.5～1 171.0	S55°W/N55°E	89/87	对称不等长竖直裂缝
	4#	1 189.0～1 204.6	S55°W/N55°E	79/77	对称不等长竖直裂缝

以往研究只定性分析了地应力对裂缝几何形态的影响规律。为了定量表达地应力组合与裂缝几何形态的关系,利用真三轴压裂模拟装置对煤样进行压裂模拟实验,得到了不同地应力参数条件下水力裂缝的几何形貌。典型的竖直裂缝与水平裂缝如图 2-1 所示。

（a）竖直裂缝　　　　　　　　　　　　（b）水平裂缝

图 2-1　典型煤岩竖直裂缝与水平裂缝

2.1.2　水平缝与竖直缝的形成条件

煤层在水力压裂过程中形成的裂缝基本类型有竖直裂缝和水平裂缝两种,其他类型还有斜裂缝、复合裂缝等。进行压裂设计时,首先应该对裂缝的几何形态进行判断。

根据岩石力学理论,地壳中任意一点受到上覆岩层压力 σ_v 和两个不等的水平主应力 σ_H,σ_h 的作用。水力压裂时所需破裂压力及破裂方向与这 3 个主应力直接相关,水力压裂裂缝总是沿阻力最小的路径扩展。油水井压裂时,在油层中出现何种形态的裂缝取决于油层中垂直主应力和水平主应力的相对大小,即在 $\sigma_v > \sigma_H > \sigma_h$ 和 $\sigma_H > \sigma_v > \sigma_h$ 这两种情况下形成竖直裂缝,在 $\sigma_H > \sigma_h > \sigma_v$ 情况下形成水平裂缝,而在 $\sigma_H > \sigma_h \approx \sigma_v$ 时可能生成水平裂缝,也可能生成竖直裂缝[1]。例如大庆外围油田,整体上 σ_h 为最小主应力,因此人工压裂裂缝形态为竖直裂缝[4];大庆油田的萨尔图油层 3 个主应力相对大小为 $\sigma_H > \sigma_h > \sigma_v$,因此压裂时会形成水平裂缝[5]。水平裂缝与竖直裂缝示意图如图 2-2 所示。

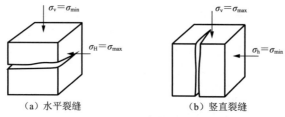

（a）水平裂缝　　　　　　　　　（b）竖直裂缝

图 2-2　裂缝类型与地应力关系

在竖直裂缝与水平裂缝的判别模型方面,陈勉等[6]认为,对于垂直井,裂缝初始起裂形态由 $\Delta_1 = 3\sigma_v - \sigma_H - \sigma_h$ 的大小决定,延伸阶段裂缝形态由 $\Delta_2 = \sigma_v - \sigma_h$ 的大小决定。当 $\Delta_1 < 0$ 时,水力裂缝起裂形态为水平裂缝,反之为竖直裂缝;当 $\Delta_2 < 0$ 时,水力裂缝远离井眼后为水平裂缝,反之为竖直裂缝。因此,可通过计算 Δ_1 和 Δ_2 的大小来大致判断压裂裂缝的整体形态。

王鸿勋等[7]提出了用于判断压裂过程中产生竖直裂缝和水平裂缝的数学模型。其中,竖直裂缝的判别模型为:

$$p_f - p_p = \frac{3\sigma_h - \sigma_H + \sigma_t^h}{2 - \alpha \dfrac{1-2\nu}{1-\nu}} \tag{2-1}$$

水平裂缝的判别模型为:

$$p_f - p_p = \frac{\sigma_v + \sigma_t^v}{1.94 - \alpha \dfrac{1-2\nu}{1-\nu}} \tag{2-2}$$

式中　p_f——破裂压力,MPa;

　　　p_p——孔隙压力,MPa;

　　　σ_t^h——岩石水平方向的抗张强度,MPa;

　　　σ_t^v——岩石垂直方向的抗张强度,MPa;

　　　α——Biot 常数。

李安启等[2]通过研究得出了一个判断煤岩压裂裂缝几何形态的经验模型:

$$\Delta = 1.6 - 0.25\xi - 3.4 \times 10^{-3} H \tag{2-3}$$

式中　ξ——两个水平地应力之差,MPa;

　　　H——煤层埋深,m。

当 $\Delta > 0$ 时,煤层以形成水平裂缝为主;当 $\Delta = 0$ 时,煤层形成水平和竖直裂缝的可能性均等;当 $\Delta < 0$ 时,煤层以形成竖直裂缝为主。

中国石油大学(华东)岩石力学实验室在已有研究成果基础上,针对煤岩裂隙发育、非均质性突出的特点,通过室内实验研究,对水平裂缝、竖直裂缝形成的判别公式进行了修正[8,9]:

$$
\left.
\begin{array}{l}
\dfrac{\sigma_{\mathrm{v}}-p_{\mathrm{p}}+\sigma_{\mathrm{t}}^{\mathrm{v}}}{0.95-\alpha\dfrac{1-2\nu}{1-\nu}} < \dfrac{3\sigma_{\mathrm{h}}-\sigma_{\mathrm{H}}-2p_{\mathrm{p}}+\sigma_{\mathrm{t}}^{\mathrm{h}}}{1.2-\alpha\dfrac{1-2\nu}{1-\nu}} \quad (\text{形成水平裂缝}) \\[4mm]
\dfrac{\sigma_{\mathrm{v}}-p_{\mathrm{p}}+\sigma_{\mathrm{t}}^{\mathrm{v}}}{0.95-\alpha\dfrac{1-2\nu}{1-\nu}} \geqslant \dfrac{3\sigma_{\mathrm{h}}-\sigma_{\mathrm{H}}-2p_{\mathrm{p}}+\sigma_{\mathrm{t}}^{\mathrm{h}}}{1.2-\alpha\dfrac{1-2\nu}{1-\nu}} \quad (\text{形成竖直裂缝})
\end{array}
\right\}
\tag{2-4}
$$

需要指出的是,上式中的常数 0.95 与 1.2 并不是一成不变的,对于不同地区的煤层气储层,应选取相应层位的岩芯进行修正。

除地应力条件外,水力裂缝形态与地层结构、岩石性质等也有直接关系。例如,在裂缝性储层中,储层地应力状态、水力裂缝与天然裂缝夹角是影响水力裂缝形态的宏观因素;天然裂缝缝面摩擦系数和水力裂缝内压力是影响水力裂缝形态的微观因素[10]。

2.2　多裂缝

2.2.1　煤层水力压裂中的多裂缝

随着各大油田开发难度的加大,石油生产的成本不断增加,为降低成本,斜井与水平井得到了广泛的应用,相应的复杂储层越来越多,改造难度也越来越大。对这些复杂储层进行水力压裂施工时,常会遇到多裂缝问题。压裂施工后近井筒可能存在复杂的裂缝,不仅有裂缝的扭曲、转向,而且存在多条独立但相互影响的裂缝[11]。典型的多裂缝示意图如图 2-3 所示。

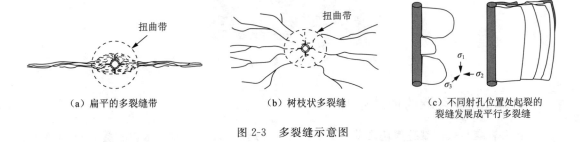

（a）扁平的多裂缝带　　　　（b）树枝状多裂缝　　　　（c）不同射孔位置处起裂的裂缝发展成平行多裂缝

图 2-3　多裂缝示意图

对具有天然裂缝的储层进行压裂施工后,从取芯中可以明显地确认出多重水力裂缝同时生长的情况。实际上,几乎所有的水力压裂现场施工(采取取芯、挖坑道的方法)都表明存在多重水力裂缝[12]。水力压裂过程中多裂缝的产生主要表现为早期的端部脱砂、滤失量增大、裂缝延伸压力增大等。这对常规油气藏压裂具有很大危害,但对低渗、超低渗的非常规油气藏却有重要意义。在水力裂缝延伸过程中,储层内部产生的多裂缝能有效地增加压裂波及面积,提高产能。

煤层压裂与常规砂岩压裂的一个显著区别为:煤层具有丰富的割理、裂隙。例如,对山西晋城区块的煤样进行显微裂隙观测,其面割理密度为 12～116 条/10 cm,长度为 0.005～4.0 cm,高度一般为 0.02～4.0 cm,宽度为 1～350 μm;端割理密度为 3～93 条/10 cm,长度为 0.005～1.3 cm,高度为 0.005～3.0 cm,宽度为 1～210 μm[13]。

割理及天然裂缝发育是煤层气井压裂多裂缝形成的物质基础,若射孔孔眼附近存在天然裂缝或割理,由于其抗张强度较低,将优先于其他位置起裂,此种情况下容易形成多裂缝。天然裂缝系统对水力裂缝的延伸也有显著影响。天然裂缝可引导压裂液的流向,形成分叉裂缝,当分叉裂缝尖端受阻时,裂缝又沿其他方向发展,最终导致裂缝的形态极其复杂。典型的煤岩割理及显微观测如图 2-4 所示。煤岩真三轴水力压裂模拟实验中典型的多裂缝情况如图 2-5 所示。

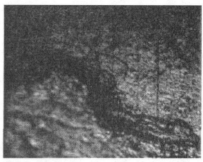

图 2-4　沁水盆地煤岩割理及显微观测

图 2-5　煤岩真三轴水力压裂模拟实验多裂缝形貌

2.2.2　多裂缝的形成条件

水力裂缝与天然裂缝遭遇之前,当两者相距较远时,天然裂缝对水力裂缝扩展的影响很小,水力裂缝沿最大主应力方向扩展;而当水力裂缝与天然裂缝相距很近甚至遭遇时,天然裂缝会对水力裂缝扩展带来影响[11,14-17]。概括来讲,遭遇天然裂缝后,水力裂缝可发生如图 2-6 所示的行为。

图 2-6(a)表示遭遇天然裂缝前水力裂缝沿最大主应力方向扩展。一旦水力裂缝遭遇天然裂缝,在一定条件下,天然裂缝会吸收压裂液能量,若水力裂缝内有足够的能量供应,能够克服天然裂缝壁面上存在的正应力、胶结力以及天然裂缝壁面间的界面摩擦力,那么天然裂缝将会开启并代替水力裂缝继续扩展,此时天然裂缝成为水力裂缝扩展的一部分,如图 2-6(b)所示。当扩展的天然裂缝遭遇其他天然裂缝或弱面时,可能导致最优方位的天然裂缝开启并扩展,从而取代原来天然裂缝的扩展,如图 2-6(c)所示。

另一种情况为:水力裂缝遭遇天然裂缝后,在起初一段时间内天然裂缝对水力裂缝的扩展没有影响,水力裂缝径直穿过天然裂缝,如图 2-6(d)所示。随着水力裂缝不断扩展,当缝内流体压力达到某临界值时,天然裂缝张开,如图 2-6(e)所示。当天然裂缝继续扩展并遭遇其他天然裂缝时,新的最优方位的天然裂缝可能会开启并扩展,如图 2-6(f)所示。水力裂缝穿过天然裂缝后继续扩展,同时天然裂缝开启并扩展,两者共同作用即形成复杂裂缝网络系统。

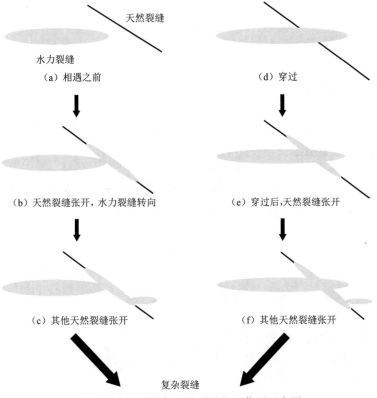

图 2-6　水力裂缝与天然裂缝相互作用示意图

实际上天然裂缝可以看作一个弱面,图 2-7 显示了水力裂缝尖端及天然裂缝壁面的受力情况[18-20]。

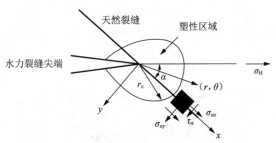

图 2-7　水力裂缝逼近天然裂缝受力分析示意图

图 2-7 中,远场最大水平地应力为 σ_H,最小水平地应力为 σ_h,规定拉应力为正,压应力为负。天然裂缝方位角(天然裂缝面与最大水平地应力的夹角)为 α,水力裂缝与天然裂缝交叉点处由于应力奇异作用存在微小范围的应力屈服塑性区,假设其屈服半径为 r_c。

如图所示,水力裂缝方向与最大水平地应力方向一致,由远场地应力与水力裂缝干扰产生的复合应力场表达式如下：

$$\left. \begin{aligned} \sigma_x &= \sigma_H + \frac{K_I}{\sqrt{2\pi r}} \cos\frac{\theta}{2}\left(1 - \sin\frac{\theta}{2}\sin\frac{3\theta}{2}\right) \\ \sigma_y &= \sigma_h + \frac{K_I}{\sqrt{2\pi r}} \cos\frac{\theta}{2}\left(1 + \sin\frac{\theta}{2}\sin\frac{3\theta}{2}\right) \\ \tau_{xy} &= \frac{K_I}{\sqrt{2\pi r}} \sin\frac{\theta}{2}\cos\frac{\theta}{2}\cos\frac{3\theta}{2} \end{aligned} \right\} \tag{2-5}$$

式中　K_I——Ⅰ型裂缝应力强度因子，$Pa \cdot \sqrt{m}$；

　　　(r,θ)——裂缝尖端为坐标原点的极坐标。

水力裂缝穿过天然裂缝需要同时满足以下两个条件：

（1）在水力裂缝作用下，天然裂缝壁面不发生剪切滑移或者张性开裂；

（2）水力裂缝尖端处最大主应力达到岩石本体抗拉强度。

这两个条件即为图 2-6(d)发生的条件。

如果上述两个条件不能同时满足，则水力裂缝将发生转向并沿天然裂缝扩展，如图 2-6 (b)所示。因此，水力裂缝穿过天然裂缝需要满足如下条件：

$$|\tau_a| < S_0 - f\sigma_{ay} \tag{2-6a}$$

$$\sigma_{ay} < S_t \tag{2-6b}$$

$$\sigma_1 = T_0 \tag{2-6c}$$

式中　τ_a——天然裂缝壁面剪应力，MPa；

　　　S_0——天然裂缝内聚力，MPa；

　　　f——天然裂缝壁面摩擦系数，MPa；

　　　σ_{ay}——天然裂缝壁面正应力，MPa；

　　　S_t——天然裂缝抗拉强度，MPa；

　　　σ_1——水力裂缝尖端附近处最大主应力，MPa；

　　　T_0——煤岩抗拉强度，MPa。

天然裂缝壁面上存在的剪应力由两部分组成：远场地应力 $\tau_{o,a}$ 和水力裂缝缝内压力 $\tau_{f,a}$。用公式表达如下：

$$\tau_a = \tau_{o,a} + \tau_{f,a} \tag{2-7}$$

其中，远场地应力在天然裂缝壁面上造成的剪应力 $\tau_{o,a}$ 为：

$$\tau_{o,a} = -\frac{\sigma_H - \sigma_h}{2}\sin 2\alpha$$

水力裂缝压力在天然裂缝壁面上造成的剪应力 $\tau_{f,a}$ 为：

$$\tau_{f,a} = \frac{K_I}{\sqrt{2\pi r}}\cos\frac{\theta}{2}\sin\frac{\theta}{2}\sin\frac{3\theta}{2}\sin 2\alpha + \frac{K_I}{\sqrt{2\pi r}}\cos\frac{\theta}{2}\sin\frac{\theta}{2}\cos\frac{3\theta}{2}\cos 2\alpha$$

因此有：

$$\tau_a = -\frac{\sigma_H - \sigma_h}{2}\sin 2\alpha + \frac{K_I}{\sqrt{2\pi r}}\cos\frac{\theta}{2}\sin\frac{\theta}{2}\sin\frac{3\theta}{2}\sin 2\alpha + \frac{K_I}{\sqrt{2\pi r}}\cos\frac{\theta}{2}\sin\frac{\theta}{2}\cos\frac{3\theta}{2}\cos 2\alpha$$

$$\tag{2-8}$$

天然裂缝壁面上存在的正应力也由两部分组成：远场地应力 $\sigma_{o,ay}$ 和水力裂缝缝内压力

$\sigma_{\mathrm{f},ay}$。用公式表达如下：

$$\sigma_{ay} = \sigma_{\mathrm{o},ay} + \sigma_{\mathrm{f},ay} \tag{2-9}$$

其中，远场地应力在天然裂缝壁面上造成的正应力 $\sigma_{\mathrm{o},ay}$ 为：

$$\sigma_{\mathrm{o},ay} = \frac{\sigma_{\mathrm{H}}+\sigma_{\mathrm{h}}}{2} - \frac{\sigma_{\mathrm{H}}-\sigma_{\mathrm{h}}}{2}\cos 2\alpha$$

水力裂缝缝内压力在天然裂缝壁面上造成的正应力 $\sigma_{\mathrm{f},ay}$ 为：

$$\sigma_{\mathrm{f},ay} = \frac{K_{\mathrm{I}}}{\sqrt{2\pi r}}\cos\frac{\theta}{2} + \frac{K_{\mathrm{I}}}{\sqrt{2\pi r}}\cos\frac{\theta}{2}\sin\frac{\theta}{2}\sin\frac{3\theta}{2}\cos 2\alpha - \frac{K_{\mathrm{I}}}{\sqrt{2\pi r}}\cos\frac{\theta}{2}\sin\frac{\theta}{2}\cos\frac{3\theta}{2}\sin 2\alpha$$

因此有：

$$\sigma_{ay} = \frac{\sigma_{\mathrm{H}}+\sigma_{\mathrm{h}}}{2} - \frac{\sigma_{\mathrm{H}}-\sigma_{\mathrm{h}}}{2}\cos 2\alpha + \frac{K_{\mathrm{I}}}{\sqrt{2\pi r}}\cos\frac{\theta}{2} + \frac{K_{\mathrm{I}}}{\sqrt{2\pi r}}\cos\frac{\theta}{2}\sin\frac{\theta}{2}\sin\frac{3\theta}{2}\cos 2\alpha -$$

$$\frac{K_{\mathrm{I}}}{\sqrt{2\pi r}}\cos\frac{\theta}{2}\sin\frac{\theta}{2}\cos\frac{3\theta}{2}\sin 2\alpha \tag{2-10}$$

根据二维线弹性理论，水力裂缝尖端附近处最大主应力为：

$$\sigma_1 = \frac{\sigma_x+\sigma_y}{2} + \sqrt{\left(\frac{\sigma_x-\sigma_y}{2}\right)^2 + \tau_{xy}^2} \tag{2-11}$$

将式(2-5)代入式(2-11)，整理得：

$$\sigma_1 = \frac{\sigma_{\mathrm{H}}+\sigma_{\mathrm{h}}}{2} + K + \sqrt{\left(\frac{\sigma_{\mathrm{H}}-\sigma_{\mathrm{h}}}{2} - K\sin\frac{\theta}{2}\sin\frac{3\theta}{2}\right)^2 + \left(K\sin\frac{\theta}{2}\cos\frac{3\theta}{2}\right)^2} \tag{2-12}$$

其中：

$$K = \frac{K_{\mathrm{I}}}{\sqrt{2\pi r_{\mathrm{c}}}}\cos\frac{\theta}{2}$$

将式(2-8)、式(2-10)代入式(2-6)中可得到水力裂缝遭遇天然裂缝后水力裂缝扩展行为判定准则。

判定方法如下：在 $\theta=\alpha$ 或者 $\theta=\alpha-\pi$ 以及 $r=r_{\mathrm{c}}$ 条件下，根据式(2-12)计算 K 值，将式(2-8)和式(2-10)代入式(2-6)中，判断(2-6a)和(2-6b)两式是否成立，如果(2-6a)和(2-6b)两式同时成立，则水力裂缝将会穿过天然裂缝；如果式(2-6a)成立而式(2-6b)不成立，则说明由于天然裂缝发生张性破坏而导致水力裂缝沿着天然裂缝扩展，水力裂缝不能穿过天然裂缝；如果式(2-6a)不成立而式(2-6b)成立，则说明由于天然裂缝发生剪切破坏而导致水力裂缝沿着天然裂缝扩展，水力裂缝不能穿过天然裂缝。一般而言，当天然裂缝壁面胶结强度不大时，天然裂缝破坏都是由剪切滑移引起的。

依据判定方法，利用 Visual Basic 语言编制计算程序对水力裂缝遭遇天然裂缝后扩展行为进行分析，研究天然裂缝方位、壁面摩擦系数、最大最小水平地应力比对水力裂缝扩展行为的影响[21]。计算所用参数如下：煤岩抗拉强度为 3.0 MPa，天然裂缝壁面摩擦系数为 0.65，壁面抗拉强度为 0，内聚力为 0，最小水平地应力为 7 MPa。计算结果如图 2-8 所示。

图 2-8 直观显示了不同逼近角(天然裂缝方位角)下水力裂缝遭遇天然裂缝后的扩展方式，每条曲线的上部区域表示水力裂缝直接穿过，下部区域表示水力裂缝被捕获。由图 2-8 可以看出，逼近角的影响十分明显，随着逼近角从 90°逐渐减小，水力裂缝穿过天然裂缝的区域面积越来越小，说明水力裂缝穿过天然裂缝变得越来越困难。另外，对于特定走向的天然裂缝，水力裂缝扩展行为主要受最大最小水平地应力比影响，主应力比越大，水力裂

缝越容易穿过天然裂缝。

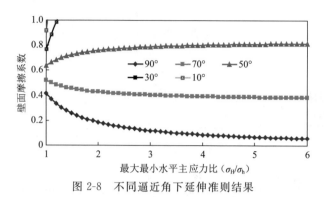

图 2-8　不同逼近角下延伸准则结果

由以上分析可得,当最大最小水平地应力比和逼近角较大时,水力裂缝直接穿过天然裂缝径直扩展;当主应力比和逼近角较小时,水力裂缝会改变原来的扩展方向沿天然裂缝扩展,形成多裂缝。

2.3　T 型缝

2.3.1　煤层水力压裂中的 T 型缝

T 型缝是由煤层与隔层相互影响而形成的裂缝,在煤层中产生竖直缝,同时在煤层与隔层的界面上出现水平缝,两者组合后呈现 T 型裂缝形态。因此,T 型缝首先是在煤层中产生竖直缝并延伸,由于煤层本身厚度不大,随着竖直缝在高度方向的延伸,最终会与煤层、隔层的交界面相遇。交界面具有特殊的岩石力学性质,是弱面的一种,在竖直缝干扰下,很容易发生剪切破坏或张性破坏[19,20,22,23],迫使竖直缝改变延伸方向。如果实际煤层与隔层上交界面或下交界面仅有一处破坏形成水平缝,则称之为 T 型裂缝系统;如果实际煤层与隔层两个交界面都破坏形成水平缝,则称之为工型裂缝系统。T 型裂缝与工型裂缝的形成判据并无本质区别。因此,是否会出现 T 型缝需要判断竖直缝到达界面时界面会不会发生破坏。T 型缝几何形态如图 2-9 所示。

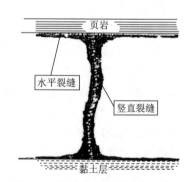

图 2-9　煤层 T 型裂缝系统示意图

T 型缝的出现对现场施工和产能有着重要的影响:

(1) 对施工参数的影响。

煤岩水力压裂形成 T 型缝,导致压裂液分流,裂缝扩展能力降低,扩展距离较常规形态裂缝短很多;支撑剂的运移方式发生变化,裂缝无法得到有效充填;T 型缝导致渗滤面积大幅度提高,压裂液的滤失量相应增加,地面测得的压裂参数不能准确表达煤层性质,影响施工过程。由于 T 型缝水平部分可能不在储层内部,压裂液流动形式改变,支撑剂运移规律复杂。如果 T 型缝水平部分规模较大,实际压裂结果会与压裂设计方案相差甚远。

（2）对产能的影响。

水力压裂中形成的人工裂缝控制的范围越广，煤层气产量越高。资料表明[24]：高渗透储层水力裂缝延伸距离存在临界长度，当延伸距离大于临界长度后，裂缝半径的增加对压裂井产量的增加作用很小；而低渗透储层，水力裂缝延伸距离增大会使产能显著提高，这时增加水力裂缝延伸距离对提高产能具有明显作用。对于煤层气压裂，需要在保证适当的裂缝导流能力情况下，通过增加裂缝半径来达到更好的增产效果。因此，裂缝的长度是影响煤层气压裂产能的重要因素[25]。一方面，复杂裂缝（T 型缝或工型缝）的形成会大大降低水力裂缝的径向延伸能力；另一方面，由于形成的水平裂缝处在煤层与上下隔层之间，几乎没有沟通天然裂缝的能力，压降面积大大降低，其对提高煤层气产能的作用远低于竖直裂缝，因此大大降低了压裂效果。

2.3.2　T 型缝的形成条件

1）裂缝尖端应力分析

对竖直裂缝尖端附近界面上一点进行应力分析（拉应力为正、压应力为负）。在裂缝尖端处存在微小塑性区域，假设其塑性屈服半径为 r_c，界面无滑移和开启，裂缝尖端受力状态如图 2-10 所示，则考虑远场地应力与水力裂缝尖端效应影响的尖端应力为：

$$\begin{Bmatrix} \sigma_{xx} \\ \sigma_{yy} \\ \sigma_{xy} \end{Bmatrix} = \begin{Bmatrix} \sigma_{xx}^r \\ \sigma_{yy}^r \\ \sigma_{xy}^r \end{Bmatrix} + \begin{Bmatrix} \sigma_{xx}^c(r,\theta) \\ \sigma_{yy}^c(r,\theta) \\ \sigma_{xy}^c(r,\theta) \end{Bmatrix} = \begin{Bmatrix} \sigma_{xx}^r \\ \sigma_{yy}^r \\ \sigma_{xy}^r \end{Bmatrix} + \frac{K_I}{\sqrt{2\pi r}} \begin{Bmatrix} \cos\dfrac{\theta}{2}\left(1 - \sin\dfrac{\theta}{2}\sin\dfrac{3\theta}{2}\right) \\ \cos\dfrac{\theta}{2}\left(1 + \sin\dfrac{\theta}{2}\sin\dfrac{3\theta}{2}\right) \\ \sin\dfrac{\theta}{2}\cos\dfrac{\theta}{2}\cos\dfrac{3\theta}{2} \end{Bmatrix} \tag{2-13}$$

式中　(r,θ)——裂缝尖端极坐标；

　　　K_I——应力强度因子，$Pa \cdot \sqrt{m}$；

　　　σ_{xx}^r，σ_{yy}^r，σ_{xy}^r——远场地应力（拉为正、压为负），在主应力状态下，$\sigma_{xy}^r = 0$，MPa；

　　　$\sigma_{xx}^c(r,\theta)$，$\sigma_{yy}^c(r,\theta)$，$\sigma_{xy}^c(r,\theta)$——水力裂缝尖端效应影响造成的附加应力，MPa。

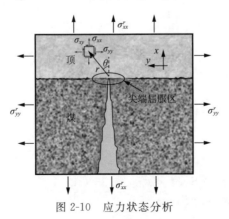

图 2-10　应力状态分析

2）竖直裂缝穿过界面的条件

界面上裂缝尖端存在的 3 个应力用 $\sigma_{xx\max}$，$\sigma_{yy\max}$ 和 $\sigma_{xy\max}$ 表示，在界面 $\theta = \dfrac{\pi}{2}$，$r =$

$r_c(\pm\pi/2)$处,应力状态表示如下:

$$\begin{Bmatrix} \sigma_{xx\max} \\ \sigma_{yy\max} \\ \sigma_{xy\max} \end{Bmatrix} = \begin{Bmatrix} \sigma_{xx}^r \\ \sigma_{yy}^r \\ \sigma_{xy}^r \end{Bmatrix} + \begin{Bmatrix} \sigma_{xx}^c[r_c(\pm\pi/2),\pi/2] \\ \sigma_{yy}^c[r_c(\pm\pi/2),\pi/2] \\ \sigma_{xy}^c[r_c(\pm\pi/2),\pi/2] \end{Bmatrix} \tag{2-14}$$

竖直裂缝穿过界面需要满足以下 3 个条件:

(1) 煤层与顶板间的界面不会发生剪切滑移;

(2) 界面不会发生张性破坏;

(3) 水力裂缝作用下隔层岩石达到起裂条件。

相应公式表示如下:

$$\left.\begin{aligned} |\sigma_{xy\max}| &< S_0 - f\sigma_{xx\max} \\ \sigma_{xx\max} &< S_t \\ \sigma_{yy\max} &= T_0 \end{aligned}\right\} \tag{2-15}$$

式中　　S_0——界面固有剪切强度,MPa;

　　　　f——界面摩擦系数或内摩擦系数;

　　　　S_t——界面抗拉强度,MPa;

　　　　T_0——顶板岩石抗拉强度,MPa。

各参量表达式为:

$$\left.\begin{aligned} \left|\sigma_{xy}^r + \frac{K_I}{\sqrt{2\pi r}}\left(\sin\frac{\theta}{2}\cos\frac{\theta}{2}\cos\frac{3\theta}{2}\right)\right| &< S_0 - f\left[\sigma_{xx}^r + \frac{K_I}{\sqrt{2\pi r}}\cos\frac{\theta}{2}\left(1-\sin\frac{\theta}{2}\sin\frac{3\theta}{2}\right)\right] \\ \sigma_{xx}^r + \frac{K_I}{\sqrt{2\pi r}}\cos\frac{\theta}{2}\left(1-\sin\frac{\theta}{2}\sin\frac{3\theta}{2}\right) &< S_t \\ \sigma_{yy}^r + \frac{K_I}{\sqrt{2\pi r}}\cos\frac{\theta}{2}\left(1+\sin\frac{\theta}{2}\sin\frac{3\theta}{2}\right) &= T_0 \end{aligned}\right\} \tag{2-16}$$

在主应力状态下,将 $\theta=\dfrac{\pi}{2}$,$r=r_c\left(\pm\dfrac{\pi}{2}\right)$,$\sigma_{xy}^r=0$ 代入上式得到:

$$\left.\begin{aligned} \left|\frac{K_I}{\sqrt{2\pi r_c(\pm\pi/2)}}\left(\sin\frac{\pi}{4}\cos\frac{\pi}{4}\cos\frac{3\pi}{4}\right)\right| &< S_0 - f\left[\sigma_{xx}^r + \frac{K_I}{\sqrt{2\pi r_c(\pm\pi/2)}}\cos\frac{\pi}{4}\left(1-\sin\frac{\pi}{4}\sin\frac{3\pi}{4}\right)\right] \\ \sigma_{xx}^r + \frac{K_I}{\sqrt{2\pi r_c(\pm\pi/2)}}\cos\frac{\pi}{4}\left(1-\sin\frac{\pi}{4}\sin\frac{3\pi}{4}\right) &< S_t \\ \sqrt{2\pi r_c(\pm\pi/2)} &= \frac{K_I}{T_0-\sigma_{yy}^r}\cos\frac{\pi}{4}\left(1+\sin\frac{\pi}{4}\sin\frac{3\pi}{4}\right) \end{aligned}\right\} \tag{2-17}$$

化简得到穿过界面的条件为[9]:

$$\left.\begin{aligned} \frac{S_0/f-\sigma_{xx}^r}{T_0-\sigma_{yy}^r} &> \frac{0.35+0.35/f}{1.06} \\ \frac{T_0-\sigma_{yy}^r}{3} &< S_t-\sigma_{xx}^r \end{aligned}\right\} \tag{2-18}$$

在岩石力学中拉应力为负值,压应力为正值,用地应力表示式(2-18)中的应力参量得:

$$\left.\begin{aligned}\frac{S_0/f+\sigma_\mathrm{v}}{T_0+\sigma_\mathrm{h}}&>\frac{0.35+0.35/f}{1.06}\\[2mm]\frac{T_0+\sigma_\mathrm{h}}{3}&<S_\mathrm{t}+\sigma_\mathrm{v}\end{aligned}\right\}\tag{2-19}$$

穿过煤层与顶板界面需要满足如下条件：

$$\left.\begin{aligned}\frac{S_0/f+\sigma_\mathrm{v}}{T_0+\sigma_\mathrm{h1}}&>\frac{0.35+0.35/f}{1.06}\\[2mm]\frac{T_0+\sigma_\mathrm{h1}}{3}&<S_\mathrm{t}+\sigma_\mathrm{v}\end{aligned}\right\}\tag{2-20a}$$

类推可得，穿过煤层与底板界面需要满足如下条件：

$$\left.\begin{aligned}\frac{S_0/f+\sigma_\mathrm{v}}{T_0+\sigma_\mathrm{h3}}&>\frac{0.35+0.35/f}{1.06}\\[2mm]\frac{T_0+\sigma_\mathrm{h3}}{3}&<S_\mathrm{t}+\sigma_\mathrm{v}\end{aligned}\right\}\tag{2-20b}$$

式中　σ_h1——顶板岩层最小水平地应力，MPa；

σ_h3——底板岩层最小水平地应力，MPa。

如果考虑产层与隔层间的过渡带，则 σ_h1 和 σ_h3 可分别用上、下隔层与产层最小水平地应力的加权值代替。

式(2-20)即为竖直裂缝穿过界面的条件。

3）T 型缝的形成条件

T 型缝形成的前提条件是煤层内部首先形成竖直缝，而后当竖直缝扩展到煤层与顶底板交界面处，不满足穿过界面条件时，随着缝内压力的增大，在界面处将产生水平裂缝，与竖直裂缝结合后总体呈现 T 型。因此，在上界面形成 T 型缝的条件为：

$$\left.\begin{aligned}\frac{\sigma_\mathrm{v}-p_\mathrm{p}+\sigma_\mathrm{t}^\mathrm{v}}{0.95-\alpha\dfrac{1-2\nu}{1-\nu}}&\geqslant\frac{3\sigma_\mathrm{h}-\sigma_\mathrm{H}-2p_\mathrm{p}+\sigma_\mathrm{t}^\mathrm{h}}{1.2-\alpha\dfrac{1-2\nu}{1-\nu}}&&\text{（竖直缝形成）}\\[4mm]\frac{S_0/f+\sigma_\mathrm{v}}{T_0+\sigma_\mathrm{h1}}&<\frac{0.35+0.35/f}{1.06}&&\text{（界面剪切滑移）}\end{aligned}\right\}\tag{2-21}$$

或者

$$\left.\begin{aligned}\frac{\sigma_\mathrm{v}-p_\mathrm{p}+\sigma_\mathrm{t}^\mathrm{v}}{0.95-\alpha\dfrac{1-2\nu}{1-\nu}}&\geqslant\frac{3\sigma_\mathrm{h}-\sigma_\mathrm{H}-2p_\mathrm{p}+\sigma_\mathrm{t}^\mathrm{h}}{1.2-\alpha\dfrac{1-2\nu}{1-\nu}}&&\text{（竖直缝形成）}\\[4mm]\frac{T_0+\sigma_\mathrm{h1}}{3}&>S_\mathrm{t}+\sigma_\mathrm{v}&&\text{（界面张性破坏）}\end{aligned}\right\}\tag{2-22}$$

式中，各量代表顶板性质参数、地应力条件、上界面性质参数，含义与前述公式中一致。

下界面破坏形成 T 型缝的条件与上界面条件相似，不同的是，公式中所采用的各物理量替换为底板性质参数和下界面性质参数。

2.4　煤岩水力压裂物理模拟

为了更好地研究煤岩压裂的扩展行为，中国石油大学(华东)岩石力学实验室建成了一套真三轴水力压裂模拟实验系统,该系统能够模拟煤层气地层的实际应力条件,开展直井、斜井、水平井的压裂扩展模拟实验。下面介绍该实验系统的实验设备、实验方案、实验步骤、实验结果及对实验结果的分析。

2.4.1　实验设备

真三轴水力压裂模拟实验系统能够对煤样加载大小不同的三向应力,模拟煤样在地层中的应力状态。该压裂模拟实验系统主要由真三轴主承压腔体、围压油泵、伺服控制注入泵、液压囊、数据采集系统及其他辅助装置组成,整体结构如图 2-11 所示。

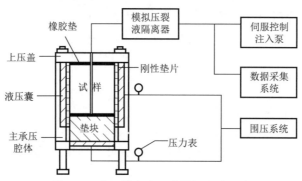

图 2-11　真三轴水力压裂模拟实验系统

在水力压裂模拟实验过程中,利用伺服控制注入泵向液压囊内注入液压油,从而实现对试样应力的加载。其中,水平方向对称的两对液压囊分别施加最大水平地应力和最小水平地应力,底部放置的液压囊用于提供垂向地应力。该实验设备能够加载的最大地应力为40 MPa。主承压腔体外形如图 2-12 所示,其内部结构如图 2-13 所示。

图 2-12　水力压裂设备外部构造

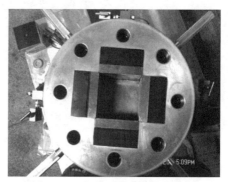

图 2-13　水力压裂设备内部构造

各个液压囊的内侧安装有高强度橡胶垫,橡胶垫与模拟岩样的表面直接接触,主要目的是使施加在试样表面的应力均匀,同时能够有效地保护液压囊。液压油由气动油泵注入。气动油泵由空气压缩机(图 2-14)控制,实验中控制空气压缩机的出气量即可完成应力加载。应力加载过程中应保持 3 个方向同时缓慢加载,避免损坏试样和设备。同时,试样上表面加橡胶垫密封,利用上压盖的反作用力实现应力加载。

图 2-14　空气压缩机

　　水力压裂模拟实验过程中的压裂液由伺服控制注入泵(柱塞泵)注入,柱塞最大空间为 300 mL,其优点是可以实现不同排量的直接转换。水力压裂模拟实验中的各项数据由传感器进行采集,由计算机压裂软件对数据进行汇总,得到注入压力与时间的关系曲线。

　　水力压裂模拟实验所用的模拟压裂液与柱塞泵内的液压油性质不同,需要解决液压油和模拟压裂液之间的压力传递和液体隔离问题,因此在模拟压裂液与液压油之间设置了一个中间容器,中间容器内部为一个由耐腐蚀材料制作的活动挡板,可隔离不同系统的工作液。

2.4.2　实验方案

1) 压裂试样制备

　　试样标准:煤样尺寸 105 mm×105 mm×93 mm,模拟井眼直径 8 mm,采用铜管对试样模拟井眼进行部分密封,铜管内径 6 mm,外径 8 mm,长度 30 mm。图 2-15 为无顶底板直井压裂试样示意图。

　　采用水泥胶结人造砂岩模拟 3 层试样的顶底板,水泥胶结人造砂岩的砂灰比为 1:1,抗拉强度为 4.7 MPa,抗压强度为 62 MPa,弹性模量为 52 GPa,泊松比为 0.23,满足顶底板力学强度要求,储层和顶底板之间的黏合采用云石胶。图 2-16 为有顶底板直井压裂 3 层试样示意图。

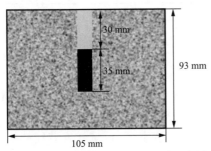

图 2-15　无顶底板直井压裂试样示意图

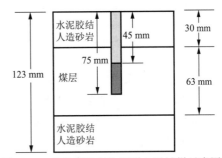

图 2-16　有顶底板直井压裂 3 层试样示意图

2) 实验应力条件

　　本实验所用岩样取自沁水盆地南部 3# 煤层。通过文献调研[26],沁水盆地南部煤层地应力与埋深的关系如图 2-17 所示。

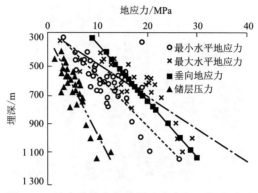

图 2-17　沁水盆地南部煤层地应力与埋深的关系

根据沁水盆地南部煤层地应力分布规律,制定煤岩直井压裂裂缝扩展模拟实验方案,见表 2-2。

表 2-2　煤岩直井压裂裂缝扩展模拟实验应力条件

编　号	σ_v/MPa	σ_H/MPa	σ_h/MPa	$\Delta\sigma$/MPa	层　理	顶底板	排量/(mL·min^{-1})
1	16	14	14	0	水　平	无	10
2	16	9	8	1	水　平	无	10
3	16	11	8	3	水　平	无	10
4	16	13	8	5	水　平	无	10
5	16	9	8	1	垂　直	无	10
6	16	11	8	3	垂　直	无	10
7	16	14	14	0	水　平	有	10
8	16	9	8	1	水　平	有	10
9	16	11	8	3	水　平	有	10
10	16	13	8	5	水　平	有	10
11	16	14	11	3	水　平	有	10
12	16	16	11	5	水　平	有	10

2.4.3　实验步骤

水力压裂模拟实验步骤如下:

(1) 试样加工。将原煤切割至设计试样尺寸 105 mm×105 mm×93 mm,采用钻床机器对试样钻取 ϕ65 mm 模拟垂直井眼,用铜管对试样模拟井眼进行部分密封。

(2) 将试样放入主承压腔体中,安装密封组件,之后安装上压盖;试样安装完毕后,施加模拟地应力,采用气动油泵向液压囊中泵油,最大水平地应力、最小水平地应力、垂向地应力同步加载。

(3) 试样围压加载完毕后,通过伺服控制注入泵泵入压裂液模拟压裂过程,记录泵入过程中压力随时间的变化。

(4) 实验完毕后,将液压囊中的压力缓慢释放,打开上压盖,观察压后裂缝形态,拍照保存。

　　图 2-18 和图 2-19 分别为压裂前和压裂后试样上端面形貌图。试样中标号 1 和 6 为顶底面,标号 2 和 4 为最大水平地应力方向的侧面,标号 3 和 5 为最小水平地应力方向的侧面。

图 2-18　试样压裂前形貌图　　　　　　图 2-19　试样压裂后形貌图

2.4.4　实验结果

1) 1# 试样

　　1# 试样为一完整煤样,面割理水平放置,直井裸眼压裂。图 2-20 是实验前试样的顶面俯视图(图 2-20a)和 2 侧面图(图 2-20b),可以看出煤岩割理和裂隙发育。实验条件:上覆岩层压力 16 MPa,最大水平地应力和最小水平地应力均为 14 MPa。图 2-21 是实验后试样顶面俯视图(图 2-21a)、2 侧面图(图 2-21b)和裂缝断面图(图 2-21c)。图 2-22 是 1# 试样水力压裂模拟实验的施工曲线。

（a）　　　　　　　　　　（b）

图 2-20　1# 试样压裂前形貌图

（a）　　　　　　　　（b）　　　　　　　　　　（c）

图 2-21　1# 试样压裂后形貌图

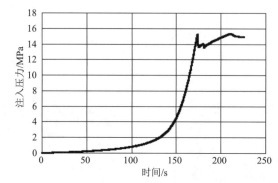

图 2-22 1#试样的压裂施工曲线

2）2#试样

2#试样为一完整煤样，面割理水平放置，直井裸眼压裂。图 2-23 是实验前试样的顶面俯视图（图 2-23a）和 2 侧面图（图 2-23b），可以看出煤岩存在一定的割理和裂隙发育。实验条件：上覆岩层压力 16 MPa，最大水平地应力 9 MPa，最小水平地应力 8 MPa。图 2-24 是实验后试样顶面俯视图（图 2-24a）、2 侧面图（图 2-24b）和裂缝断面图（图 2-24c）。从图中可以看出，压裂形成了一条沿最大水平地应力方向的竖直主缝，以及与主缝近乎垂直的短直缝。图 2-25 是 2#试样水力压裂模拟实验的施工曲线。

（a）   （b）

图 2-23 2#试样压裂前形貌图

（a）   （b）   （c）

图 2-24 2#试样压裂后形貌图

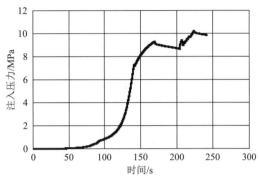

图 2-25 2#试样的施工曲线

3) 3#试样

3#试样为一完整煤样,面割理水平放置,直井裸眼压裂。图 2-26 是实验前试样的顶面俯视图(图 2-26a)和 4 侧面图(图 2-26b),可以看出煤岩存在一定的割理和裂隙发育。实验条件:上覆岩层压力 16 MPa,最大水平地应力 11 MPa,最小水平地应力 8 MPa。图 2-27 是实验后试样顶面俯视图(图 2-27a)、4 侧面图(图 2-27b)和裂缝断面图(图 2-27c)。从图中可以看出,压裂形成了一条沿最大水平地应力方向的简单竖直裂缝。图 2-28 是 3#试样水力压裂模拟实验的施工曲线。与1#和 2#试样相比,3#试样的施工曲线变成了典型的应力控制的低渗储层直井水力压裂施工曲线。

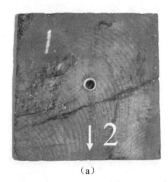
（a）

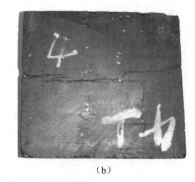
（b）

图 2-26 3#试样压裂前形貌图

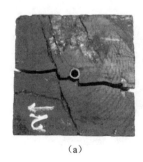
（a）

（b）

（c）

图 2-27 3#试样压裂后形貌图

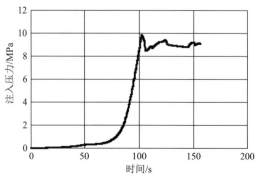

图 2-28　3#试样施工曲线

4）4#试样

4#试样为一完整煤样，煤矸成分较多，强度大，直井裸眼压裂。图 2-29 是实验前试样的 5 侧面图（图 2-29a）和底面仰视图（图 2-29b），可以看出试样存在天然裂隙。实验条件：上覆岩层压力 16 MPa，最大水平地应力 13 MPa，最小水平地应力 8 MPa。图 2-30 是实验后试样顶面俯视图（图 2-30a）、底面仰视图（图 2-30b）和裂缝断面图（图 2-30c）。从图中可以看出，压裂形成了一条沿最大水平地应力方向的竖直主缝，以及与主缝近乎垂直的短直缝。图 2-31 是 4#试样水力压裂模拟实验的施工曲线。与 3#试样相似，4#试样施工曲线为一典型的应力控制的低渗高强度储层直井水力压裂施工曲线。

（a）　　　　　　　　　　　　　　（b）

图 2-29　4#试样压裂前形貌图

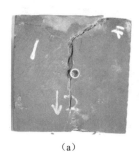

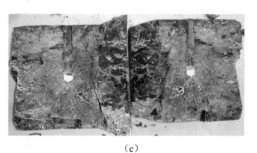

（a）　　　　　　　　（b）　　　　　　　　（c）

图 2-30　4#试样压裂后形貌图

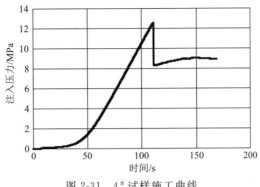

图 2-31　4# 试样施工曲线

5) 5# 试样

5# 试样为一完整煤样,面割理垂直放置,直井裸眼压裂。图 2-32 是实验前试样的顶面俯视图(图 2-32a)和底面仰视图(图 2-32b),可以看出试样割理发育。实验条件:上覆岩层压力 16 MPa,最大水平地应力 9 MPa,最小水平地应力 8 MPa。图 2-33 是实验后试样顶面俯视图(图 2-33a)、2 侧面图(图 2-33b)和裂缝断面图(图 2-33c)。由于面割理面沿着最小水平地应力方向,尽管水平应力差为 1 MPa,但还是形成了一条沿最大水平地应力方向的简单竖直缝。图 2-34 是 5# 试样水力压裂模拟实验的施工曲线。与 2# 试样对比,5# 试样施工曲线为一典型的应力控制的低渗储层直井水力压裂施工曲线。

(a)　　　　　　　　　　　　(b)

图 2-32　5# 试样压裂前形貌图

(a)　　　　　　　　(b)　　　　　　　　(c)

图 2-33　5# 试样压裂后形貌图

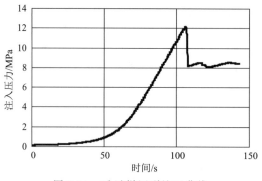

图 2-34　5# 试样压裂施工曲线

6）6# 试样

6# 试样为一完整煤样，面割理垂直放置，直井裸眼压裂。图 2-35 是实验前试样的顶面俯视图（图 2-35a）和底面仰视图（图 2-35b），可以看出试样割理发育。实验条件：上覆岩层压力 16 MPa，最大水平地应力 11 MPa，最小水平地应力 8 MPa。图 2-36 是实验后试样顶面俯视图（图 2-36a）、底面仰视图（图 2-36b）和裂缝断面图（图 2-36c）。尽管面割理面沿着最大水平地应力方向，水平应力差为 3 MPa，对竖直裂缝起到了控制作用，但垂直面割理还是形成了一条沿最大水平地应力方向的简单竖直缝。图 2-37 是 6# 试样水力压裂模拟实验的施工曲线。与 3# 试样相似，6# 试样施工曲线为一典型的应力控制的低渗储层直井水力压裂施工曲线。

（a）　　　　　　　　　　　　　　　　　　（b）

图 2-35　6# 试样压裂前形貌图

（a）　　　　　　　　　（b）　　　　　　　　　（c）

图 2-36　6# 试样压裂后形貌图

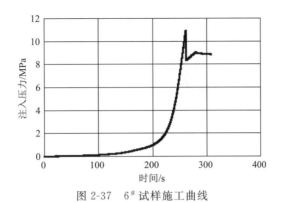

图 2-37 6#试样施工曲线

7) 7#试样

7#试样为 3 层裸眼直井压裂模型,中间层为煤,上下两层为水泥胶结人造砂岩。图 2-38 是实验前试样的 2 侧面图(图 2-38a)和 4 侧面图(图 2-38b),可以看出试样存在天然裂隙。实验条件:上覆岩层压力 16 MPa,最大水平地应力 14 MPa,最小水平地应力 14 MPa。图 2-39 是实验后试样去掉顶板后煤岩顶面俯视图(图 2-39a)、2 侧面图(图2-39b)和裂缝断面图(图 2-39c)。由于水平地应力均匀,顶底板强度远大于煤层,且顶底板与煤层的胶结强度不高(能够揭开),导致压裂之后在煤层内形成复杂直缝,在顶底板界面附近由于剪切滑移形成了水平缝。图 2-40 是 7#试样水力压裂模拟实验的施工曲线。由于形成了复杂缝,7#试样压裂施工曲线没有出现明显的压力下降,即裂缝起裂后相继形成竖直缝和水平缝。

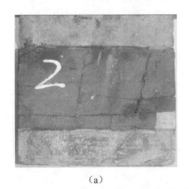
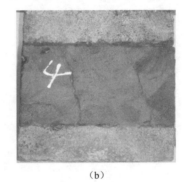

(a)　　　　　　　　　　　　　(b)

图 2-38 7#试样压裂前形貌图

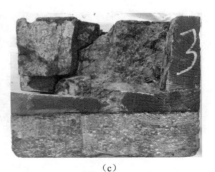

(a)　　　　　　　　(b)　　　　　　　　(c)

图 2-39 7#试样压裂后形貌图

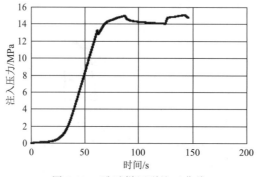

图 2-40　7#试样压裂施工曲线

8）8#试样

8#试样为 3 层裸眼直井压裂模型,中间层为煤,上下两层为水泥胶结人造砂岩。图 2-41 是实验前试样的顶面俯视图(图 2-41a)和 2 侧面图(图 2-41b),可以看出试样不存在天然裂隙。实验条件:上覆岩层压力 16 MPa,最大水平地应力 9 MPa,最小水平地应力 8 MPa。图 2-42 是实验后试样的顶面俯视图(图 2-42a)、2 侧面图(图 2-42b)和裂缝断面图(图 2-42c)。从图中可以看出,在 1 MPa 水平应力差作用下形成了简单的垂直裂缝,且穿过顶底板,表明顶底板与煤层的胶结很好。图 2-43 是 8#试样水力压裂模拟实验的施工曲线。由于形成简单缝,8#试样压裂施工曲线是典型的低渗储层压裂施工曲线。

（a）　　　　　　　　　　　　　　（b）

图 2-41　8#试样压裂前形貌图

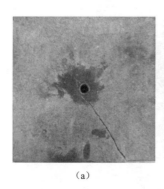

（a）　　　　　　　　　（b）　　　　　　　　　（c）

图 2-42　8#试样压裂后形貌图

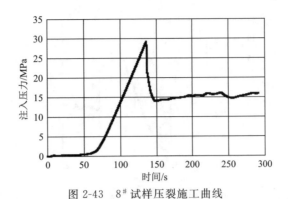

图 2-43 8#试样压裂施工曲线

9）9#试样

9#试样为 3 层裸眼直井压裂模型，中间层为煤，上下两层为水泥胶结人造砂岩。图 2-44 是实验前试样的 2 侧面图（图 2-44a）和 4 侧面图（图 2-44b），可以看出试样存在天然裂隙。实验条件：上覆岩层压力 16 MPa，最大水平地应力 11 MPa，最小水平地应力 8 MPa。图 2-45 是实验后试样的 2 侧面图（图 2-45a）、4 侧面图（图 2-45b）和裂缝断面图（图 2-45c）。从图中可以看出，在 3 MPa 水平应力差作用下形成了简单的竖直主裂缝，且穿过顶底板，但主平面没有通过井眼，天然裂缝有所扩展。观测断面可知，顶底板与煤层的胶结很好。图 2-46 是 9#试样水力压裂模拟实验的施工曲线。9#试样施工曲线是典型的低渗高强储层压裂施工曲线。

（a）

（b）

图 2-44 9#试样压裂前形貌图

（a）

（b）

（c）

图 2-45 9#试样压裂后形貌图

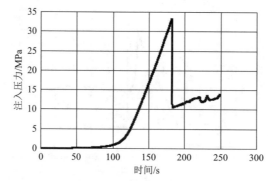

图 2-46   9#试样压裂施工曲线

10）10#试样

10#试样为 3 层裸眼直井压裂模型，中间层为煤，上下两层为水泥胶结人造砂岩。图 2-47 是实验前试样的 2 侧面图（图 2-47a）和 4 侧面图（图 2-47b），可以看出试样存在天然裂隙。实验条件：上覆岩层压力 16 MPa，最大水平地应力 13 MPa，最小水平地应力 8 MPa。图 2-48 是实验后试样的 2 侧面图（图 2-48a）、4 侧面图（图 2-48b）和裂缝断面图（图 2-48c）。从图中可以看出，在 5 MPa 水平应力差作用下在煤层内形成了简单的竖直缝，没有穿层，在顶底板界面上形成了水平缝，推断顶底板与煤层的胶结较差。图 2-49 是 10#试样水力压裂模拟实验的施工曲线，形成工型缝的施工曲线与典型的穿层竖直缝施工曲线相似。

（a）

（b）

图 2-47   10#试样压裂前形貌图

（a）

（b）

（c）

图 2-48   10#试样压裂后形貌图

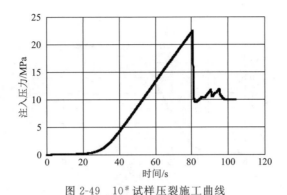

图 2-49　10[#]试样压裂施工曲线

11）11[#]试样

11[#]试样为 3 层裸眼直井压裂模型,中间层为煤,上下两层为水泥胶结人造砂岩。图 2-50 是实验前试样的 2 侧面图(图 2-50a)和 4 侧面图(图 2-50b),可以看出试样不存在天然裂隙。实验条件:上覆岩层压力 16 MPa,最大水平地应力 14 MPa,最小水平地应力 11 MPa。图 2-51 是实验后试样的 2 侧面图(图 2-51a)、4 侧面图(图 2-51b)和裂缝断面图(图 2-51c)。从图中可以看出,在 3 MPa 水平应力差作用下形成了穿层的竖直裂缝,推断顶底板与煤层的胶结较强。图 2-52 是 11[#]试样水力压裂模拟实验的施工曲线。与 9[#]试样的施工曲线对比,由于 11[#]试样的最小水平地应力水平高,裂缝延伸压力大于 9[#]试样,属典型的竖直缝施工曲线。

（a）　　　　　　　　　　　　　　　　　（b）

图 2-50　11[#]试样压裂前形貌图

（a）　　　　　　　　　　（b）　　　　　　　　　　（c）

图 2-51　11[#]试样压裂后形貌图

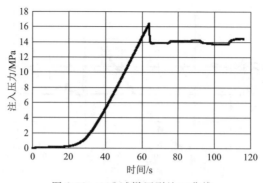

图 2-52　11# 试样压裂施工曲线

12）12# 试样

12# 试样为 3 层裸眼直井压裂模型，中间层为煤，上下两层为水泥胶结人造砂岩。图 2-53 是实验前试样的 2 侧面图（图 2-53a）和 4 侧面图（图 2-53b），可以看出试样水平割理发育。实验条件：上覆岩层压力 16 MPa，最大水平地应力 16 MPa，最小水平地应力 11 MPa。图 2-54 是实验后试样的顶面俯视图（图 2-54a）、2 侧面图（图 2-54b）和裂缝断面图（图 2-54c）。从图中可以看出，在 5 MPa 水平应力差作用下在煤层内形成了 T 型缝，裂缝穿过顶板，没有进入底板，推断顶底板与煤层的胶结较好。图 2-55 是 12# 试样水力压裂模拟实验的施工曲线，形成 T 型缝的施工曲线与穿层竖直缝施工曲线不同。

（a）　　　　　　　　　　　（b）

图 2-53　12# 试样压裂前形貌图

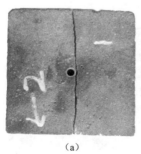
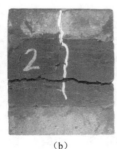

（a）　　　　　　　（b）　　　　　　　　　　　（c）

图 2-54　12# 试样压裂后形貌图

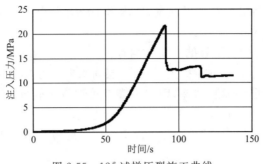

图 2-55　12#试样压裂施工曲线

2.4.5　实验结果分析

1）天然裂缝和割理对水力裂缝形态的影响

沁水盆地 3#煤天然裂缝发育程度高，天然裂缝对裂缝形态有着重要的影响。1#～4#试样实验位置均为水平层理，对比这 4 个试样的裂缝形态可以发现，水力裂缝延伸过程中遇到天然裂缝会出现水力裂缝沿天然裂缝转向、水力裂缝穿过天然裂缝和水力裂缝沿天然裂缝延伸一段距离后再穿过天然裂缝 3 种情况。1#试样（图 2-21）水平应力差为 0，水力裂缝延伸方向不定，此试样压后裂缝沿天然裂缝扩展。2#试样（图 2-24）水平应力差为 1 MPa，水力裂缝沿最大水平地应力方向的天然裂缝起裂，并产生了新扩展。1#和 2#试样的裂缝壁面平整度很差，裂缝延伸方向受试样天然裂缝的影响较大。3#试样（图 2-27）水平应力差为 3 MPa，水力裂缝沿最大水平地应力方向起裂，延伸过程中遇到天然裂缝，水力裂缝沿天然裂缝延伸一段距离后发生转向，继续沿最大水平地应力方向扩展。4#试样（图 2-30）水平应力差为 5 MPa，水力裂缝沿最大水平地应力方向起裂，延伸过程中遇到逼近角较小的天然裂缝时，天然裂缝张开，并延伸至边界。

由此可见，在水力裂缝与天然裂缝逼近角较小或水平应力差较小的情况下，水力裂缝遇到天然裂缝后容易发生转向；在水力裂缝与天然裂缝逼近角较大或水平应力差较大的情况下，水力裂缝会直接穿过天然裂缝；在逼近角和水平地应力差中等情况下可能产生水力裂缝沿天然裂缝延伸一段距离后再穿过天然裂缝的情况。

5#和 6#试样为垂直层理。其中，5#试样层理面与最大水平地应力方向垂直（图 2-32），6#试样实验位置层理面沿最大水平地应力方向（图 2-35）。从实验结果可以看出，两个试样的水力裂缝都是沿最大水平地应力方向起裂和延伸。与 6#试样相比，5#试样水力裂缝壁面平整度较差。结合水平层理试样的裂缝形态可知，层理方位的不同对水力裂缝有一定的影响，但影响程度小于地应力和天然裂缝。

2）顶底板对水力裂缝形态的影响

7#～12#试样为有顶底板直井压裂 3 层试样。压裂实验过程中，储层和顶底板处于相同围压条件下，图 2-38～图 2-55 分别是 7#～12#试样压裂前后水力裂缝形态和施工曲线。从图中可以看出，在层间应力差为 0 的条件下出现穿层或形成工型缝的现象，若顶底板与煤层界面胶结强，则易出现穿层现象；若界面胶结差，则会出现工型缝或 T 型缝。层内水平应力差对穿层没有明显影响。

同时可以看出,若储层天然裂缝发育、层内水平应力差小于 3 MPa,则易形成复杂缝,导致施工压力高,如 8# 和 9# 试样。

因此,顶底板对水力裂缝形态的主要影响有:

(1)顶底板限制水力裂缝垂向扩展,但由于层间水平应力差为 0,故出现了穿层现象;

(2)若顶底板与煤层界面胶结差,则水力裂缝可以发生转向,裂缝在储层和顶底板交界面上扩展,形成 T 型缝或工型缝;

(3)如果水力裂缝未发生穿层,则裂缝面会沿着顶底板产生剪切滑移,形成宽缝。

3)地应力条件和顶底板对破裂压力的影响

表 2-3 给出了 1#～12# 试样压裂参数、强度参数、理论破裂压力和实际破裂压力。其中,理论破裂压力 p_f 利用下式求得:

$$p_f = 3\sigma_h - \sigma_H - \alpha p_p + \sigma_t$$

其中,孔隙压力 $p_p = 0$,α 为有效应力系数,σ_t 为抗拉强度。

表 2-3 1#～12# 试样压裂参数

试样编号	地应力组合 σ_v-σ_H-σ_h/MPa	水平地应力差 /MPa	抗拉强度 /MPa	理论破裂压力 /MPa	实际破裂压力 /MPa
1	16-14-14	0	1.55	29.55	15.2
2	16-9-8	1	1.55	16.55	9.3
3	16-11-8	3	1.55	14.55	9.7
4	16-13-8	5	1.55	12.55	12.5
5	16-9-8	1	1.55	16.55	12.0
6	16-11-8	3	1.55	14.55	11.0
7	16-14-14	0	1.55	29.55	13.0
8	16-9-8	1	3.36	20.37	29.0
9	16-11-8	3	3.36	18.37	33.0
10	16-13-8	5	3.36	16.37	22.5
11	16-14-11	3	3.36	24.37	16.5
12	16-16-11	5	1.55	18.55	22.0

从表 2-3 中可以看出,2# 与 8#,3# 与 9#,4# 与 10# 试样具有相同的地应力条件。图 2-56 给出了这 6 个试样的实际破裂压力、理论破裂压力随水平应力差的变化规律。

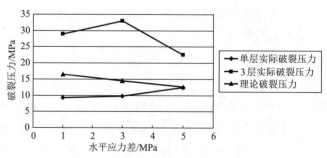

图 2-56 水平应力差对破裂压力的影响

由图 2-56 可以看出,3 组单层试样的实际破裂压力均小于理论破裂压力,随着水平应力差的增大,实际破裂压力向理论破裂压力靠近,当水平应力差达到 5 MPa 时,实际破裂压力与理论破裂压力基本相同;3 组 3 层试样的实际破裂压力均大大高于理论破裂压力,随着水平应力差的增大,试样的实际破裂压力与理论破裂压力差值减小。

4）水力裂缝穿层讨论

经过测试,顶底板抗拉强度为 4.7 MPa,汇总 3 层试样力学参数和水力裂缝形态,见表 2-4。水力裂缝形态主要有:未穿层、工型缝、穿过顶板或底板的 T 型缝。

表 2-4　7#～14#试样力学参数和水力裂缝形态

试样编号	上覆岩层压力/MPa	最大水平地应力/MPa	最小水平地应力/MPa	实际破裂压力/MPa	顶底板理论破坏压力/MPa	裂缝形状
7	16	14	14	13	18.7	未穿层
8	16	9	8	29	12.7	穿过顶底板
9	16	11	8	33	12.7	穿过顶底板
10	16	13	8	22.5	12.7	工型缝
11	16	14	11	16.5	15.7	未穿层
12	16	16	11	22	15.7	穿过顶板

从实验结果可以看出,7#试样天然裂缝发育程度很高,压裂液沿天然裂缝运移到试样边界;10#试样煤层和顶底板胶结较差,水力裂缝延伸至交界面后发生转向。

综上所述,当储层和顶底板交界面胶结良好时,不同应力条件下均出现水力裂缝穿层现象。这一结论与沁水盆地实测压裂结果吻合。表 2-5 为沁水盆地煤层压裂裂缝高度测试结果。从表中可以看出,水力裂缝均不同程度地进入顶底板,最大裂缝高度超过压裂层厚度的 4 倍。

表 2-5　沁水盆地煤层压裂裂缝高度测试结果

井号	煤层	射孔井段/m	射孔厚度/m	井温异常段/m	高度/m 裂缝	高度/m 上延	高度/m 下延
X1	15#	606.6～609.6	3.0	602～620	18	4.6	10.4
X2	3#	514.2～520.6	6.4	511～528	17	3.2	7.4
X3	3#	509.2～515.2	6.0	500～516	16	9.2	0.8
X4	15#	613.8～619.7	5.9	612～630	18	1.8	10.3
X5	3#	837.8～843.2	5.4	831.5～851.5	20	6.3	8.3
X6	3#	1 023.0～1 029.0	6.0	1 015～1 035	20	8.0	6.0
X7	15#	612.8～616.0	3.2	610～623	13	2.8	7.0
X8	15#	606.2～609.4	3.2	604～615	11	2.2	5.6
X9	3#	519.0～524.4	5.4	517～535	18	2.0	10.6
X10	3#	518.6～524.0	5.4	515～530	15	3.6	6.0
X11	15#	626.4～629.4	3.0	624～633	9	2.4	3.6

参 考 文 献

[1]   乌效鸣,屠厚泽.煤层水力压裂典型裂缝形态分析与基本尺寸确定[J].地球科学,1995,20(1):
       112-116.

[2]   李安启,姜海,陈彩虹.我国煤层气井水力压裂的实践及煤层裂缝模型选择分析[J].天然气工业,
       2004,24(5):91-94.

[3]   单学军,张士诚,李安启,等.煤层气井压裂裂缝扩展规律分析[J].天然气工业,2005,25(1):
       130-132.

[4]   陈凤,罗美娥,张维平,等.大庆外围油田地应力特征及人工裂缝形态分析[J].断块油气田,2006,13
       (3):13-15.

[5]   王仲茂,胡江明.水力压裂形成裂缝形态的研究[J].石油勘探与开发,1994,21(6):66-69.

[6]   陈勉,陈治喜,黄荣樽.大斜度井水压裂缝起裂研究[J].石油大学学报(自然科学版),1995(2):
       30-35.

[7]   王鸿勋,张琪.采油工程原理[M].北京:石油工业出版社,1993.

[8]   程远方,徐太双,吴百烈,等.煤岩水力压裂裂缝形态实验研究[J].天然气地球科学,2013,24(1):
       134-137.

[9]   徐太双.煤层气水力压裂复杂裂缝形成实验研究[D].青岛:中国石油大学(华东),2013.

[10]   杜成良,姬长生,罗天雨,等.水力压裂多裂缝产生机理及影响因素[J].特种油气藏,2006(5):
       19-21.

[11]   罗天雨.水力压裂多裂缝基础理论研究[D].成都:西南石油大学,2006.

[12]   李文魁.多裂缝压裂改造技术在煤层气井压裂中的应用[J].西安石油学院学报(自然科学版),
       2000(5):37-38.

[13]   魏宏超.煤层气井水力压裂多裂缝理论与酸化改造探索[D].武汉:中国地质大学,2011.

[14]   JONES A H,BELL G J,MORALES R H. Examination of potential mechanisms responsible for the high
       treatment pressures observed during stimulation of coalbed reservoirs[C]. SPE 16421,1992.

[15]   PALMER I D. Review of coalbed methane well stimulation[C]. SPE 22395-MS,1992.

[16]   MEYER B R,BAZAN L W. A discrete fracture network model for hydraulically induced fractures:
       theory,parametric and case studies[C]. SPE 140514,2011.

[17]   朱宝存,唐书恒,颜志丰,等.地应力与天然裂缝对煤储层破裂压力的影响[J].煤炭学报,2009(9):
       1 199-1 202.

[18]   RENSHAW C E,POLLARD D D. An experimentally verified criterion for propagation across unbounded
       frictional interfaces in brittle,linear elastic materials[J]. Int. J. Rock Mech. Min. Sci. & Geomech. Abstr.
       1995,32(3):237-249.

[19]   PAPADOPOULOS J M,NARENDRAN V M,CLEARY M P. Laboratory simulations of hydraulic
       fracturing[C]. SPE 11618,1983.

[20]   周维垣,剡公瑞.岩石、混凝土类材料断裂损伤过程区的细观力学研究[J].水电站设计,1997,13
       (1):1-9.

[21]   吴百烈.煤层气储层压裂复杂裂缝设计方法研究[D].青岛:中国石油大学(华东),2014.

[22]   MEYER B R,BAZAN L W,JACOT R H. Optimization of multiple transverse hydraulic fractures in
       horizontal wellbores[C]. SPE 131732,2010.

［23］　李同林. 煤岩层水力压裂造缝机理分析［J］. 天然气工业, 1997, 17(4): 53-56.

［24］　吴晓东, 席长丰, 王国强. 煤层气井复杂水力压裂裂缝模型研究［J］. 天然气工业, 2006, 26(12): 124-126.

［25］　CRASBY D G. Single and multiple transverse fracture initiation from horizontal wells［J］. J. P. S. E., 2002(35): 191-204.

［26］　孟召平, 田永东, 李国富. 沁水盆地南部地应力场特征及其研究意义［J］. 煤炭学报, 2010, 35(6): 975-981.

第 3 章　煤层气压裂经典几何模型

　　煤层气压裂裂缝几何形态的确定是水力压裂设计的关键问题之一,裂缝几何形态与压裂液性质、地层流体性质、地层岩石力学性质、施工规模以及缝中流体流动特性等密切相关。纵观国内外压裂技术的发展,关于裂缝延伸数学模型的研究经历了一个从简单到复杂、从二维到三维、考虑因素越来越全面的过程。本章将介绍水力压裂的经典模型,在煤层气压裂研究初期仍主要使用这些模型。

3.1　二维模型

　　水力压裂过程中,水力裂缝应在长、宽、高 3 个方向破裂及延伸,相应地也应有 3 个方向的流动。但是在具体地层条件下,竖直缝的上下界往往受到顶底层的限制,因此缝高在一个区块中大体上可看成是一个常量。由于缝宽的扩展量也较小,因此可以忽略在缝横断面上的流动。这样就把问题简化成在缝长、缝宽上的二维破裂,在缝长上的一维流动问题。二维破裂、一维流动的设计简称为二维(2D)设计。

　　现有的二维裂缝几何尺寸计算方法可分为两大类:一类是基于垂直平面的平面应变理论,由 Kern 和 Perkins 提出并由 Nordgren 改进的裂缝扩展延伸模型,简称 PKN 模型[1,2];另一类是以水平平面应变条件为基础,由 Khristianovich 和 Geertsma 提出并由 Daneshy 改进的模型[3-6],简称 KGD 模型。

　　目前裂缝几何尺寸的计算是以地层岩石线弹性理论为依据,计算由与缝外压应力 σ_h 相反的缝内流体压力 $p(x,z,t)$ 所形成的缝宽 $W(x,z,t)$,其中压应力 σ_h 是垂直于缝壁的最小主应力。因此,缝宽的计算常用迭代法,即用假设的缝内液体压力求缝宽,用求出的缝宽分布由液体流动方程求压力,比较前后两个压力,迭代到近似为止。

　　England 和 Green 提出了一个平面应变条件下在缝内任意分布的作用在缝壁面的正应力 p 与缝宽 W 关系的通用公式[7]:

$$W(x) = \frac{4(1-\nu)L}{\pi G} \int_{f_L}^{1} \frac{f_2 \mathrm{d}f_2}{\sqrt{f_2^2 - f_1^2}} \int_{0}^{f_2} \frac{p(f_1)\mathrm{d}f_1}{\sqrt{f_2^2 - f_1^2}} \tag{3-1}$$

$$f_L = x/L \quad (-L \leqslant x \leqslant +L)$$

式中　f_L, f_1, f_2——缝长的分数;

　　　　ν——泊松比;

　　　G——剪切模量；

　　　x——沿缝长任意位置，m；

　　　L——缝长，m。

　　如果缝内具有稍高于最小主应力 σ_h 的均匀液体压力 p_f，则最简单的关系式为：

$$W(x)=\frac{2(1-\nu)L\Delta p}{G} \tag{3-2}$$

$$\Delta p=p_f-\sigma_h$$

在这种情况下，裂缝的断面为椭圆形。

3.1.1　PKN 模型

　　图 3-1 为 PKN 模型示意图。

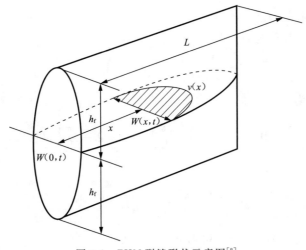

图 3-1　PKN 裂缝形状示意图[8]

　　Perkins 与 Kern 在无滤失以及下列假设情况下，提出了一个计算缝宽的数学模型：

　　(1) 裂缝有一个固定高度 H，与缝长 L 无关。

　　(2) 与裂缝扩展方向垂直的横截面中的液体压力 p 为常数。

　　(3) 垂直平面存在岩石刚度，它可抵抗在压力 p 作用下产生的形变。换句话说，每一个垂直截面独立变形，不受邻近截面的影响。

　　(4) 在这些横截面中，将缝高 H，液体压力 p 和该点的裂缝宽度 W 联系起来。这些横截面为一个椭圆形，其中心最大缝宽为：

$$W(x,t)=\frac{(1-\nu)H\Delta p}{G} \tag{3-3}$$

　　(5) 用在一个狭窄的椭圆形流动通道中的流动阻力来确定裂缝扩展方向或 x 方向的液体压力梯度。对于牛顿流情况，有：

$$\frac{\partial\Delta p}{\partial x}=-\frac{64}{\pi}\frac{q\mu}{W^3 H} \tag{3-4}$$

　　式中　　q——流量，m³/min；

μ——黏度，mPa·s。

（6）在无特殊原因时，缝内流体压力在趋向缝端时逐步下降，当 $x=L$ 时，$p=\sigma_h$。

初始理论忽略了裂缝宽度增长对流量的影响，即在没有液体滤失时假设 $\dfrac{\partial q}{\partial x}=0$。后来 Nordgren 修正了裂缝宽度增长对流量的影响，修改后的连续性方程为：

$$\frac{\partial q}{\partial x}=-\frac{\pi H}{4}\frac{\partial W}{\partial t} \tag{3-5}$$

初始条件：
$$W(x,0)=0$$

边界条件：
$$W(x,t)=0,\quad x\geqslant L(t)$$
$$q(0,t)=Q(t)\quad（全缝长）$$
$$q(0,t)=\frac{1}{2}Q(t)\quad（半缝长）$$

式中 Q——注入排量，m^3/min。

缝宽沿 x 方向的变化为：

$$\frac{W(x,t)}{W(0,t)}=\left(1-\frac{x}{L}\right)^{\frac{1}{4}} \tag{3-6}$$

裂缝的体积 V 为：

$$V=\frac{\pi}{4}HW(0,t)\int_0^L\left(1-\frac{x}{L}\right)^{\frac{1}{4}}\mathrm{d}x=Qt=\frac{\pi}{5}LHW(0,t) \tag{3-7}$$

缝长 L 为：

$$L=b\,\frac{GQ^3}{(1-\nu)\mu H^4}t^{\frac{4}{5}} \tag{3-8}$$

式中，当 $q=Q$ 时，$b=0.6$；当 $q=\dfrac{1}{2}Q$ 时，$b=0.395$。

井底的缝宽 $W(0,t)$ 为：

$$W(0,t)=C\left[\frac{(1-\nu)Q^2\mu}{GH}\right]^{\frac{1}{5}}t^{\frac{4}{5}} \tag{3-9}$$

式中，当 $q=Q$ 时，$C=2.64$；当 $q=\dfrac{1}{2}Q$ 时，$C=2.0$。

当流过裂缝的液体为非牛顿幂律液体时，液体的表观黏度 μ_a 为：

$$\mu_a=K_a\left(\frac{6q}{HW^3}\right)^{n-1} \tag{3-10}$$

$$K_a=K\left(\frac{2n+1}{3n}\right)^n \tag{3-11}$$

式中 n——流变指数；

K——稠度系数，$Pa\cdot s^n$。

缝宽与全缝长的关系为：

$$W(0,t)=\left[\frac{64}{3\pi}(n+1)\right]^{\frac{1}{2(n+1)}}\left(\frac{6q}{H}\right)^{\frac{n}{2(n+1)}}\left[\frac{K_a(1-\nu)HL}{G}\right]^{\frac{1}{2(n+1)}} \tag{3-12}$$

3.1.2 KGD 模型

KGD 模型为垂直矩形裂缝扩展模型(图 3-2),它与 PKN 模型有些相似。

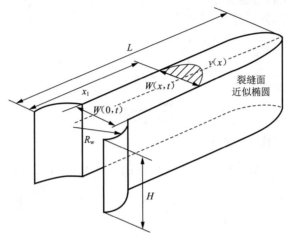

图 3-2 KGD 裂缝形状示意图[9]

该模型有如下假设:

(1)缝高 H 依然是固定的。

(2)仅在水平面考虑岩石刚度,因此裂缝宽度与缝高无关。除了井眼边界条件外,规定一个不变的总注入量 q。当然,单位缝高的流量 q/H 影响裂缝宽度,但在垂直方向上宽度不变。由于该理论建立在平面应变条件的基础上,因此可得到在各个水平面中力学上令人满意的模型。在实际应用于整个生产层时,此模型得到相对较宽的裂缝,在许多现场例子中,这似乎比 PKN 模型预测的较窄的裂缝更接近实际情况,对此还不能充分解释。

(3)通过计算垂直方向上各个宽度不同的细窄矩形裂缝内的流动阻力来确定扩展方向的液体压力梯度:

$$p_w - p(x) = \frac{12\mu Q}{H} \int_0^x \frac{\mathrm{d}x}{W^3} \tag{3-13}$$

式中 p_w——井底压力,MPa;

$p(x)$——半缝长为 x 处的压力,MPa。

根据应用力学条件给出平衡条件 $\int_0^L \frac{p(x)\mathrm{d}x}{\sqrt{L^2 - x^2}} = \frac{\pi}{2}\sigma_h$,式(3-13)中的全排量 Q 注入一条缝中。满足平衡条件的压力分布是不连续的,即

$$\left.\begin{aligned} p &= \bar{p} \qquad \left(0 \leqslant \frac{x}{L} \leqslant \frac{L_0}{L}\right) \\ p &= 0 \qquad \left(\frac{L_0}{L} < \frac{x}{L} \leqslant 1\right) \end{aligned}\right\}$$

式中 $\bar{p}$——缝内平均压力,MPa;

L_0——未承压段的缝长,m。

根据平衡条件得到：

$$\frac{L_0}{L}=\sin\frac{\pi}{2}\frac{\sigma_\mathrm{h}}{\bar{p}}=f_{L_0} \tag{3-14}$$

式中 f_{L_0}——井口位置的缝长分数。

这种压力分段连续分布裂缝的缝口宽度 $W(0,t)$ 为：

$$W(0,t)=\frac{2(1-\nu)}{G}L(\bar{p}-\sigma_\mathrm{h})=\frac{2(1-\nu)L\Delta p}{G} \tag{3-15}$$

计算得到缝宽后，可近似计算缝中压力分布：

$$p=\frac{21\mu QL}{W^3(x,t)H}(1-f_{L0})^{-\frac{1}{2}} \tag{3-16}$$

进一步得出单翼裂缝的体积 V：

$$V=h_\mathrm{f}LW(0,t)\int_0^1(1-\lambda^2)^{\frac{1}{2}}\mathrm{d}\lambda=\frac{\pi}{4}h_\mathrm{f}LW(0,t)=\frac{Qt}{2} \tag{3-17}$$

式中 λ——形状系数；

h_f——半缝高，m。

最后得出缝长 L：

$$L=\frac{Q}{32\pi HC^2}\left[\pi W(0,t)+8S_\mathrm{p}\right]\left[\frac{2x}{\sqrt{\pi}}-1+\mathrm{e}^{x^2}\mathrm{erfc}(x)\right] \tag{3-18}$$

式中 S_p——初滤失系数；

$\mathrm{erfc}(x)$——余误差函数。

3.2 拟三维模型

上述二维设计计算因方法简便而在压裂设计中被广泛使用。但在有些情况下，如压裂目的层上下没有良好的遮挡层，压裂过程中裂缝不仅在缝长与缝宽方向上延伸和扩展，并且在缝高方向上也存在延伸，二维计算中缝高不变的假设就不能成立，需要研究一种在裂缝长、宽、高方向都有延伸和扩展裂缝模型，这种模型统称为三维(3D)模型。为进一步模拟裂缝在地层中的发展情况，特别是在目的层上下存在不利于生产的气水层时，三维设计计算具有重要的指导施工的作用。

为避免三维计算的工作量过大以及近似模拟三维裂缝，以便于在允许的条件下简化三维裂缝的计算，不同学者研制出各自的拟三维(P3D)裂缝数学模型。不同P3D模型虽各有千秋，但有共同的特点：① 缝长的延伸大于缝高；② 把缝中流体的三维流动简化成二维或一维流动。这里介绍的是后一种情况，称为 Palmer 拟三维裂缝模型[10]，可在此基础上发展成为拟三维压裂设计的计算方法。

3.2.1 裂缝几何尺寸的计算公式

Palmer 假设地层是均质的，油层与顶底层具有相同的弹性模量 E 及泊松比 ν；裂缝的垂直剖面始终是椭圆形的；油层与顶底层间的应力差相等；缝内的流动是层流。此外，限定此计算方法适用于缝长与缝高比大于 5 的情况。在此情况下缝高的延伸较慢，因此缝中液体近似于一维流动。拟三维裂缝的几何形状如图 3-3 所示。拟三维裂缝的扩展与延伸由以下方程式控制。

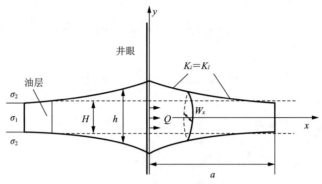

图 3-3　拟三维裂缝几何形态图

1）缝宽的计算

拟三维裂缝的缝宽相当于沿缝长各点的垂向上按二维计算方法得到的缝宽。因此,缝宽 $W(x)$ 必然是净压力 $p(x)$ 和缝高 $H(x)$ 的函数,将式(3-1)中的 L 以缝高 $H(x)$ 的一半替换,得到:

$$W(x)=\frac{4(1-\nu^2)}{\pi E}H(x)\int_{f_l}^1\frac{f_2\mathrm{d}f_2}{\sqrt{f_2^2-f_1^2}}\int_0^{f_2}\frac{p(f_1)\mathrm{d}f_1}{\sqrt{f_2^2-f_1^2}} \tag{3-19}$$

式中,f_1,f_2 及 $f_l=y/l$ 都是垂直半缝高 l 的分数。

缝内的压力分布为:

$$\left.\begin{array}{l}p(y)=p_f-\sigma_1\quad\left(|y|\leqslant\dfrac{H_p}{2}\right)\\[3mm]p(y)=p_f-\sigma_2\quad\left(|y|>\dfrac{H_p}{2}\right)\end{array}\right\}$$

式中　H_p——油层厚度,m;

　　　p_f——缝内压力,MPa。

取 $f_{y1}=\dfrac{H_p}{H(x)}$,当 $f_l=0$ 时:

（1）在油层厚度 H_p 内（$f_2<f_{y1}$）,有:

$$\int_0^{f_2}\frac{p(f_1)\mathrm{d}f_1}{\sqrt{f_2^2-f_1^2}}=\frac{\pi}{2}(p_f-\sigma_1) \tag{3-20}$$

（2）在盖层厚度 $H(x)-H_p$ 内（$f_2>f_{y1}$）,此时积分域 $0\sim f_2$ 可分解为 $0\sim f_{y1}$ 和 $f_{y1}\sim f_2$,由于:

$$\int_0^{f_{y1}}\frac{(p_f-\sigma_1)\mathrm{d}f_1}{\sqrt{f_2^2-f_1^2}}=(p_f-\sigma_1)\arcsin\frac{f_1}{f_2}\bigg|_0^{f_{y1}}=(p_f-\sigma_1)\arcsin\frac{f_{y1}}{f_2} \tag{3-21}$$

$$\int_{f_{y1}}^{f_2}\frac{(p_f-\sigma_2)\mathrm{d}f_1}{\sqrt{f_2^2-f_1^2}}=(p_f-\sigma_2)\arcsin\frac{f_1}{f_2}\bigg|_{f_{y1}}^{f_2}=\frac{\pi}{2}(p_f-\sigma_1)-(p_f-\sigma_2)\arcsin\frac{f_{y1}}{f_2}$$

$$\tag{3-22}$$

故：

$$\int_0^{f_2} \frac{p(f_1)\mathrm{d}f_1}{\sqrt{f_2^2-f_1^2}} = \frac{\pi}{2}(p_f-\sigma_2)+(\sigma_2-\sigma_1)\arcsin\frac{f_{y1}}{f_2}$$

$$= \frac{\pi}{2}(p_f-\sigma_1)-(\sigma_2-\sigma_1)\arccos\frac{f_{y1}}{f_2} \tag{3-23}$$

得到：

$$\frac{\pi EW(f_l)}{4(1-\nu^2)H(x)} = \left[\int_{f_l}^{f_{y1}}\frac{f_2\mathrm{d}f_2}{\sqrt{f_2^2-f_1^2}}+\int_{f_{y1}}^1\frac{f_2\mathrm{d}f_2}{\sqrt{f_2^2-f_1^2}}\right]\int_0^{f_2}\frac{p(f_1)\mathrm{d}f_1}{\sqrt{f_2^2-f_1^2}} \tag{3-24}$$

已知最大缝宽 W_0 发生在 $f_l=0$ 处,故：

$$\frac{\pi EW_0}{4(1-\nu^2)H(x)} = \int_0^{f_{y1}}\frac{\pi}{2}(p_f-\sigma_1)\mathrm{d}f_2 +$$

$$\int_{f_{y1}}^1\frac{\pi}{2}(p_f-\sigma_1)\left(1-\frac{2}{\pi}\frac{\sigma_2-\sigma_1}{p_f-\sigma_1}\arccos\frac{f_{y1}}{f_2}\right)\mathrm{d}f_2 \tag{3-25}$$

考虑到：

$$\int_{f_{y1}}^1\arccos\frac{f_{y1}}{f_2}\mathrm{d}f_2 = \arccos f_{y1}-f_{y1}\ln\frac{H(x)\sqrt{1-f_{y1}^2}}{f_{y1}} \tag{3-26}$$

整理得到：

$$W_0 = \frac{2(1-\nu^2)H(x)(p_f-\sigma_1)}{E}\left\{1-\frac{2}{\pi}\frac{\sigma_2-\sigma_1}{p_f-\sigma_1}\left[\arccos f_{y1}-f_{y1}\ln\frac{H(x)\sqrt{1-f_{y1}^2}}{f_{y1}}\right]\right\} \tag{3-27}$$

因此：

$$W_0(x)=F_1[p(x),H(x)]$$

2）缝内压力分布 $p(x)$ 的求法

设缝宽 $W=2z$,缝中的流速为 U,若缝中的流量为 $q(x)$,排量为 Q,则：

$$Q = 2q(x) = 2\int_{-\frac{W}{2}}^{+\frac{W}{2}}\int_{-\frac{H(x)}{2}}^{+\frac{H(x)}{2}}U\mathrm{d}z\mathrm{d}y$$

$$= \left(\frac{1}{2}\right)^{\frac{1}{n}}\left(-\frac{1}{K}\frac{\mathrm{d}p}{\mathrm{d}x}\right)^{\frac{1}{n}}H(x)\frac{n}{2n+1}\int_{-\frac{1}{2}}^{+\frac{1}{2}}\left(\frac{W}{W_0}\right)^{\frac{2n+1}{n}}W_0^{\frac{2n+1}{n}}\mathrm{d}\left[\frac{y}{H(x)}\right] \tag{3-28}$$

其中：

$$W=W_0\left\{1-\left[\frac{2y}{H(x)}\right]^2\right\}^{\frac{1}{2}}$$

令：

$$M=2\left[\frac{m}{\Phi(n)}\right]^n, \quad m=\frac{2n+1}{n},$$

$$\Phi(n)=\int_{-\frac{1}{2}}^{+\frac{1}{2}}\left(\frac{W}{W_0}\right)^m\mathrm{d}\left[\frac{y}{H(x)}\right]$$

整理式(3-28)得到：

$$\frac{\mathrm{d}p}{\mathrm{d}x} = -\frac{MKQ^n}{H^n(x)W_0^{2n+1}} \tag{3-29}$$

若为牛顿流体（$n=1$），则：

$$\frac{\mathrm{d}p}{\mathrm{d}x}=-\frac{12q(x)\mu}{H(x)\Phi(1)W_0^3} \tag{3-30}$$

此时 $\Phi(1)$ 为：

$$\Phi(1)=\int_{-\frac{1}{2}}^{+\frac{1}{2}}\left(\frac{W}{W_0}\right)^3\mathrm{d}\left[\frac{y}{H(x)}\right]=\frac{1}{2}\int_{-\frac{1}{2}}^{+\frac{1}{2}}\left\{1-\left[\frac{2y}{H(x)}\right]^2\right\}^{\frac{3}{2}}\mathrm{d}\left[\frac{2y}{H(x)}\right]\approx\frac{3\pi}{16} \tag{3-31}$$

将式（3-31）代入式（3-30）得：

$$\frac{\mathrm{d}p}{\mathrm{d}x}=-\frac{64}{\pi}\frac{q(x)\mu}{H(x)W_0^3} \tag{3-32}$$

得到幂律流体的表观黏度 μ_{a}：

$$\mu_{\mathrm{a}}=\frac{\pi}{64}MK2^n\frac{q^{n-1}(x)}{H(x)W_0^{n-1}} \tag{3-33}$$

所以：

$$\frac{\mathrm{d}p(x)}{\mathrm{d}x}=F_2\left[W_0(x),H(x),q(x)\right] \tag{3-34}$$

3）裂缝延伸的准则

根据断裂力学的分析，当裂缝顶端的应力强度因子 K_{I} 值达到某临界值 K_{Ic} 时，裂缝将向前延伸。Rice 的应力强度因子的计算公式为：

$$K_{\mathrm{I}}=\frac{1}{\sqrt{\pi H(x)/2}}\int_{-\frac{H(x)}{2}}^{+\frac{H(x)}{2}}p(y)\left[\frac{H(x)/2+y}{H(x)/2-y}\right]^{\frac{1}{2}}\mathrm{d}y \tag{3-35}$$

因为 $p(y)$ 关于 $y=0$ 对称，所以：

$$K_{\mathrm{I}}=\sqrt{\frac{2H(x)}{\pi}}\int_0^{\frac{H(x)}{2}}\frac{p(y)}{\sqrt{H^2(x)/4-y^2}}\mathrm{d}y$$

得到：

$$K_{\mathrm{I}}=(p_{\mathrm{f}}-\sigma_1)\sqrt{\pi H(x)/2}\left[1-\frac{2}{\pi}\frac{\sigma_2-\sigma_1}{p_{\mathrm{f}}-\sigma_1}\arccos\frac{H_{\mathrm{p}}}{H(x)}\right]$$

从而：

$$p_{\mathrm{f}}-\sigma_1=\sqrt{\frac{2}{\pi H(x)}}K_{\mathrm{I}}+\frac{2}{\pi}(\sigma_2-\sigma_1)\arccos\frac{H_{\mathrm{p}}}{H(x)} \tag{3-36}$$

即

$$p(x)=F_3\left[H(x)\right]=p_{\mathrm{f}}-\sigma_1$$

式（3-36）对 x 求导，得到沿缝长 x 的缝高 $H(x)$ 剖面（$K_{\mathrm{I}}=K_{\mathrm{Ic}}$）：

$$\frac{\mathrm{d}p(x)}{\mathrm{d}x}=-\frac{\mathrm{d}H(x)}{\mathrm{d}x}\left[\frac{K_{\mathrm{Ic}}}{\sqrt{2\pi H^{\frac{3}{4}}(x)}}-\frac{2}{\pi}(\sigma_2-\sigma_1)\frac{H_{\mathrm{p}}/H(x)}{\sqrt{H^2(x)-H_{\mathrm{p}}^2}}\right]$$

$$\frac{\mathrm{d}H(x)}{\mathrm{d}x}=\frac{64}{\pi}\frac{q(x)\mu(x)}{e(x)W_0^3(x)} \tag{3-37}$$

其中：

$$e(x)=\frac{K_{\mathrm{Ic}}}{\sqrt{2\pi H}}-\frac{2}{\pi}(\sigma_2-\sigma_1)\frac{H_{\mathrm{p}}}{\sqrt{H^2(x)-H_{\mathrm{p}}^2}}$$

得到：

$$W_0(x) = \frac{2\sqrt{2}(1-\nu^2)}{\sqrt{\pi}E} K_{Ic} \sqrt{H(x)} +$$

$$\frac{4(1-\nu^2)}{\pi E}(\sigma_2 - \sigma_1) H_p [\ln H(x) + \sqrt{H^2(x) - H_p^2} - \ln H_p] \quad (3\text{-}38)$$

即

$$W_0(x) = F_1'[H(x)]$$

在拟三维几何形状的计算公式中，若 $\sigma_1 = \sigma_2$，则与缝高恒定的二维计算方法相同。

4）连续性方程

沿缝长 x 流量 $q(x,t)$ 的变化等于液体的滤失量 $\lambda(x,t)$ 及由于裂缝扩展而使体积增加的量 $\mathrm{d}A(x,t)/\mathrm{d}t$ 之和，即

$$-\frac{\mathrm{d}q(x,t)}{\mathrm{d}x} = \lambda(x,t) + \frac{\mathrm{d}A(x,t)}{\mathrm{d}t} \quad (3\text{-}39)$$

$$\lambda(x,t) = 2H(x) \frac{C_x}{\sqrt{t - t_p(x)}}$$

式中　C_x——滤失系数；

　　　$t_p(x)$——从点 x 开始滤失的时间。

设 t_1 时刻的半缝长为 L_1，若滤失只发生在油层厚度 H_p 内，则此时的滤失量 $V_{L_1}^*$ 可按下式求出：

$$V_{L_1}^* = 2H_p C_x \int_x \int_{t_p(x)}^{t_1} \frac{\mathrm{d}x\,\mathrm{d}t}{\sqrt{t - t_p(x)}} = 4H_p C_x \int_0^{L_1} \sqrt{t_1 - t_p(x)}\,\mathrm{d}x \quad (3\text{-}40)$$

式中，滤失系数 C_x 应为 (x,t) 的函数，暂时以常数对待。假设 $x(t) = a_2 t^{b_2}$（a_2，b_2 为常数），则上式可写为：

$$V_{L_1}^* = 4H_p C_x a_2 b_2 \int_0^{t_1} t_p^{b_2-1}(x) \sqrt{t_1 - t_p(x)}\,\mathrm{d}t_p(x)$$

令

$$t_p(x)/t_1 = Y$$

则有：

$$V_{L_1}^* = 4H_p C_x a_2 b_2 t_1^{b_2+1} \int_0^1 Y^{b_2-1} \sqrt{1-Y}\,\mathrm{d}Y = 4H_p C_x b_2 L_1 \sqrt{t_1} f_1$$

半缝长上的滤失量 V_{sp} 为：

$$V_{sp} = 2L_1 S_p H_p$$

式中　S_p——初滤失系数。

半缝长的总滤失量 V_{L_1} 为：

$$V_{L_1} = V_{L_1}^* + V_{sp} = 2L_1 S_p H_p + 4H_p C_x b_2 L_1 \sqrt{t_1} f_1 \quad (3\text{-}41)$$

在规定的 t_1 和 $t_1 + \mathrm{d}t$ 时刻，在 $0 \sim x'$ 段的连续性方程可写为：

$$q(0) - q(x') = \int_0^{x'} \frac{2HC_x}{\sqrt{t_1 - t_p(x)}}\mathrm{d}x + \frac{1}{\mathrm{d}t}[A_2(x) - A_1(x)]\mathrm{d}x \quad (3\text{-}42)$$

其中：　$\displaystyle\int_0^{x'} \frac{\mathrm{d}x}{\sqrt{t_1 - t_p(x)}} = a_2 b_2 t_1^{b_2-\frac{1}{2}} \int_0^{Y'} \frac{Y^{b_2-1}}{\sqrt{1-Y}}\mathrm{d}Y = L_1 b_2 t_1^{\frac{1}{2}} \int_0^{Y'} \frac{Y^{b_2-1}}{\sqrt{1-Y}}\mathrm{d}Y$

$$q(x') = q(0) - \frac{V'(x') - V(x')}{\mathrm{d}t} - \frac{2H_p C_x L_1 b}{t_1^{\frac{1}{2}}} g(Y') \quad (3\text{-}43)$$

$$Y'=t_p(x')/t_1$$

式中　$V'(x')$, $V(x')$——$0\sim x'$ 段上 t_1+dt 及 t_1 时刻的体积。

考虑到滤失体积 V_{sp}, 则有:

$$\frac{dV_{sp}}{dt}=2S_pH_p\frac{dx}{dt}$$

由于 $x'=a_2t_1^{b_2}$, 故 $\dfrac{dV_{sp}}{dt}=2S_pH_p\dfrac{b_2x'}{t_1}$, 将其代入式(3-42)得:

$$q(x')=q(0)-\frac{V'(x')-V(x')}{dt}-\frac{2H_pL_1b_2}{\sqrt{t_1}}g(Y')-2S_pH_p\frac{b_2x'}{t_1} \tag{3-44}$$

3.2.2　裂缝几何尺寸的计算方法

如果已经假定沿缝长各处的流量 $q(x)$ 及 3 个未知数 $H(x)$, $p(x)$, $W_0(x)$ 缝长端部的边界条件,则可以规定 $H(x)$ 稍大于 H_p。这种假定可能引起按照二维裂缝 $K_1=K_{1c}$ 计算的压力 p 条件的改变,但从含有 $H(x)$ 及 $p(x)$ 偏微分方程的特点来看,在一定范围内,端部压力 p 的变化对井底压力 p_w 及最大缝口宽度 W_0 的计算值影响不大,即井底压力及端部压力与缝宽的取值关系不大(包括流体压力等于零的情况),因此取 $H(L)\cong H_p$ 是可以的。需设定 $q(x)$ 的分布函数,并且此函数要满足连续性方程。

1) 拟三维裂缝几何尺寸计算

拟三维裂缝几何尺寸可按下列步骤进行迭代求解[11]:

(1) 首先假定一个缝内 $q(x)$ 的分布函数 ($Q=2q_0$),可以取

$$q(x)=q_0(1-x/L) \tag{3-45}$$

为计算缝内流量分布的初值。

(2) 缝长的延伸。缝长的延伸与时间的函数关系一般近似于 $x_i(t)=a_it^{b_i}$, 随着时间的延长,缝长的延伸基本上先快后慢,因此在不同的时间阶段 a_i 和 b_i 的值不同。可以按时间段给出 a_i 和 b_i 值,也可根据具体井的数据给出不同时间并计算得到不同缝长,从而算出相应的 a_i 和 b_i 值,对此采取回归处理,可以得到整个施工过程中都比较合适的缝长与时间的关系式:

$$x(t)=a_2t^{b_2} \tag{3-46}$$

这样给出一个时间 t, 即有一缝长与之相对应。

(3) 计算裂缝体积变化率 $\dfrac{dV_i}{dt}$ 及 $\dfrac{dL}{dt}$。

① 先设一个缝长 L_1, 并分成 n 个单元长度。根据式(3-45)给出缝内流量 $q(x)$ 的初值。然后用龙格-库塔方法求解得到各点的缝高 $H(x)$, 进而得到相应点的最大缝宽 $W_0(x)$ 及缝内压力 $p(x)$, 最后算出各单元的体积。对于 x_i-x_{i-1} 单元,其体积为:

$$V_i=\frac{\pi}{4}(x_{i+1}-x_i)\overline{W}_{0i}\overline{H}_i$$

式中　$\overline{W}_{0i}$, $\overline{H}_i$——该单元的平均最大缝宽和缝高。

计算出压裂缝长 L_1 所需的时间 t_1, 缝长 L_1 的总滤失量 V_{L_1} 为:

$$V_{L_1}=2S_pH_pL_1+4H_pC_xb_2L_1\sqrt{t_1}f_1$$

$$f_1 = \int_0^1 Y^{b2-1} \sqrt{1-Y} \, \mathrm{d}Y$$

第 i 段的总滤失量 V_{i1} 为：

$$V_{i1} = V_{1,i+1} - V_{1,i}$$

式中　$V_{1,i+1}$——缝长 x_{i+1} 的总滤失量；

　　　$V_{1,i}$——缝长 x_i 的总滤失量。

这样就可以求出各段的总滤失量，则总注入体积 V 为：

$$V = \sum_{i=1}^{n-1} (V_i + V_{i1})$$

总施工时间 t_T 为：

$$t_T = V/q_0$$

② 再设一个缝长 $L + \mathrm{d}L (\mathrm{d}L = L/n)$，分成 $n+1$ 个单元，重复上述各步骤，同样得出总注入体积 V'：

$$V' = \sum_{i=1}^{n} (V_i' + V_{i1}')$$

总注入时间 t_T' 为：

$$t_T' = V'/q_0$$

③ 根据 ① 与 ② 可算出缝长随时间的变化率。

裂缝从 L 延伸到 $L+\mathrm{d}L$ 所需要的时间 $\mathrm{d}t$ 为：

$$\mathrm{d}t = t_T' - t_T$$

在 $\mathrm{d}t$ 时间内，各单元体积变化量 $\mathrm{d}V_i$ 为：

$$\mathrm{d}V_i = V_i' - V_i$$

在 $\mathrm{d}t$ 时间内，各单元面积变化量 $\mathrm{d}A_i$ 为：

$$\mathrm{d}A_i = \mathrm{d}V_i / \Delta x_i, \quad \Delta x_i = x_{i+1} - x_i$$

在此基础上，还可求出 $\mathrm{d}L/\mathrm{d}t$。

④ 利用从 ③ 得到的 $\mathrm{d}L/\mathrm{d}t$，求出缝长随时间的变化值，重复 ②③ 可以得到许多缝长随时间的变化值。用回归方法可以得到 $x' = a_2' t^{b_2}$ 的关系式。与式(3-46)相比较，若二者不一致，则重新设一个 $x = a_2 t^{b_2}$ 关系式，重复 ①②③ 的计算，直到两个关系式吻合为止。

⑤ 求缝内流量 $q(x)$。利用式(3-44)得到各处的缝内流量 $q'(x)$，将此值与先前设定的 $q(x) = q(1-x/L)$ 进行拟合，如二者不一致，应重设一个 $q(x)$ 值，并重复上述各计算步骤，直到吻合为止。

至此得到一个缝长为 L 的裂缝几何尺寸的初值。

2）拟三维压裂设计方法简介

用上述方法计算出来的拟三维裂缝长、宽、高的尺寸只能算作是拟三维压裂设计的初值，这是因为很多影响裂缝几何尺寸及压裂设计的其他因素尚未考虑进去，且该方法也不完善。其中，最重要的是温度沿缝长的分布，此温度分布并非一次计算可以完成，而需多次迭代才能确定下来。温度的改变会引起压裂液流变性的变化，而流变性的变化又会引起一系列其他参数的变化，此时滤失系数不再是原来的设定值，而成为时空的函数；携砂液的悬浮性也随着温度而改变，影响砂子的沉降速度及沉砂高度；缝内砂浓度的变化会改变裂缝导流能力的大小，进而改变增产倍比。由于滤失系数的改变,缝内携砂液体密度、缝内流量的变化反过来又影响温度的变化,随之裂缝的几何尺寸也有变动。由于这些参数的复杂关系,只有将所有参变量进行综合多次迭代处理,才能得到最后的多参数相互拟合、协同的裂缝几何尺寸、温度分布、地面注入砂比及缝内砂比、导流能力及增产倍比的拟三维压裂设计方案。

这部分计算虽然是针对拟三维的,但将时间及步长分为若干步长后,每一单元都有各自的长、宽、高,因而可以参照前述二维竖直缝的计算方法进行计算。

3.3　全三维模型

全三维裂缝扩展模型根据弹性力学理论中的三维方法计算裂缝几何尺寸,认为缝内压裂液在平行于裂缝壁面的方向做二维矢量流动,同时考虑压裂液向地层的滤失,从而取消了拟三维裂缝扩展模型中裂缝长度远大于裂缝高度及压裂液在裂缝内部沿缝长方向做一维流动等假设,因此适用于各种地层条件,可更为真实地模拟水力压裂物理过程。

3.3.1　全三维裂缝扩展模型的基本方程

全三维裂缝扩展模型的基本方程包括:联系作用在裂缝壁面上压裂液的液体压力和裂缝宽度的弹性变形方程,联系裂缝内部压裂液流动和压裂液压力梯度的液体流动方程,联系裂缝前缘应力强度和岩石张性破裂所需要的临界强度的破裂准则[11]。

1)弹性变形方程

弹性变形方程的假定条件为:

(1)地层是均质各向同性线弹性体;

(2)裂缝是垂直于地层最小主应力的平面裂缝;

(3)裂缝在足够深的地层内产生,因而可以忽略地表平面这一自由表面的影响。

由于作用在裂缝壁面上的法向压应力从初始值 $\sigma_{zz}(x,y,o)$ 提高为压裂液压力 $p(x,y,t)$,引起地层内部应力场和位移场的变化,特别是裂缝壁面上位移场(即裂缝宽度)的变化,应用表面积分方法可以将无限大介质中全三维弹性力学问题简化为有限区域的二维问题。用表面积分形式表征裂缝宽度 $W(x,y)$ 与裂缝壁面上法向应力之间变化关系的方程为:

$$\Delta p(x,y) \equiv p(x,y) - \sigma_{zz}(x,y) = E_e \int_A \left[\frac{\partial W(x,y)}{\partial x'} \frac{\partial}{\partial x}\left(\frac{1}{R}\right) + \frac{\partial W(x,y)}{\partial y'} \frac{\partial}{\partial y}\left(\frac{1}{R}\right) \right] dA$$

(3-47)

$$E_e = \frac{G}{4\pi(1-\nu)}$$

(3-48)

$$R = \left[(x-x')^2 + (y-y')^2 \right]^{\frac{1}{2}}$$

(3-49)

式中　$\Delta p(x,y)$——作用在裂缝壁面上的流体净压力,MPa;

　　　$p(x,y)$——裂缝内部压裂液的压力,MPa;

　　　$\sigma_{zz}(x,y)$——垂直于裂缝壁面的最小地应力,MPa;

　　　E_e——岩石的等效弹性模量,MPa;

G——岩层剪切模量,MPa;

ν——岩石泊松比;

W——裂缝宽度;

R——被积函数积分点(x',y')与压力作用点(x,y)之间的距离。

式(3-47)的积分是根据计算由$z=0$平面上,在z方向具有Burgers位错线段所引起,垂直于z平面的应力值的弹性力学基本解而得出的。定义位错线段所在点(x',y')为源点,定义计算应力所在点(x,y)为场点。

式(3-47)是奇异积分方程,当源点和场点重合时,被积函数为无穷大,因此它仅在柯西主值的意义上收敛。这类方程的直接数值求解是烦琐、困难的。

对此类方程可采用奇异性降阶的处理方法。该方法的思路是:在式(3-47)中引入试函数,通过数学处理,将被积函数中对$1/R$项的微分转换为对试函数的微分,从而达到对方程的奇异性降阶的目的。具体步骤如下:

对式(3-47)等号两边同时乘以试函数$V(x,y)$,在缝面域A内求积分得到:

$$E_e\left[\iint_A\frac{\partial W(x,y)}{\partial x'}\int_A V(x,y)\frac{\partial}{\partial x}\left(\frac{1}{R}\right)\mathrm{d}x\,\mathrm{d}y\,\mathrm{d}x'\,\mathrm{d}y'+\int_A\frac{\partial W(x,y)}{\partial y'}\int_A V(x,y)\frac{\partial}{\partial y}\left(\frac{1}{R}\right)\mathrm{d}x\,\mathrm{d}y\,\mathrm{d}x'\,\mathrm{d}y'\right]$$
$$=\int_A\Delta p V(x,y)\mathrm{d}x\,\mathrm{d}y \tag{3-50}$$

要求$V(x,y)$在Ω域内是连续的,且满足边界条件:

$$V(x,y)\big|_{(x,y)\in\partial A_f}=0 \tag{3-51}$$

首先考虑式(3-50)中左边第一项的内积分:

$$I=\int_A V(x,y)\frac{\partial}{\partial x}\left(\frac{1}{R}\right)\mathrm{d}x\,\mathrm{d}y \tag{3-52}$$

如图3-4所示,将缝面域分成两部分:

(1) 圆心在(x',y')、半径为δ的小圆域B_δ;

(2) 缝面除B_δ之外的域$A-B_\delta$。

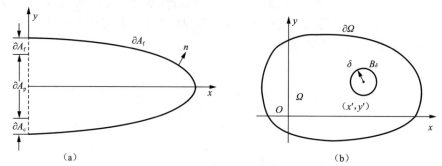

图3-4　裂缝壁面的划分

这样式(3-52)可分解为:

$$I=I_1+I_2=\int_{\Omega-B_\delta}V(x,y)\frac{\partial}{\partial x}\left(\frac{1}{R}\right)\mathrm{d}x\,\mathrm{d}y+\int_{B_\delta}V(x,y)\frac{\partial}{\partial y}\left(\frac{1}{R}\right)\mathrm{d}x\,\mathrm{d}y \tag{3-53}$$

对I_1进行分步积分,得到:

$$I_1 = -\int_{\Omega-B_\delta} \frac{1}{R} \frac{\partial V(x,y)}{\partial x} dx dy + \int_{\partial\Omega} \frac{V(x,y)}{R} n_x ds + \int_{\partial B_\delta} \frac{V(x,y)}{R} n_x ds \qquad (3-54)$$

因为 $V(x,y)$ 在裂缝端部为零,所以上式中的第 2 项自然消失,第 3 项可改写为:

$$\int_{\partial B_\delta} \frac{V(x,y)}{R} n_x ds = \int_{\partial B_\delta} \frac{1}{R} V(x',y') n_x ds + \int_{\partial B_\delta} \frac{1}{R} [V(x,y) - V(x',y')] n_x ds \qquad (3-55)$$

式中,$V(x',y')$ 是 $V(x,y)$ 在 B_δ 域圆心 (x',y') 的值。因为 $V(x,y)$ 是连续的,所以当 $|(x,y)-(x',y')|<\delta$ 时,有 $|V(x,y)-V(x',y')|<\varepsilon$($\varepsilon$ 为一小值)。

若取 B_δ 域的半径 $\delta<\delta_1$,则可导出:

$$\left| \int_{\partial B_\delta} \frac{V(x,y)}{R} n_x ds \right| \leqslant \left| V(x',y') \int_{\partial B_\delta} \frac{1}{R} \cos\theta R d\theta \right| + \left| \int_{\partial B_\delta} \frac{1}{R} \varepsilon \cos\theta R d\theta \right|$$

$$= \left| V(x',y') \int_0^{2\pi} \cos\theta d\theta \right| + \left| \varepsilon \int_0^{2\pi} \cos\theta d\theta \right| = 0 \qquad (3-56)$$

因此得到:

$$I_1 = -\int_{\Omega-B_\delta} \frac{1}{R} \frac{\partial V(x,y)}{\partial x} dx dy \qquad (3-57)$$

I_2 可以写为:

$$I_2 = \int_{B_\delta} V(x',y') \frac{\partial}{\partial x}\left(\frac{1}{R}\right) dx dy + \int_{B_\delta} [V(x,y) - V(x',y')] \frac{\partial}{\partial x}\left(\frac{1}{R}\right) dx dy \qquad (3-58)$$

根据 $V(x,y)$ 的连续性可以得到:

$$|I_2| \leqslant \left| V(x',y') \int_{B_\delta} \frac{x-x'}{R^2} dR d\theta \right| + \left| \int_{B_\delta} \varepsilon \frac{x-x'}{R^2} dR d\theta \right|$$

$$= \left| V(x',y') \int_{B_\delta} \frac{\cos\theta}{R} dR d\theta \right| + \left| \varepsilon \int_{B_\delta} \frac{\cos\theta}{R} dR d\theta \right| \qquad (3-59)$$

式中的积分可以表示为:

$$\int_{B_\delta} \frac{\cos\theta}{R} dR d\theta = \int_0^\pi \lim_{\tau\to 0} \left[\int_\tau^\delta \frac{\cos\theta}{R} dR + \int_\tau^\delta \frac{\cos(\theta+\pi)}{R} dR \right] d\theta \qquad (3-60)$$

因为 $\cos(\theta+\pi)=-\cos\theta$,所以在柯西主值意义上,上式的极值为零,这就可以导出:

$$I_2 \equiv 0 \qquad (3-61)$$

令圆域 B_δ 的半径 δ 趋于零,则方程(3-52)为:

$$\int_\Omega V(x,y) \frac{\partial}{\partial x}\left(\frac{1}{R}\right) dx dy = -\int_\Omega \frac{1}{R} \frac{\partial V(x,y)}{\partial x} dx dy \qquad (3-62)$$

应用类似的方法,可以证明:

$$\int_\Omega V(x,y) \frac{\partial}{\partial y}\left(\frac{1}{R}\right) dx dy = -\int_\Omega \frac{1}{R} \frac{\partial V(x,y)}{\partial y} dx dy \qquad (3-63)$$

从而得到:

$$\int_A \Delta p(x,y) V(x,y) dx dy = -E_e \iint_{AA} \frac{1}{R} \left[\frac{\partial V(x,y)}{\partial x} \frac{\partial W(x,y)}{\partial x'} + \frac{\partial V(x,y)}{\partial y} \frac{\partial W(x,y)}{\partial y'} \right] dx dy dx' dy'$$

$$(3-64)$$

这样就将对 $1/R$ 项的微分转化为对 $V(x,y)$ 的微分。

式(3-47)中右边的积分仅在柯西主值的意义上收敛,对这类积分要得到精确的数值解是非常困难的。另外,要保证式(3-47)中柯西积分收敛,对 $W(x,y)$ 的要求是 $\partial W(x,y)/\partial x$ 和 $\partial W(x,y)/\partial y$ 连续,这一条件增加了数值离散化的复杂性。但是,经过上述处理后得到的方程右边的积分是具有可去奇异点的奇异积分,这样奇异性的阶就被降低了,同时也放宽了对 $W(x,y)$ 的要求。经过处理后方程右边积分存在的条件是 $W(x,y)$ 连续,因此在数值离散过程中可以采用较为简单的公式。

2) 二维液体流动方程

二维液体流动方程的基本假设条件是:

(1) 压裂液在裂缝内部的流动为不可压缩幂律流体在两个基本平行的缝壁间的层流;

(2) 根据综合滤失系数及滤失时间来确定压裂液通过缝壁的滤失速率;

(3) 忽略惯性效应;

(4) 与裂缝宽度上的压裂液速度梯度相比,x-y 平面内的液体速度梯度可以忽略不计。

除射孔段邻域外,上述假设条件是合理的。

二维液体流动基本方程在裂缝宽度上积分,给出裂缝内部压裂液的二维流动方程为:

$$\frac{\partial q_x}{\partial x}+\frac{\partial q_y}{\partial y}=-q_1-\frac{\partial W}{\partial t}+q_1 \tag{3-65}$$

$$\frac{\partial p}{\partial x}+\eta\left(\frac{|q|}{W^2}\right)^{n-1}\frac{q_x}{W^3}=0 \tag{3-66}$$

$$\frac{\partial p}{\partial y}+\eta\left(\frac{|q|}{W^2}\right)^{n-1}\frac{q_y}{W^3}=\rho F_y \tag{3-67}$$

其中:
$$|q|=(q_x^2+q_y^2)^{\frac{1}{2}} \tag{3-68}$$

式中 q_x,q_y——在 y 方向或 x 方向单位长度上沿 x 方向或 y 方向的体积流量;

$|q|$——总流量;

q_1——裂缝壁面单位面积上的体积滤失速率;

q_1——裂缝截面单位长度上压裂液的注入速率,除井底射孔段邻域外 q_1 均为 0;

W——裂缝宽度;

ρF_y——压裂液重力产生的单位体积力;

η——黏性系数,它与常用的幂律流体系数 K,n 的关系为:

$$\eta=K\left[\left(2+\frac{1}{n}\right)\times 2^{\frac{n+1}{n}}\right]^n \tag{3-69}$$

根据与时间有关的滤失表达式,可以得到 q_1:

$$q_1(x,y,t)=\frac{2C_e(x,y)}{\sqrt{t-\tau(x,y)}} \tag{3-70}$$

式中 C_e——综合滤失系数;

$\tau(x,y)$——裂缝壁面上某点 (x,y) 开始滤失的时刻。

为了便于计算,重新将公式化为单一的压力分布方程。经过简单的数学处理后,得到等效方程:

$$\frac{\partial}{\partial x}\left\{\frac{n}{2n+1}K^{-\frac{1}{n}}\frac{W^{\frac{2n+1}{n}}}{2^{\frac{n+1}{n}}}\left[\left(\frac{\partial p}{\partial x}\right)^2+\left(\frac{\partial p}{\partial y}-\rho F_y\right)^2\right]^{-\frac{n-1}{2n}}\frac{\partial p}{\partial x}\right\}+$$

$$\frac{\partial}{\partial y}\left\{\frac{n}{2n+1}K^{-\frac{1}{n}}\frac{W^{\frac{2n+1}{n}}}{2^{\frac{n+1}{n}}}\left[\left(\frac{\partial p}{\partial x}\right)^2+\left(\frac{\partial p}{\partial y}-\rho F_y\right)^2\right]^{-\frac{n-1}{2n}}\left(\frac{\partial p}{\partial y}-\rho F_y\right)\right\}=\frac{\partial W}{\partial t}+q_1-q_1$$

$$(3\text{-}71)$$

裂缝域的边界 ∂A 由 3 部分组成：井底处与射孔段重合的边界 ∂A_p；井底处与射孔段不重合的边界 ∂A_c；裂缝前缘边界 ∂A_f。根据上述定义，可以给出边界条件：

$$-\frac{n}{2n+1}K^{-\frac{1}{n}}\left[\left(\frac{\partial p}{\partial x}\right)^2+\left(\frac{\partial p}{\partial y}-\rho F_y\right)^2\right]^{-\frac{n-1}{2n}}\frac{\partial p}{\partial x}\bigg|_{\partial A_p}=q_1 \qquad (3\text{-}72)$$

$$-\frac{n}{2n+1}K^{-\frac{1}{n}}\left[\left(\frac{\partial p}{\partial x}\right)^2+\left(\frac{\partial p}{\partial y}-\rho F_y\right)^2\right]^{-\frac{n-1}{2n}}\frac{\partial p}{\partial x}\bigg|_{\partial A_c}=0 \qquad (3\text{-}73)$$

$$-\frac{n}{2n+1}K^{-\frac{1}{n}}\left[\left(\frac{\partial p}{\partial x}\right)^2+\left(\frac{\partial p}{\partial y}-\rho F_y\right)^2\right]^{-\frac{n-1}{2n}}\frac{\partial p}{\partial n}\bigg|_{\partial A_f}=0 \qquad (3\text{-}74)$$

由于式（3-71）的边界条件为自然边界条件，要使该式有解，则应满足以下相容条件：

$$-\int_A q_1\mathrm{d}x\mathrm{d}y-\int_A\frac{\partial W}{\partial t}\mathrm{d}x\mathrm{d}y+\int_{\partial A_p}q_1\mathrm{d}s=0 \qquad (3\text{-}75)$$

3）裂缝扩展判据

以线弹性断裂力学的断裂准则作为裂缝扩展的判据，即扩展点处的应力强度因子 K_I 保持为近似等于临界应力强度因子 K_{Ic}。裂缝边界上任一点的应力强度因子为：

$$K_I=\frac{G}{2(1-\nu)}\left[\frac{2\pi}{a(s)}\right]^{\frac{1}{2}}W_a(x,y) \qquad (3\text{-}76)$$

式中　a——距裂缝前缘的微小距离，m；

　　　$W_a(x,y)$——距裂缝前缘距离为 a 处的裂缝宽度，m。

临界应力强度因子 K_{Ic} 是裂缝扩展所需要的缝端处应力场的量度，该值可以由室内实验来测定。

理论上说，裂缝端部上任一点的扩展速度的取值要保证该点的应力强度因子等于临界应力强度因子。因为在计算新的应力强度因子之前，裂缝必须已经扩展了一段距离，所以扩展速度值只能迭代求解，而这样的迭代是相当费时间的。代替迭代求解的一个方法是：根据应力强度因子的大小来估算裂缝的扩展速度，从而使应力强度因子近似等于临界值 K_{Ic}。

3.3.2　基本方程的数值解法

前面已经给出了裂缝宽度方程和二维液体流动方程，为了求解 $W(x,y)$ 和 $p(x,y)$ 的数值，将裂缝域划分成由三角形单元和四边形单元所组成的网格[12,13]，如图 3-5 所示。

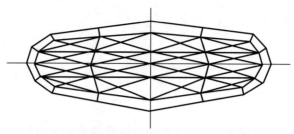

图 3-5　三角形单元和四边形单元所组成的网格

裂缝宽度、液体压力及试函数 V 的离散表达式分别为：

$$W(x,y) = \sum_j W_j \phi_j(x,y)$$

$$p(x,y) = \sum_i p_i \phi_i(x,y)$$

$$V(x,y) = \sum_i \phi_i(x,y)$$

式中　$\phi_i(x,y)$，$\phi_j(x,y)$——形函数。

这样得到缝宽方程的离散表达式为：

$$[A]\{W\} = \{f\} \tag{3-77}$$

式中，矩阵及矢量的元素为：

$$A_{i,j} = E_e \iint\limits_{AA} \frac{1}{R}\left(\frac{\partial \phi_i}{\partial x}\frac{\partial \phi_j}{\partial x'} + \frac{\partial \phi_i}{\partial y}\frac{\partial \phi_j}{\partial y'}\right) \mathrm{d}x\,\mathrm{d}y\,\mathrm{d}x'\mathrm{d}y'$$

$$f_i = -\int\limits_A [p(x,y) - \sigma_{zz}(x,y)]\phi_i \,\mathrm{d}x\,\mathrm{d}y$$

液体流动方程的离散表达式为：

$$[K_p]\{p\} = \{f_l\} + \{f_w\} + \{f_q\} \tag{3-78}$$

式中，矩阵及矢量的元素为：

$$K_{pi,j} = \int\limits_A \frac{n}{2n+1} K^{-\frac{1}{n}} \frac{W^{\frac{2n+1}{n}}}{2^{\frac{n+1}{n}}} \left[\left(\frac{\partial p}{\partial x}\right)^2 + \left(\frac{\partial p}{\partial y} - \rho F_y\right)^2\right]^{-\frac{n-1}{2n}} \left(\frac{\partial \phi_i}{\partial x}\frac{\partial \phi_j}{\partial x} + \frac{\partial \phi_i}{\partial y}\frac{\partial \phi_j}{\partial y}\right)\mathrm{d}x\,\mathrm{d}y$$

$$f_{li} = \int\limits_A \frac{2C_e}{\sqrt{t-\tau}}\phi_i\,\mathrm{d}x\,\mathrm{d}y$$

$$f_{wi} = \int\limits_A \frac{\partial W}{\partial t}\phi_i\,\mathrm{d}x\,\mathrm{d}y$$

$$f_{qi} = \int\limits_{\partial A_p} q_l \phi_i\,\mathrm{d}s$$

式（3-78）有解的条件是：

$$-\int\limits_A q_l\,\mathrm{d}x\,\mathrm{d}y - \int\limits_A \frac{\partial W}{\partial t}\mathrm{d}x\,\mathrm{d}y + \int\limits_{\partial A_p} q_l\,\mathrm{d}s = 0 \tag{3-79}$$

联立式（3-77）和式（3-78）进行求解，可以得到任一时刻的裂缝宽度 $\{W\}$ 和液体压力 $\{p\}$。迭代收敛后，根据式（3-76）的判据条件得到裂缝前缘上的应力强度因子 K_I，应用裂缝扩展判据判定裂缝前缘上将会扩展的部分边界（即在该处 $K_I \geqslant K_{Ic}$），以此确定下一时刻裂缝前缘的位置。

下一时刻的裂缝前缘确定后,即可再次迭代求解。如此循环,直到达到规定的施工结束时刻。应用这样的方法,全三维裂缝扩展模型可模拟压裂施工的整个动态过程。

参 考 文 献

[1]　KERN L R,PERKINS T K,WYANT R E. The mechanics of sand movement in fracturing[J]. JPT, 1959,11(7):55-57.

[2]　NORDGREN R P. Propagation of a vertical hydraulic fracture[C]. SPE 7834,1972.

[3]　KHRISTIANOVICH S A,ZHELTOV Y P. Formation of vertical fractures by means of highly viscous liquid[C]. Fourth World Petroleum Congress,Rome,1955.

[4]　KHRISTIANOVICH S A,ZHELTOV Y P,BARENBLATT G I,et al. Theoretical principles of hydraulic fracturing of oil strata[C]. Fifth World Petroleum Congress,New York,1959.

[5]　GEERTSMA J,de KLERK F. A rapid method of predicting width and extent of hydraulic induced fractures[J]. JPT,1969,21:1 571-1 581.

[6]　DANESHY A A. Experimental investigation of hydraulic fracturing through perforations[J]. JPT, 1973,25(10):1 201-1 206.

[7]　ENGLAND A H,GREEN A E. Some two-dimensional punch and crack problems in classical elasticity[J]. Proc. Cambridge Philo. Soc.,1963,59:489-500.

[8]　ECONOMIDES M J,NOLTE K G. Reservoir simulation[M]. 3rd ed. New York:John Wiley & Sons,Ltd.,2000.

[9]　王鸿勋. 水力压裂原理[M]. 北京:石油工业出版社,1989.

[10]　PALMER I D. Induced stresses due to propped hydraulic fracture in coalbed methane wells[C]. SPE 25861,1993.

[11]　王鸿勋,张士诚. 水力压裂设计数值计算方法[M]. 北京:石油工业出版社,1998.

[12]　BARREE R D. A practical numerical simulator for three dimensional fracture propagation in heterogeneous media[C]. SPE 12273,1983.

[13]　BARREE R D. A new look at fracture-tip screen-out behavior[C]. SPE 18955,1991.

第4章 煤层气压裂复杂几何模型

与常规砂岩储层不同，煤层压裂后常出现竖直裂缝与水平裂缝共存的现象，这与常规形成对称双翼裂缝有本质的不同。由于煤层与顶底板的应力差和物性都差别较大，因此层间交界处常会出现弱面。当煤层内部的裂缝延伸到弱面处时，裂缝会发生转向而沿着弱面继续延伸，所以在同一压裂施工下常会出现不同形态的裂缝，这种多种形态裂缝共存的现象即所谓的复杂裂缝系统[1-3]。本章所指复杂裂缝包括两种类型，即 T 型缝与多裂缝。

4.1 T 型缝模型

T 型缝是指在煤层与隔层交界面形成水平缝且在煤层部位形成竖直缝的裂缝形态。多裂缝则是指在煤层内部形成一条主水力裂缝，该主水力裂缝贯穿煤层气储层内部裂隙，由主水力裂缝与开启的裂隙共同组成的裂缝形态[4-8]。

4.1.1 T 型缝延伸模型的建立

煤层压裂后常会出现复杂裂缝，T 型裂缝是其中的一种，它可以看作是一条竖直裂缝和水平裂缝共存的裂缝。T 型缝中的竖直缝缝高方向扩展到煤层与隔层交界面处不再继续向上或者向下延伸，而是沿着交界面继续扩展。针对煤层，目前还没有专门的压裂设计模型。为此，基于这种竖直缝与水平缝的位置关系，建立 T 型缝延伸几何模型[9-11]，如图 4-1 所示。

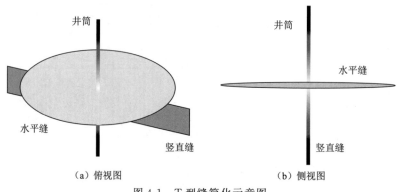

（a）俯视图　　　　　　　　　（b）侧视图

图 4-1　T 型缝简化示意图

　　T 型缝是由煤层与隔层两者作用形成的,在煤层内部首先出现竖直缝,而后在煤层和隔层交界处出现水平缝。按照几何形态来讲,T 型缝可视为由竖直缝和水平缝组成,如图4-2 所示。

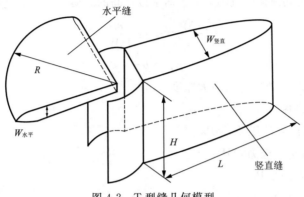

图 4-2　T 型缝几何模型

1) T 型缝模型假设

实际地层形成 T 型裂缝的过程比较复杂,裂缝形态并不规整。为了建立 T 型裂缝扩展模型,忽略次要因素,对裂缝的扩展过程进行简化,做如下假设:

　　(1) 煤岩与顶底板之间的物性差异大,但同一岩性地层为均质、各向同性的线弹性体;

　　(2) 压裂液在裂缝内各点处都处于层流状态;

　　(3) 压裂液的滤失不影响压裂液压力在缝中的分布;

　　(4) T 型缝的两部分同时起裂和扩展;

　　(5) 缝长某一点处垂直方向上的压降忽略不计;

　　(6) 竖直裂缝缝长方向上的压降取决于裂缝内的流动阻力。

2) 垂直部分模型的建立

对于被限制在产层内的裂缝来说,二维模型可以很好地满足计算的需要。垂直部分采用二维 KGD 模型来表征,KGD 模型如图 4-3 所示。

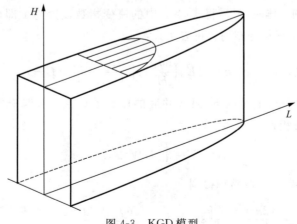

图 4-3　KGD 模型

在竖直缝长的同一断面内缝内压力 p 为一个常数,压裂 t 时刻井周缝宽表达式[12]为:

$$W(x,t)=\frac{2L(1-\nu)\Delta p}{G} \qquad (4\text{-}1)$$

竖直缝两壁面之间液体的流动类似于两平板之间的流动[13,14]。裂缝缝内压降方程如下:

$$\frac{\partial \Delta p}{\partial x}=-12\frac{\mu q_1}{HW^3} \qquad (4\text{-}2)$$

$$\Delta p=p-\sigma$$

式中　W——缝长为 x 处裂缝的最大宽度,cm;

　　　H——裂缝高度,m;

　　　Δp——裂缝内外的压差,MPa;

　　　σ——煤层最小主应力,MPa;

　　　μ——压裂液黏度,Pa·s;

　　　q_1——进入竖直裂缝中缝长任意点的流量,m³/s。

对于牛顿压裂液,压裂液的黏度一般是可以测得的。但对非牛顿压裂液,需要通过计算求得其表观黏度,表观黏度可以代替黏度求解压力分布。表观黏度计算公式如下:

$$\mu_a=K_a\left(\frac{6q_1}{HW^2}\right)^{n-1} \qquad (4\text{-}3)$$

$$K_a=K\left(\frac{2n+1}{3n}\right)^n$$

当流变指数 $n=1$ 时,液体为牛顿流体,表观黏度即为流体黏度,因此式(4-3)为牛顿流体与非牛顿流体的综合表示式。

联立式(4-1)~式(4-3),得到非牛顿压裂液压降方程:

$$\frac{\partial \Delta p}{\partial x}=-2K_a\left(\frac{6q_1}{H}\right)^n\left[\frac{2L\Delta p(1-\nu)}{G}\right]^{-(2n+1)} \qquad (4\text{-}4)$$

代入边界条件,即 $x=L$ 时,$\Delta p=0$,得到缝内净压力分布方程:

$$\Delta p=\left\{4(n+1)K_a\left(\frac{6q_1}{H}\right)^n\left[\frac{2L(1-\nu)}{G}\right]^{-(2n+1)}(L-x)\right\}^{\frac{1}{2n+2}} \qquad (4\text{-}5)$$

当压裂液为牛顿流体时,只需将式(4-5)中的流变指数设置为 1 即可。将式(4-5)代入式(4-1)中得到缝宽沿缝长分布的解析表达式:

$$W(x,t)=\left\{4(n+1)K_a\left(\frac{6q_1}{H}\right)^n\left[\frac{2L(1-\nu)}{G}\right](L-x)\right\}^{\frac{1}{2n+2}} \qquad (4\text{-}6)$$

在不考虑压裂液滤失的情况下,泵入井底的压裂液体积 q_1t 等于裂缝体积 V,由体积平衡可以得到如下方程:

$$q_1t=V=\int_0^L HW(x,t)\mathrm{d}x \qquad (4\text{-}7)$$

将式(4-6)代入式(4-7)并整理得到:

$$L=\left\{\frac{(2n+3)V}{(2n+2)H}\left[8(n+1)K_a\left(\frac{6q_1}{H}\right)^n\frac{(1-\nu)}{G}\right]^{-\frac{1}{2n+2}}\right\}^{\frac{n+1}{n+2}} \qquad (4\text{-}8)$$

式(4-8)即为非牛顿流体压裂液下煤层裂缝缝长延伸方程,若方程中的流变指数参量取为 1,则可得到牛顿流体压裂液下煤层裂缝缝长延伸方程。

除缝宽方程、压降方程、缝长延伸方程外,还要考虑物质守恒方程,原因是注入地下的流体只有一部分用于造缝,另一部分则滤失到地层中。物质守恒方程也称为连续性方程,其表达式为:

$$\frac{\mathrm{d}V}{\mathrm{d}t} = Q - Q_1 - S_\mathrm{p}\frac{\mathrm{d}A}{\mathrm{d}t} \tag{4-9}$$

式中　Q——压裂液排量,m^3/s;

$\quad\quad Q_1$——压裂液动滤失量,m^3/s;

$\quad\quad S_\mathrm{p}$——初滤失系数,$\mathrm{m}^3/\mathrm{m}^2$;

$\quad\quad \dfrac{\mathrm{d}A}{\mathrm{d}t}$——裂缝面积变化率,$\mathrm{m}^2/\mathrm{s}$。

式(4-9)为微观形式的连续性方程,其物理意义是裂缝扩展体积的变化率等于地面注入液体的排量减去压裂液动滤失量与初滤失量之和。显然,当对式(4-9)两边同时积分时,可得到宏观形式的连续性方程,其物理意义是一段时间内泵注到井底的压裂液体积等于滤失到地层中的压裂液体积与裂缝内压裂液体积之和。

缝宽方程、压降方程、缝长方程和连续性方程共同构成了 T 型缝垂直部分模型的基本形式。

3) 水平部分模型的建立

目前常用 Penny 模型来模拟计算水平裂缝的几何尺寸。Penny 模型假设裂缝均匀地向四周扩展,在径向上裂缝的长度是相等的[15]。但在实际地层中,受两个水平地应力不均匀性的影响,径向上裂缝长度并不相同,现场裂缝监测结果也证实了这点。这里将径向上较长的裂缝长度定义为缝长,将径向上较短的裂缝长度定义为缝高,水平裂缝经常以类椭圆的形式向四周延伸。为了能更好地模拟水平裂缝,这里采用将 Penny 模型简化的椭圆模型。椭圆模型中两水平径长按照给定比例扩展,椭圆模型如图 4-4 所示。

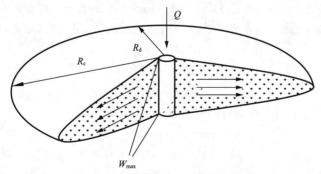

图 4-4　水平裂缝中的径向流动

为了研究压裂液在水平裂缝中的流动过程,沿长轴取距井眼轴心为 r 的环形微单元作为研究对象,如图 4-5 所示。

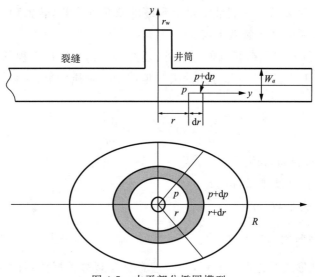

图 4-5　水平部分椭圆模型

椭圆模型中,短轴与长轴之比称为径长比,这里不妨设为 a,则有如下表达式:

$$R_d = aR_c \tag{4-10}$$

式中　R_d——椭圆模型中短轴半径,m;

　　　R_c——椭圆模型中长轴半径,m;

　　　a——径长比。

通常意义下 a 的取值范围为$(0,1]$,为了不失一般性,这里 a 的值可以大于 1。当 $a>1$ 时,表示长轴与短轴互换,即长轴反而短,短轴反而长。

y 坐标正方向取井轴向上的方向,r 坐标正方向取沿裂缝长轴的方向,原点取在 1/2 缝宽处。设在长轴的 r 处取宽度为 dr 的非等宽缝长,形成在短轴方向上缝宽为 $a\,dr$、厚度为 y 的微元液流圆环段。作用在该液流圆环段 r 处的液体压力为 p,作用在 $r+dr$ 处的液体压力为 $p+dp$。设在 $y=0$ 处液体的剪应力为 0,即压裂液中心处的剪应力为 0。

首先计算椭圆环的面积和边长。椭圆环的面积计算公式为:

$$\Delta S = \pi a(r+dr)(r+dr) - \pi arr = 2\pi ar\,dr + \pi a(dr)^2 \tag{4-11}$$

式中的 $\pi a(dr)^2$ 属于低阶项,在整个式子中所占比重较小,可忽略,则椭圆环的面积计算公式为:

$$\Delta S = 2\pi ar\,dr = 2Ar\,dr \tag{4-12}$$

其中:

$$A = a\pi$$

当 dr 无限小时,$r+dr \approx r$,椭圆环的边长计算公式为:

$$L = 2\pi ar + 4(r-ar) = 2Br \tag{4-13}$$

其中:

$$B = \pi a + 2 - 2a$$

椭圆环内的液体受力平衡,当液体在水平裂缝中做稳定层流运动时,满足如下方程:

$$2Bry\,dp + 2Ar\,dr\tau = 0 \tag{4-14}$$

由此可得剪应力 τ 的表达式为:

$$\tau = -\frac{B}{A}y\frac{dp}{dr} \tag{4-15}$$

对于幂律液体,剪应力 τ 与压裂液的稠度系数 K、流变指数 n 以及压裂液的速度梯度 $\dfrac{\mathrm{d}u}{\mathrm{d}y}$ 的关系为:

$$\tau = K\left(-\frac{\mathrm{d}u}{\mathrm{d}y}\right)^n \tag{4-16}$$

由式(4-15)和式(4-16)可以得出:

$$K\left(-\frac{\mathrm{d}u}{\mathrm{d}y}\right)^n = -\frac{B}{A}y\frac{\mathrm{d}p}{\mathrm{d}r}$$

整理上式,可以得出压裂液速度梯度的表达式:

$$\frac{\mathrm{d}u}{\mathrm{d}y} = -\left(-\frac{By}{AK}\frac{\mathrm{d}p}{\mathrm{d}r}\right)^{\frac{1}{n}} = -\left(-\frac{y}{K'}\frac{\mathrm{d}p}{\mathrm{d}r}\right)^{\frac{1}{n}} \tag{4-17}$$

其中:

$$K' = \frac{A}{B}K$$

压裂液在裂缝壁面处的速度为零[16],因此可以得到边界条件:$y = \dfrac{W_a}{2}$(W_a 为裂缝平均宽度)时,$u = 0$。对式(4-17)两端积分并代入边界条件,可以得到裂缝椭圆环垂直面上的速度分布方程:

$$u = \frac{n}{n+1}\left(\frac{-1}{K'}\frac{\mathrm{d}p}{\mathrm{d}r}\right)^{\frac{1}{n}}\left[\left(\frac{W_a}{2}\right)^{\frac{n+1}{n}} - y^{\frac{n+1}{n}}\right] \tag{4-18}$$

对式(4-18)两端同时积分,可以得出通过 r 环断面的流量:

$$Q = 2\int_0^{W_a/2} 2Bru\,\mathrm{d}y \tag{4-19}$$

联立式(4-18)和式(4-19)可得:

$$\begin{aligned}
Q &= 2\int_0^{W_a/2} 2Bru\,\mathrm{d}y \\
&= 2\int_0^{W_a/2} 2Br\frac{n}{n+1}\left(\frac{-1}{K'}\frac{\mathrm{d}p}{\mathrm{d}r}\right)^{\frac{1}{n}}\left[\left(\frac{W_a}{2}\right)^{\frac{n+1}{n}} - y^{\frac{n+1}{n}}\right]\mathrm{d}y \\
&= \frac{4nBr}{2n+1}\left(\frac{-1}{K'}\frac{\mathrm{d}p}{\mathrm{d}r}\right)^{\frac{1}{n}}\left(\frac{W_a}{2}\right)^{\frac{2n+1}{n}}
\end{aligned}$$

因此,缝内液体压力梯度表达式为:

$$\frac{\mathrm{d}p}{\mathrm{d}r} = -2\left(\frac{Q}{B}\right)^n\left(\frac{2n+1}{n}\right)^n\frac{K'}{W_a^{2n+1}}\frac{1}{r^n} \tag{4-20}$$

对式(4-20)两端同时积分,并代入边界条件(裂缝尖端处缝内压力为地层最小主应力 σ,此时最小主应力方向为垂直方向),可得:

$$p = \frac{2K'}{1-n}\left[\frac{Q(2n+1)}{nB}\right]^n\frac{R^{1-n} - r^{1-n}}{W_a^{2n+1}} + \sigma \tag{4-21}$$

式(4-21)为非牛顿流体($n \neq 1$)压裂液缝内压力分布方程。裂缝内净压力为:

$$\Delta p = \frac{2K'}{1-n}\left[\frac{Q(2n+1)}{nB}\right]^n\frac{R^{1-n} - r^{1-n}}{W_a^{2n+1}} \tag{4-22}$$

井底处的压力为：

$$p = \frac{2K'}{1-n} \left[\frac{Q(2n+1)}{nB} \right]^n \frac{R^{1-n} - r_w^{1-n}}{W_a^{2n+1}} + \sigma \tag{4-23}$$

当压裂液为牛顿流体（$n=1$）时，缝内压力分布方程为：

$$p = \frac{6\mu Q}{BW_a^3} \ln \frac{R}{r} + \sigma \tag{4-24}$$

根据 Sneddon 的研究，在无限大单一均质弹性介质中压开一圆形裂缝，作用在裂缝壁面上的正应力为径长 r 的函数，用 $\sigma(r)$ 表示。裂缝缝宽与作用在壁面上的正应力有关，表达式为：

$$W = \frac{8(1-\nu^2)R}{\pi E} \int_\rho^1 \frac{\mu \, d\mu}{\sqrt{\mu^2 - \rho^2}} \int_0^1 \frac{\lambda \sigma(\lambda \mu R)}{\sqrt{1-\lambda^2}} d\lambda \tag{4-25}$$

$$\rho = \frac{r}{R} < 1$$

式中　E——岩石弹性模量，GPa；

　　　R——裂缝延伸半径，m；

　　　W——裂缝在半径 r 处的裂缝宽度；

　　　ν——岩石泊松比；

　　　λ, μ——裂缝中半径分数的积分变量。

在井周附近处裂缝的宽度最大，在式（4-25）中令 $\rho = 0$，整理得到最大缝宽 W_m 与缝面正应力的关系式：

$$W_m = \frac{8(1-\nu^2)}{\pi E} \int_0^R \sigma(r) \arccos \frac{r}{R} dr \tag{4-26}$$

联立式（4-22）、式（4-26）可得水平裂缝缝宽的表达式：

$$W_m = \frac{8(1-\nu^2)\beta}{BEW_a^{2n+1}} \left[\int_0^{r_w} (R^{1-n} - r_w^{1-n}) \arccos \frac{r}{R} dr + \int_{r_w}^R (R^{1-n} - r^{1-n}) \arccos \frac{r}{R} dr \right] \tag{4-27}$$

其中：

$$\beta = \frac{2K'}{1-n} \left[\frac{Q(2n+1)}{Bn} \right]^n$$

当裂缝扩展一定时间后，井眼半径 r_w 相对于裂缝长度来说已经很小，忽略井眼半径项得到：

$$W_m = \left[\frac{8(1-\nu^2)\beta R^{2-n}}{BEW_a^{2n+1}} \left(1 - \int_{r_w/R}^1 x^{1-n} \arccos x \, dx \right) \right]^{\frac{1}{2n+2}} \tag{4-28}$$

将裂缝的平均缝宽 $W_a = \frac{8}{15} W_m$ 代入式（4-28）中，得到水平缝井周处最大缝宽的表达式：

$$W_m = \left[\frac{8(1-\nu^2)\beta R^{2-n}}{BE} \left(\frac{15}{8} \right)^{2n+1} \left(1 - \int_{r_w/R}^1 x^{1-n} \arccos x \, dx \right) \right]^{\frac{1}{2n+2}} = CR^{\frac{2-n}{2n+2}} \tag{4-29}$$

其中：

$$C = \left[\frac{8(1-\nu^2)\beta}{BE} \left(\frac{15}{8} \right)^{2n+1} \left(1 - \int_{r_w/R}^1 x^{1-n} \arccos x \, dx \right) \right]^{\frac{1}{2n+2}}$$

式(4-29)为压裂液为非牛顿流体($n \neq 1$)时最大缝宽表达式。当压裂液为牛顿流体($n = 1$)时,最大缝宽表达式为:

$$W_\mathrm{m} = 4.511 \left[\frac{(1-\nu^2)Q\mu R}{B^2 E} \right]^{\frac{1}{4}} = CR^{\frac{1}{4}} \tag{4-30}$$

其中:

$$C = 4.511 \left[\frac{(1-\nu^2)Q\mu}{B^2 E} \right]^{\frac{1}{4}}$$

若裂缝纵向断面为抛物线形,那么沿径向任意点处裂缝宽度可由下式确定:

$$W(r) = W_\mathrm{m} \left(1 - \frac{r}{R} \right)^{0.5} \tag{4-31}$$

当不考虑压裂液滤失时,泵注到井底的压裂液体积与裂缝体积相等。水平裂缝空间形态近似为椭球体,由椭球体体积计算公式:

$$V = \frac{4}{3} \pi abc$$

可以得出注入量 $q_2 t$ 与裂缝体积的关系为:

$$q_2 t = \frac{4}{3} \pi a R^2 W_\mathrm{m} \tag{4-32}$$

联立式(4-29)和式(4-32)可得:

$$q_2 t = \frac{4}{3} \pi a C R^{\frac{3n+6}{2n+2}}$$

进而得出水平裂缝长轴的延伸计算公式:

$$R = \left(\frac{3q_2 t}{2\pi a C} \right)^{\frac{2n+2}{3n+6}} \tag{4-33}$$

以上给出了 T 型缝水平部分压力分布方程、缝宽分布方程、缝长延伸方程,除此之外同样还要考虑物质守恒方程(即连续性方程):

$$\frac{\mathrm{d}V}{\mathrm{d}t} = Q - Q_1 - S_\mathrm{p} \frac{\mathrm{d}A}{\mathrm{d}t} \tag{4-34}$$

缝宽分布方程、压力分布方程、缝长延伸方程和连续性方程共同构成了 T 型缝水平部分模型的基本形式。整个 T 型缝模型还需要系统平衡方程来确定垂直部分和水平部分的流量分配问题。

4) T 型缝系统平衡方程的建立

在煤层气压裂 T 型裂缝系统中,出现了竖直裂缝、水平裂缝同时扩展的现象。由于地层对压裂液的吸收能力不同,这两条裂缝的扩展速度不一定相同。但两条裂缝同时扩展说明 T 型裂缝系统内达到了一种平衡,这种平衡维持着 T 型缝不断扩展的过程,控制着裂缝中流量的分配和压力的传递[17],仿照多层压裂思想建立 T 型缝系统平衡方程。

注入井底的压裂液分为两部分:一部分进入水平裂缝中,另一部分进入竖直裂缝中。由质量守恒可得:

$$q = q_\mathrm{v} + q_\mathrm{h} \tag{4-35}$$

式中　q——注入井底的压裂液流量,$\mathrm{m^3/min}$;

　　　q_v——进入竖直裂缝中的压裂液流量,$\mathrm{m^3/min}$;

q_h——进入水平裂缝中的压裂液流量，m^3/min。

T 型缝水平部分和垂直部分裂缝的最大宽度均在井周附近，因此在井周或最大缝宽处的压力都应等于井底压力 p_w，由此得出压力平衡方程：

$$p_w = p_v = p_h \tag{4-36}$$

式中　p_v——竖直裂缝缝口处的压力，MPa；

　　　p_h——水平裂缝缝口处的压力，MPa。

质量守恒系统和压力平衡方程组成的平衡系统控制着水平裂缝和竖直裂缝中流量的分配，进而控制着 T 型缝中水平部分和垂直部分的几何尺寸。

至此，建立了 T 型缝扩展模型，它主要包括 3 个部分，即垂直部分扩展模型、水平部分扩展模型以及 T 型缝控制系统。垂直部分扩展模型和水平部分扩展模型是两个独立的子模块，它们经 T 型缝控制系统有机地结合在一起。

4.1.2　T 型缝延伸模型的求解

由上述分析可知，T 型裂缝的主要模型包括 3 个部分：控制系统、水平部分和垂直部分。裂缝控制系统主要有质量守恒方程和压力平衡方程；垂直部分主要有压力分布方程、缝长延伸方程、缝宽分布方程和连续性方程；水平部分主要有压力分布方程、缝长延伸方程、缝宽分布方程及连续性方程。

1）裂缝控制系统

（1）质量守恒方程：

$$q = q_v + q_h$$

（2）压力平衡方程：

$$p_w = p_v = p_h$$

2）垂直部分

（1）压力分布方程：

$$p = \left[4(n+1)K_a \left(\frac{6q_1}{H} \right)^n \left[\frac{2L(1-\nu)}{G} \right]^{-(2n+1)} (L-x) \right]^{\frac{1}{2n+2}} + \sigma$$

（2）缝宽分布方程：

$$W(x,t) = \left\{ 4(n+1)K_a \left(\frac{6q_1}{H} \right)^n \left[\frac{2L(1-\nu)}{G} \right] (L-x) \right\}^{\frac{1}{2n+2}}$$

（3）缝长延伸方程：

$$L = \left\{ \frac{(2n+3)V}{(2n+3)H} \left[8(n+1)K_a \left(\frac{6q_1}{H} \right)^n \frac{(1-\nu)}{G} \right]^{-\frac{1}{2n+2}} \right\}^{\frac{n+1}{n+2}}$$

（4）连续性方程：

$$\frac{dV}{dt} = Q - Q_1 - S_p \frac{dA}{dt}$$

3）水平部分

（1）压力分布方程：

$$p = \frac{2K'}{1-n}\left[\frac{Q(2n+1)}{nB}\right]^n \frac{R^{1-n}-r_{\mathrm{w}}^{1-n}}{W_{\mathrm{a}}^{2n+1}} + \sigma$$

（2）缝宽分布方程：

$$W_{\mathrm{m}} = \left[\frac{8(1-\nu^2)\beta R^{2-n}}{BE}\left(\frac{15}{8}\right)^{2n+1}\left(1-\int_{r_{\mathrm{w}}/R}^{1} x^{1-n}\arccos x\,\mathrm{d}x\right)\right]^{\frac{1}{2n+2}} = CR^{\frac{2-n}{2n+2}}$$

其中：

$$C = \left[\frac{8(1-\nu^2)\beta}{BE}\left(\frac{15}{8}\right)^{2n+1}\left(1-\int_{r_{\mathrm{w}}/R}^{1} x^{1-n}\arccos x\,\mathrm{d}x\right)\right]^{\frac{1}{2n+2}}$$

（3）缝长延伸方程：

$$R = \left(\frac{3q_2 t}{2\pi aC}\right)^{\frac{2n+2}{3n+6}}$$

（4）连续性方程：

$$\frac{\mathrm{d}V}{\mathrm{d}t} = Q - Q_1 - S_{\mathrm{p}}\frac{\mathrm{d}A}{\mathrm{d}t}$$

将这 3 部分联立求解，即可得到 T 型缝的几何参数。

4.2　多裂缝模型

除形成由煤层与隔层性质差异造成的 T 型裂缝外，受储层割理、页理等弱面的影响，在煤层内部形成复杂裂缝的现象更为普遍。煤层中存在着广泛分布的天然微裂缝，当这些微裂缝在井壁附近存在且地应力差异不大时，由于其渗透性高、抗拉强度近乎为零，在水力裂缝扩展延伸与之相交后，水力裂缝可能会沿着天然裂缝的方向继续扩展，即使不沿着天然裂缝方向扩展，在穿过天然裂缝之后受缝内压力影响天然裂缝也会张开，导致裂缝形态多样。如果水力裂缝与多条天然裂缝相交，受天然裂缝分布杂乱的影响，水力裂缝延伸还会发生迂回或者转向，进一步增加裂缝形态的复杂性。尽管天然裂缝形态弯曲多样，但受水力裂缝作用后其张开和延伸机理与平直弱面张开基本相同，而且从压裂增产的效果来看，非常规储层产量并不取决于裂缝形态是平直还是弯曲，而是更加受控于改造的范围。为确定压裂后煤层气储层内部形成复杂裂缝的涵盖范围，实现复杂裂缝尺寸可定量计算，不考虑真实裂缝形态的影响，将弯曲杂乱分布的天然裂缝系统按照一定方式排列成一系列平行的天然裂缝簇，为多裂缝延伸理论的建立奠定基础。

4.2.1　多裂缝几何模型的建立

1）多裂缝模型假设

为将煤层气储层内部复杂弯曲的天然裂缝排列成彼此平行的天然裂缝簇，做如下假设[18,19]：

（1）煤岩内部形成的主水力裂缝为垂直对称双翼缝，沿最大水平地应力（σ_{H}）方向延伸；

（2）等效排列的天然裂缝呈平行状排列，与最大水平地应力方向的夹角为 θ（0°～90°之间），天然裂缝分布在水力裂缝两侧（图 4-6）；

（3）天然裂缝等间距排列，排列线密度为 ρ_{t}，相邻天然裂缝间距为 ΔL（$\rho_{\mathrm{t}}\Delta L = 1$）；

（4）天然裂缝仅存在于煤岩内部，最大高度为煤层厚度。

由水力裂缝与天然裂缝簇共同组成的多裂缝几何模型如图4-6所示。多裂缝主要由两部分组成，即主水力裂缝以及与主水力裂缝成一定夹角排列的天然裂缝簇。为表示不同位置处的天然裂缝参量，将天然裂缝按照主水力裂缝延伸方向依次编号，距离井筒最近处编号为1，后续编号依次为 $2,3,\cdots,n$（水力裂缝尖端位置处）。

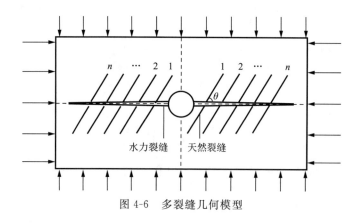

图4-6　多裂缝几何模型

2）多裂缝几何模型所需参量求解

从多裂缝几何模型建立过程可以看出，很重要的一点是天然裂缝簇的分布问题，它直接决定着模型包含天然裂缝的数量。确定模型中天然裂缝的分布情况是求解多裂缝延伸数学模型的首要问题。这里将重新确定天然裂缝分布问题称为天然裂缝等效排列过程。等效排列是将地层中天然裂缝的真实存在状态转化为一簇簇相互平行的能够用于模型计算的几何存在状态（图4-7）。这样就需要确定两个量，即单条天然裂缝长度和天然裂缝排列线密度。这两个量可通过等效排列的两个原则确定：

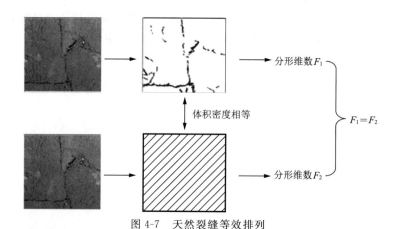

图4-7　天然裂缝等效排列

（1）等效排列前后天然裂缝体积密度相同原则；

（2）等效排列前后分形维数相同原则。

取地下长为 L_0、宽为 L_0、高为 H_0 的长方体煤层气储层为研究对象，假设单位体积煤岩中裂隙的体积密度为 ρ_v，等效排列后单条天然裂缝长度为 $2L$（水力裂缝单侧天然裂缝长

度为 L)，天然裂缝等效排列线密度为 ρ_t(沿水力裂缝延伸方向单位距离裂缝条数)，天然裂缝高度为储层厚度 H_0，开启前天然裂缝宽度为 W。等效排列前天然裂缝数 V_F 为：

$$V_F = H_0 L_0^2 \rho_v \tag{4-37}$$

等效排列后的天然裂缝体积 V_F 为：

$$V_F = 2LH_0WL_0\rho_t \tag{4-38}$$

因此可得到：

$$L = \frac{L_0\rho_v/\rho_t}{2W} \tag{4-39}$$

式(4-39)中，天然裂缝体积密度与平均宽度可以通过测井、核磁或手工测量等方式获得。假设已知天然裂缝排列线密度，由式(4-39)可得单条天然裂缝长度，由天然裂缝长度与线密度能够得到天然裂缝分布图，进而可利用 Matlab 程序求其分形维数。等效排列线密度不同时，经过计算可得到不同的分形维数值，当计算得到的分形维数值与原始地层天然裂缝分形维数相同时，即可确定多裂缝几何模型中天然裂缝分布情况。

建立某一区块多裂缝几何模型的步骤如下：

(1) 选取区块不同位置煤样，制作煤样切片，选择表面裂隙发育好的样本测量裂隙宽度并拍照处理，用 Matlab 分形维数求解程序读取照片分形维数，对多组煤样切片分形维数取平均，得到表征该区块原始煤层天然裂缝发育的分形维数；

(2) 在给定天然裂缝方位角、天然裂缝平均宽度、天然裂缝等效排列线密度条件下采用 VB 程序设计语言作天然裂缝簇平行排列图，并计算其分形维数；

(3) 比较步骤(1)与步骤(2)中得到的分形维数，如果两者相等进入步骤(4)，如果两者不等或差异较大，则返回步骤(2)，重新给定天然裂缝等效排列线密度，作图并计算分形维数，直到与步骤(1)计算分形维数相等或满足精度要求；

(4) 输出天然裂缝等效排列所需参量(等效排列线密度、单条天然裂缝长度)，并进行后续计算。

4.2.2　多裂缝延伸模型的建立

尽管煤层与隔层性质有所差异，但很多情况下煤层中的裂缝仍然可以穿过顶底板界面进入隔层，这时仍需要采用变缝高的压裂模型进行模拟设计。以拟三维裂缝扩展模型为主体模拟主水力裂缝扩展延伸[20]，天然裂缝簇由于只存在于煤层之内，具有恒定缝高延伸特点，因此可采用二维模型延伸表征，由此建立多裂缝延伸数学模型。该模型主要包括多裂缝模型假设、缝宽方程、连续性方程、缝高方程、流体流动压降方程、缝长方程等。通过多裂缝延伸模型计算主要得到一定地层条件、施工条件下主水力裂缝几何形态与天然裂缝簇几何形态。

1）缝宽方程

多裂缝模型缝宽方程由主水力裂缝缝宽方程与天然裂缝簇缝宽方程组成。图 4-8 为天然裂缝开启示意图。

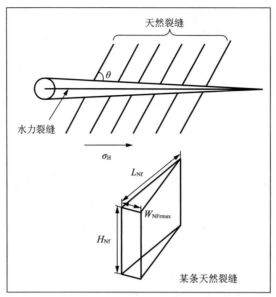

图 4-8　天然裂缝开启示意图

（1）主水力裂缝缝宽方程。

当将主水力裂缝沿缝长方向分成若干段时，每一垂直剖面可看成是平面应变问题中的一条线裂纹，这些线裂纹彼此间相互独立，不受相邻剖面的影响。主水力裂缝任意位置处宽度计算采用 England & Green 公式，即

$$W(x,z,t) = -16\frac{1-\nu(z)^2}{E(z)}\int_{|z|}^{l}\frac{F(\tau)+zG(\tau)}{\sqrt{\tau^2-z^2}}\mathrm{d}\tau \qquad (4\text{-}40)$$

其中：$\qquad F(\tau)=-\dfrac{\tau}{2\pi}\displaystyle\int_0^\tau\dfrac{f(z)}{\sqrt{\tau^2-z^2}}\mathrm{d}z, \quad G(\tau)=-\dfrac{1}{2\pi\tau}\displaystyle\int_0^\tau\dfrac{zg(z)}{\sqrt{\tau^2-z^2}}\mathrm{d}z$

式中　l——半缝高，且有 $l=\dfrac{h(x,t)}{2}$，m；

　　　$W(x,z,t)$——t 时刻 z 位置处裂缝缝宽，mm。

当主水力裂缝上下都未穿层时，主水力裂缝垂直剖面为椭圆形，缝宽表达式为：

$$W(x,z,t)=\frac{4(1-\nu_1^2)}{E_1}(p_\mathrm{f}-\sigma_1)\sqrt{l^2-z^2} \quad (-l\leqslant z\leqslant l) \qquad (4\text{-}41)$$

式中　ν_1——产层泊松比，无因次；

　　　E_1——产层弹性模量，Pa；

　　　p_f——裂缝内流体压力，Pa；

　　　σ_1——产层最小水平地应力，Pa。

当主水力裂缝穿出储层时，不仅要考虑产层应力影响，还要考虑盖层及底层的应力影响。在这种情况下，先求解不同层位裂缝内净压力，找出对应层位的地层岩石力学性质参数，然后代入 England & Green 公式求解不同位置处缝宽。

（2）天然裂缝簇缝宽方程。

在主水力裂缝与天然裂缝（图 4-8）相交处，天然裂缝缝高各处都有相同的缝宽，液体压力在缝高方向上为一常数，天然裂缝开启宽度与作用在天然裂缝壁面的净压力有关：

$$W_{\text{Nfmax},i} = \frac{2(1-\nu_1^2)}{E_1}(p_{\text{Nf},i} - \sigma_{\text{Nf},i})H_{\text{Nf},i} \tag{4-42}$$

式中 $W_{\text{Nfmax},i}$——第 i 条天然裂缝最大开启宽度，mm；

        ν_1——含天然裂缝煤岩泊松比，无因次；

        E_1——含天然裂缝煤岩弹性模量，MPa；

        $p_{\text{Nf},i}$——第 i 条天然裂缝缝内压力，MPa；

        $\sigma_{\text{Nf},i}$——第 i 条天然裂缝壁面正应力，MPa；

        $H_{\text{Nf},i}$——第 i 条天然裂缝高度，m。

第 i 条天然裂缝壁面正应力表达式为：

$$\sigma_{\text{Nf},i} = \frac{\sigma_H + \sigma_h}{2} - \frac{\sigma_H - \sigma_h}{2}\cos 2\theta_i \tag{4-43}$$

式中 θ_i——第 i 条天然裂缝方位角，(°)。

在天然裂缝缝长尖端处，天然裂缝开启宽度为 0，从天然裂缝尖端到天然裂缝根部缝宽呈线性增加。

2）连续性方程

连续性方程又称质量守恒方程，包括主水力裂缝连续性方程和总体连续性方程。

（1）主水力裂缝连续性方程。

流体通过主水力裂缝某一垂直剖面的流量变化等于单位主水力裂缝长度上压裂液的滤失速度加上由剖面的延伸引起的垂直剖面面积的变化率，即

$$-\frac{\partial q(x,t)}{\partial x} = \frac{2h(x,t)C(x,t)}{\sqrt{t-\tau(x)}} + \frac{\partial A(x,t)}{\partial t} \tag{4-44}$$

式中 $q(x,t)$——t 时刻主水力裂缝内 x 处的压裂液流量，m³/min；

        x——主水力裂缝缝长方向坐标，m；

        $h(x,t)$——t 时刻缝长 x 位置处主水力裂缝高度，m；

        $C(x,t)$——不同时刻不同位置处的综合滤失系数，m/$\sqrt{\text{min}}$；

        t——施工时间，min；

        $\tau(x)$——主水力裂缝 x 位置处开始滤失的时间，min；

        $A(x,t)$——t 时刻主水力裂缝 x 处的横截面积，可表示为：

$$A(x,t) = \int_{-h(x,t)/2}^{h(x,t)/2} W(x,z,t)\mathrm{d}x$$

（2）总体连续性方程。

总体连续性方程是复杂裂缝模型总的控制方程，其作用是平衡主水力裂缝几何尺寸、天然裂缝簇几何尺寸与主水力裂缝滤失体积、天然裂缝滤失体积之间的关系。压裂液总泵注体积分为两部分，一部分进入主水力裂缝，另一部分进入天然裂缝。进入主水力裂缝的压裂液总体积等于主水力裂缝总体积与主水力裂缝中滤失体积之和；进入天然裂缝的压裂液总体积等于天然裂缝总体积与天然裂缝中滤失体积之和。因此，总的质量守恒方程为：

$$Qt = \sum V_{\text{Nf},i} + \sum V_{\text{lNf},i} + V_{\text{lf}} + V_{\text{f}} \tag{4-45}$$

式中 Q——泵注排量，m³/min；

        t——总施工时间，min；

$\sum V_{\text{Nf},i}$ ——天然裂缝开启总体积，m^3；

$\sum V_{\text{lNf},i}$ ——天然裂缝滤失总体积，m^3；

V_{lf}——主水力裂缝滤失体积，m^3；

V_{f}——主水力裂缝体积，m^3。

3）缝高分布方程

缝高分布方程由两部分组成：主水力裂缝缝高分布方程和天然裂缝开启缝高分布方程。

（1）主水力裂缝缝高分布方程。

对主水力裂缝而言，采用拟三维竖直缝缝高计算模型，即

$$\left.\begin{array}{l} K_{\text{I2}} = \dfrac{1}{\sqrt{\pi l}} \displaystyle\int_{-l}^{l} p(z) \sqrt{\dfrac{l+z}{l-z}} \, \mathrm{d}z \\[3mm] K_{\text{I3}} = -\dfrac{1}{\sqrt{\pi l}} \displaystyle\int_{-l}^{l} p(z) \sqrt{\dfrac{l-z}{l+z}} \, \mathrm{d}z \end{array}\right\} \tag{4-46}$$

式中 K_{I2}，K_{I3}——裂缝缝高方向开裂与结合处应力强度因子，$\text{Pa} \cdot \sqrt{\text{m}}$；

$p(z)$——裂缝或裂纹内净压力，Pa；

l——裂缝或裂纹半缝长，m。

（2）天然裂缝开启缝高分布方程。

对天然裂缝而言，假设开启缝高为煤层气储层厚度，即

$$H_{\text{Nf},i} = H_{\text{p}} \tag{4-47}$$

式中 $H_{\text{Nf},i}$——第 i 条天然裂缝缝高，m；

H_{p}——煤层气储层厚度，m。

4）流体流动压降方程

（1）主水力裂缝中流体流动压降方程。

主水力裂缝沿最大主应力方向扩展，缝内部流体压力是裂缝扩展的主要动力，其中流体流动满足引入管道形状因子 $\Phi(n)$ 之后的平行板缝中流体流动的压降方程。裂缝中某一位置处的压力梯度可表示如下。

① 当流体为牛顿流体时，压降方程为：

$$\frac{\partial p(x,t)}{\partial x} = -\frac{64}{\pi} \frac{q(x,t)\mu}{h(x,t)W(x,0,t)^3} \tag{4-48}$$

式中 μ——压裂液黏度，$\text{mPa} \cdot \text{s}$。

② 当流体为非牛顿流体时，压降方程为：

$$\frac{\partial p(x,t)}{\partial x} = -2^{n+1} \left[\frac{(2n+1)q(x,t)}{n\Phi(n)h(x,t)}\right]^n \frac{K}{W(x,0,t)^{2n+1}} \tag{4-49}$$

$$\Phi(n) = \int_{-0.5}^{0.5} \left[\frac{W(x,z,t)}{W(x,0,t)}\right]^m \mathrm{d}\left[\frac{z}{h(x,t)}\right], \quad m = \frac{2n+1}{n}$$

式中 n——压裂液流变指数，无因次；

K——压裂液稠度系数，$\text{Pa} \cdot \text{s}^n$。

（2）天然裂缝簇中流体流动压降方程。

由于天然裂缝受较大的应力控制，单条天然裂缝开启程度较主水力裂缝小，进入天然裂缝中的流体较少，延伸速率较小，近似认为天然裂缝中流体处于静平衡状态，天然裂缝内压降忽略不计。

5）缝长方程

主水力裂缝延伸过程中首先与离井筒最近的一条天然裂缝相交，在一定条件下该天然裂缝首先开启；当主水力裂缝与第 2 条天然裂缝相交时，第 1 条天然裂缝已经具有一定的开启长度，随后两条天然裂缝各自扩展延伸；当主水力裂缝与第 3 条天然裂缝相交时，前两条天然裂缝已经具有一定开启长度，一定条件下第 3 条天然裂缝扩展延伸。受主水力裂缝缝内压力及作用时间的影响，距离井筒近的天然裂缝开启长度要比距离井筒远的天然裂缝开启长度大，因此假设天然裂缝开启缝长与主水力裂缝缝长存在正比例关系（图 4-9），即

$$a_i = \alpha L_i \tag{4-50}$$

式中　a_i——第 i 条天然裂缝开启缝长，m；

　　　α——开启系数，无因次；

　　　L_i——主水力裂缝尖端到第 i 条天然裂缝与主水力裂缝相交点的距离，m。

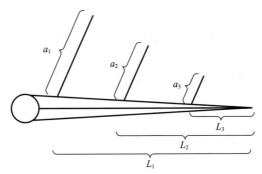

图 4-9　天然裂缝长度与水力裂缝长度关系

在施工过程中，每条天然裂缝不断延伸，由于主水力裂缝影响范围有限，天然裂缝开启长度不可能一直增加。当天然裂缝开启长度达到一定值时停止扩展，长度不再增大，此时只有主水力裂缝继续扩展，但天然裂缝缝内依然存在滤失。

6）天然裂缝簇开启判断

天然裂缝簇在压裂过程中开启后对主水力裂缝几何形态造成影响，对整个压裂过程中滤失量的影响显著[21,22]。当天然裂缝不开启时，它对压裂裂缝几何形态及滤失的影响很小，可忽略不计，此时犹如天然裂缝不存在。以第 i 条天然裂缝为例（从井筒到主水力裂缝尖端处依次编号），判断其是否开启。天然裂缝开启有两种模式[7,12,23]，即剪切破坏开启和拉伸破坏开启。天然裂缝壁面应力情况为：

$$\left.\begin{array}{l} \sigma_n = \dfrac{\sigma_H + \sigma_h}{2} - \dfrac{\sigma_H - \sigma_h}{2}\cos 2\theta_i \\[3mm] \tau = -\dfrac{\sigma_H - \sigma_h}{2}\sin 2\theta_i \end{array}\right\} \tag{4-51}$$

式中　σ_n——天然裂缝壁面正应力，MPa；

τ——天然裂缝壁面剪应力,MPa。

拉伸破坏时临界缝内压力 p_1 为:

$$p_1 = \frac{\sigma_H + \sigma_h}{2} - \frac{\sigma_H - \sigma_h}{2} \cos 2\theta + S_t \tag{4-52}$$

式中 S_t——天然裂缝抗拉强度,MPa。

剪切破坏临界缝内压力 p_2(库仑-莫尔准则)为:

$$p_2 = \frac{\sigma_H + \sigma_h}{2} - \frac{\sigma_H - \sigma_h}{2} \cos 2\theta - \frac{|\tau| - \tau_0}{f_k} \tag{4-53}$$

式中 τ_0——天然裂缝的内聚力,MPa;

f_k——天然裂缝的内摩擦系数。

天然裂缝破坏时临界缝内压力 p_{kq} 为:

$$p_{kq} = \min\{p_1, p_2\} \tag{4-54}$$

上式说明,当主水力裂缝缝内压力达到 p_{kq} 时天然裂缝开启,否则天然裂缝不开启。

4.2.3 多裂缝延伸模型的求解

进行多裂缝延伸求解时,需要首先确定天然裂缝的分布,然后可按如下步骤求解多裂缝延伸数学模型。

(1)估算某时刻主水力裂缝缝长。假设施工时间 t_1 时,主水力裂缝长度为 L_{fs},将主水力裂缝缝长分成 N 份,每段长 Δx,则满足条件 $N\Delta x = L_{fs}$。

(2)估算主水力裂缝缝长方向每段的流量。在每段上估算流量 $q(x) = q_0(1 - x/L_{fs})$,$q_0 = Q/2$。

(3)求解主水力裂缝缝高。

① 当裂缝未穿层时,采用如下公式求解:

$$\frac{\partial h(x,t)}{\partial x} = \frac{4\pi}{K_{Ic1}^4} \left(\frac{E_1}{1 - \nu_1^2}\right)^3 \mu \frac{q(x,t)}{h(x,t)}$$

边界条件为:

$$h(x)\big|_{x=L_{fs}} = 0$$

式中 K_{Ic1}——储层的断裂韧性,$Pa \cdot \sqrt{m}$;

L_{fs}——主水力裂缝半缝长,m

用龙格库塔法可求得每一小段上的缝高 $h_i(x)$。

② 当裂缝上下穿层时,采用如下公式求解:

$$\left.\begin{array}{l} A_1 \dfrac{\partial h_u}{\partial x} + B_1 \dfrac{\partial h_l}{\partial x} = 0 \\[2mm] A_2 \dfrac{\partial h_u}{\partial x} + B_2 \dfrac{\partial h_l}{\partial x} = A \end{array}\right\}$$

边界条件为:

$$\left.\begin{array}{l} h_u(x)\big|_{x=L_{fs}} = 0 \\[2mm] h_l(x)\big|_{x=L_{fs}} = 0 \end{array}\right\}$$

式中 h_u, h_l——顶底板缝高,m;

A_1, B_1, A_2, B_2, A ——h_u 和 h_1 的函数，表达式如下：

$$A_1 = (\sigma_3 - \sigma_1)(2h_1 - H_p)\frac{1}{\sqrt{-H_p^2 + 4h_u h_1 + 2h_1 H_p - 2h_u H_p}} - (\sigma_2 - \sigma_1) \times$$

$$(2h_1 + H_p)\frac{1}{\sqrt{-H_p^2 + 4h_u h_1 - 2h_1 H_p + 2h_u H_p}} - \sqrt{\frac{\pi}{8}}(K_{Ic2} - K_{Ic3})\frac{1}{\sqrt{h_u + h_1}}$$

$$B_1 = (\sigma_3 - \sigma_1)(2h_u + H_p)\frac{1}{\sqrt{-H_p^2 + 4h_u h_1 + 2h_1 H_p - 2h_u H_p}} - (\sigma_2 - \sigma_1) \times$$

$$(2h_u - H_p)\frac{1}{\sqrt{-H_p^2 + 4h_u h_1 - 2h_1 H_p + 2h_u H_p}} - \sqrt{\frac{\pi}{8}}(K_{Ic2} - K_{Ic3})\frac{1}{\sqrt{h_u + h_1}}$$

$$A_2 = -\frac{1}{\sqrt{8\pi}}(K_{Ic2} + K_{Ic3})(h_u + h_1)^{-\frac{3}{2}} - \frac{1}{\pi}(\sigma_3 - \sigma_1)\frac{1}{\sqrt{1 - \left(\dfrac{-H_p + h_1 - h_u}{h_u + h_1}\right)^2}} \times$$

$$\frac{2h_1 - H_p}{(h_u + h_1)^2} + \frac{1}{\pi}(\sigma_2 - \sigma_1)\frac{1}{\sqrt{1 - \left(\dfrac{H_p + h_1 - h_u}{h_u + h_1}\right)^2}}\frac{2h_1 + H_p}{(h_u + h_1)^2}$$

$$B_2 = -\frac{1}{\sqrt{8\pi}}(K_{Ic2} + K_{Ic3})(h_u + h_1)^{-\frac{3}{2}} + \frac{1}{\pi}(\sigma_3 - \sigma_1)\frac{1}{\sqrt{1 - \left(\dfrac{-H_p + h_1 - h_u}{h_u + h_1}\right)^2}} \times$$

$$\frac{2h_u + H_p}{(h_u + h_1)^2} - \frac{1}{\pi}(\sigma_2 - \sigma_1)\frac{1}{\sqrt{1 - \left(\dfrac{H_p + h_1 - h_u}{h_u + h_1}\right)^2}}\frac{2h_u - H_p}{(h_u + h_1)^2}$$

$$A = -\frac{\pi^2}{16l}\left(\frac{E_1}{1 - \nu_1^2}\right)^3\frac{q(x,t)\mu}{AA^3}$$

$$AA = \left[\frac{\pi(\sigma_2 + \sigma_3)}{4} + \frac{\sqrt{\pi}}{4\sqrt{l}}(K_{Ic2} + K_{Ic3}) + \frac{1}{2}(\sigma_3 - \sigma_1)\arcsin\frac{z_b}{l} - \frac{1}{2}(\sigma_2 - \sigma_1) \times \right.$$

$$\arcsin\frac{z_a}{l} - \frac{\pi}{2}\sigma_1 \bigg]l - \frac{\sigma_2 - \sigma_1}{2}\left[l\arccos\frac{z_a}{l} - z_a\ln(\sqrt{l^2 - z_a^2} + l) + z_a\ln|z_a|\right] -$$

$$\frac{\sigma_3 - \sigma_1}{2}\left[l\arccos\frac{-z_b}{l} + z_b\ln(\sqrt{l^2 - z_b^2} + l) - z_b\ln|z_b|\right]$$

$$l = \frac{h_u + h_1}{2}, \quad z_a = \frac{H_p + h_1 - h_u}{2}, \quad z_b = \frac{-H_p + h_1 - h_u}{2}$$

式中　K_{Ic2}, K_{Ic3} ——顶底板的断裂韧性，$\mathrm{Pa} \cdot \sqrt{\mathrm{m}}$。

这样可求得每一段上的 h_u 和 h_1，该段上 $h(x) = h_u + h_1$，由此可以求得主水力裂缝缝长分段后每段上的缝高。

（4）求解每段主水力裂缝上的压力。

$$p_f(x,t) = \frac{\sigma_2 + \sigma_3}{2} + \frac{1}{2\sqrt{\pi l}}(K_{Ic2} + K_{Ic3}) + \frac{1}{\pi}(\sigma_3 - \sigma_1)\arcsin\frac{z_b}{l} - \frac{1}{\pi}(\sigma_2 - \sigma_1)\arcsin\frac{z_a}{l}$$

由上式可求得每段上的缝内压力。

（5）判断天然裂缝的存在状态。

根据地应力条件、天然裂缝方位角、水力裂缝缝内压力分布情况，判断该位置处天然裂缝开启情况。当天然裂缝开启时，根据天然裂缝位置、水力裂缝长度、天然裂缝壁面应力条件等计算开启长度、宽度，并计算天然裂缝开启体积和天然裂缝滤失量；当天然裂缝不开启时，不计算天然裂缝开启参数。

（6）求解主水力裂缝缝宽。

① 裂缝未穿层时，主水力裂缝缝宽公式为：

$$W(x,z,t)=\frac{4(1-\nu_1^2)}{E_1}(p_f-\sigma_1)\sqrt{l^2-z^2}$$

截面为椭圆形，最大缝宽为 $\frac{4(1-\nu_1^2)}{E_1}(p_f-\sigma_1)l$。

② 裂缝上下穿层时，主水力裂缝缝宽公式为（以 $0\leqslant z\leqslant z_a$ 为例）：

当 $0\leqslant z\leqslant z_a$ 时，$\int_{|z|}^{l}=\int_{z}^{z_a}+\int_{z_a}^{-z_b}+\int_{-z_b}^{l}$，则有：

$$\frac{\pi E_1}{8(1-\nu_1^2)}W(x,z,t)=\frac{\pi}{2}(p_f-\sigma_1)\sqrt{l^2-z^2}-$$

$$\frac{\sigma_2-\sigma_1}{2}\left[\begin{array}{l}\sqrt{l^2-z^2}\arccos\frac{z_a}{l}-z_a\ln(\sqrt{l^2-z_a^2}+\sqrt{l^2-z^2})+z\ln\left(|z|\sqrt{\frac{l^2-z_a^2}{l^2z_a^2}}+\sqrt{\frac{l^2-z^2}{l^2}}\right)\\+z_a\ln\sqrt{z_a^2-z^2}-z\ln\sqrt{\frac{z_a^2-z^2}{z_a^2}}\end{array}\right]-$$

$$\frac{\sigma_3-\sigma_1}{2}\left[\begin{array}{l}\sqrt{l^2-z^2}\arccos\frac{-z_b}{l}+z_b\ln(\sqrt{l^2-z_b^2}+\sqrt{l^2-z^2})+z\ln\left(|z|\sqrt{\frac{l^2-z_b^2}{l^2z_b^2}}+\sqrt{\frac{l^2-z^2}{l^2}}\right)\\-z_b\ln\sqrt{z_b^2-z^2}-z\ln\sqrt{\frac{z_b^2-z^2}{z_b^2}}\end{array}\right]+$$

$$z\left\{\begin{array}{l}\frac{\sigma_1-\sigma_2}{2}\left[\begin{array}{l}\ln(\sqrt{l^2-z_a^2}+\sqrt{l^2-z^2})-\frac{z_a}{z}\ln\left(|z|\sqrt{\frac{l^2-z_a^2}{l^2z_a^2}}+\sqrt{\frac{l^2-z^2}{l^2}}\right)-\ln\sqrt{z_a^2-z^2}\\+\frac{z_a}{z}\ln\sqrt{\frac{z_a^2-z^2}{z_a^2}}\end{array}\right]-\\\frac{\sigma_1-\sigma_3}{2}\left[\begin{array}{l}\ln(\sqrt{l^2-z_b^2}+\sqrt{l^2-z^2})+\frac{z_b}{z}\ln\left(|z|\sqrt{\frac{l^2-z_b^2}{l^2z_b^2}}+\sqrt{\frac{l^2-z^2}{l^2}}\right)-\ln\sqrt{z_b^2-z^2}\\-\frac{z_b}{z}\ln\sqrt{\frac{z_b^2-z^2}{z_b^2}}\end{array}\right]\end{array}\right\}$$

至此，在一定主水力裂缝缝长下，主水力裂缝缝长分段后，每一段上的缝高、缝宽、压力及每条天然裂缝的开启缝长、缝宽、缝高都已求出。

（7）代入连续性方程中，检验是否满足总注入体积等于总裂缝体积与总滤失体积之和的条件。总裂缝体积包括天然裂缝总体积、主水力裂缝总体积，总滤失体积包括天然裂缝初滤失体积、天然裂缝动态滤失体积、主水力裂缝初滤失体积、主水力裂缝动态滤失体积。

若满足连续性方程,则进行下一时刻的计算;若不满足,返回步骤(1)重新假设主水力裂缝缝长并进行计算。求解流程如图 4-10 所示。

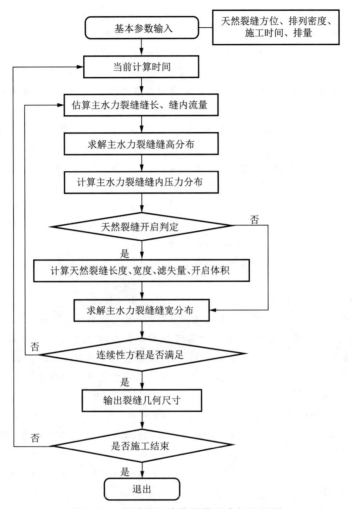

图 4-10 多裂缝延伸数学模型求解流程图

参 考 文 献

[1] 罗天雨,赵金洲,郭建春,等.薄层多层压裂的拟三维模型及应用[J].特种油气藏,2005,12(6):60-64.

[2] 郝艳丽,王河清,李玉魁.煤层气井压裂施工压力与裂缝形态简析[J].煤田地质与勘探,2001,29(3):20-22.

[3] 张群.煤层气储层数值模拟模型及应用的研究[D].北京:煤炭科技研究总院,2003.

[4] GU H,WENG X,LUN D J,et al. Hydraulic fracture crossing natural fracture at non-orthogonal angles,a criterion,its validation and applications[C]. SPE 139984,2011.

[5] ROBERTO S R,CONNOR B,KIESCHNICK J,et al. Laboratory experiments of hydraulic fracturing on glass plates help investigating basic conditions for fracture branching and fracture containment a-

long interfaces[C]. American Rock Mechanics Association,Golden,Colorado,June 17-18,2006.

[6] PAPADOPOULOS J M, NARENDRAN V M,CLEARY M P,et al. Laboratory simulations of hydraulic fracturing[C]. SPE 11618,1983.

[7] POTLURI N,ZHU D, HILL A D. The effect of natural fractures on hydraulic fracture propagation [C]. SPE 94568,2005.

[8] BRUCE R,LUCAS W. Optimization of multiple transverse hydraulic fractures in horizontal wellbores[C]. SPE 131732,2010.

[9] 程远方,徐太双,吴百烈,等. 煤岩水力压裂裂缝形态实验研究[J]. 天然气地球科学,2013,24(1): 134-137.

[10] 程远方,杨柳,吴百烈,等. 定向井压裂裂缝三维扩展形态的可视化仿真[J]. 计算机仿真,2012,29 (12):325-328.

[11] 沈海超,程远方,夏元博,等. 煤岩等软岩层地应力研究新方法及其应用[J]. 西安石油大学学报(自然科学版),2009,24(2):39-44.

[12] 王鸿勋,张士诚. 水力压裂设计数值计算方法[M]. 北京:石油工业出版社,1998.

[13] CLEARY M P. Comprehensive design formulae for hydraulic fracturing[C]. SPE 9259,1980.

[14] 戴林. 煤层气井水力压裂设计研究[D]. 湖北:长江大学,2012.

[15] 程远方,吴百烈,袁征,等. 煤层气井水力压裂"T"型缝延伸模型建立及应用[J]. 煤炭学报,2013,38 (8):1 430-1 434.

[16] 张琪. 采油工程原理与设计[M]. 东营:中国石油大学出版社,2006.

[17] 袁灿明,郭建春,陈健,等. 多薄层压裂流量分配判定准则[J]. 断块油气田,2010,17(1):109-111.

[18] 吴百烈. 煤层气储层压裂复杂裂缝设计方法研究[D]. 青岛:中国石油大学(华东),2014.

[19] 程远方,吴百烈,李娜,等. 煤层压裂裂缝延伸及影响因素[J]. 特种油气藏,2013,20(2):126-129.

[20] 程远方,吴百烈,李娜,等. 应力敏感条件下煤层压裂裂缝延伸模拟研究[J]. 煤炭学报,2013,38 (9):1 634-1 639.

[21] 梁知,杨兆中,李小刚,等.浅谈煤层气压裂中的滤失问题[J]. 内蒙古石油化工,2012,(13):33-35.

[22] 曾晓慧,郭大立,王祖文,等. 压裂液综合滤失系数的计算方法[J]. 西南石油大学学报,2005,27(5): 53-56.

[23] MEYER B R. Real-time 3-D hydraulic fracturing simulation:theory and field case studies[J]. SPEJ, 1990,12(6):417-431.

第 5 章　煤层气压裂液摩阻分析与支撑剂运移分布

5.1　煤层气压裂液摩阻分析

在压裂过程的地下裂缝检测诊断中,压力是分析和诊断压裂施工效果以及裂缝信息的重要参数。裂缝内的流体压力与最小水平地应力之差形成的净压力对裂缝的形成与监测十分重要,但是往往难以靠实际的直接测量或观察的方法获得,多数情况下需要借助于计算。地面压裂液到达地层进行水力造缝,要经过一系列的管柱、射孔孔眼等,会引起一定的压力损失,因此要准确得到井底破裂压力,整个流程的摩阻计算就是非常重要的内容。

除此之外,由于煤层的压裂液滤失严重,压裂液效率低,因此需要提高排量及施工压力来获得具有一定导流能力的裂缝。但是,井筒管柱、射孔尺寸等都会限制施工排量的增加,其摩阻压降也会直接影响泵入设备功率的大小。同时,由于摩阻的存在,对压裂管柱、设备等也提出了一定的强度要求。在压裂施工设计过程中,摩阻计算是不可缺少的内容。

5.1.1　压裂液的流变性

在常规储层压裂中,压裂液具有携砂、致裂、充填、冷却地层等作用[1]。在压裂液的众多性能中,压裂液的流变性在压裂施工中具有重要的影响,它涉及支撑剂的沉降及运移、压裂效率、摩阻等重要参数的计算和设计,对于造出具有一定导流能力且满足尺寸要求的裂缝起着至关重要的作用。

对于煤层而言,压裂液除了满足常规压裂液基本的性能外,还需要具有低滤失性、低污染性、低吸附性、低成本等特点。由于煤层裂隙系统发育,是典型的双重孔隙介质,天然的裂隙及割理尺寸较大,尤其是面割理延伸长度较大,导致煤层的滤失量大大增加。这就对压裂液的性能提出了较高的要求,如果压裂液大量滤失到煤层内,会引起施工效率大大降低,甚至可能导致压裂施工失败。另外,如果煤层压裂液的流变性不满足施工要求,也会带来一系列严重的施工问题,如造缝的导流能力差、砂堵、端部脱砂、摩阻高等,这些问题往往也关系到压裂施工的成败,因此研究煤层压裂液的基本性能及其流变性有重要的意义。

压裂液按照其流变学特性主要分为牛顿压裂液和非牛顿压裂液。目前使用的压裂液除水、活性水、油（低黏油或成品油）外，凡是使用各种高分子聚合物添加剂增稠或交联的水基或油基压裂液，在流动特性上都有一定的非牛顿特性。

对于煤层压裂，常见的压裂液体系主要有清水压裂液、活性水压裂液、清洁压裂液以及冻胶压裂液[2,3]，其中清水压裂液和活性水压裂液可以当作牛顿流体处理，而清洁压裂液和冻胶压裂液则表现出明显的非牛顿特性，流体的黏度会受到剪切速率的影响，因此作为非牛顿流体处理。为了简便起见，在研究非牛顿煤层压裂液时，可以认为其符合幂律流体的基本特性。下面分别讨论牛顿压裂液和幂律压裂液的流变特点。

1）牛顿压裂液

牛顿压裂液的典型特征是剪切应力与剪切速率成正比关系，即随着剪切速率的增大，剪切应力也相应变大，但二者的比值保持不变，即无论剪切速率如何变化，黏度都表现为定值。剪切应力 τ 与剪切速率 $\dot{D}$ 关系式如下：

$$\tau = \mu \dot{D} \tag{5-1}$$

式中　τ——剪切应力，Pa；

　　　μ——牛顿压裂液黏度，Pa·s；

　　　$\dot{D}$——剪切速率，1/s。

上式也是牛顿压裂液的本构方程，剪切速率与剪切应力之间只有一个比例常数 μ。牛顿压裂液的黏度 μ 是不随剪切速率的变化而发生变化的。因此，牛顿流体的流变曲线为一条过原点的直线，如图 5-1 中曲线 A 所示。未经过稠化的液体，如水、油等都可以认为是牛顿流体。

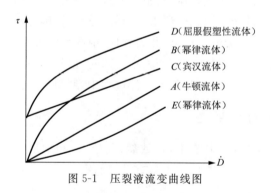

图 5-1　压裂液流变曲线图

目前，煤层气压裂所用的压裂液中很大一部分是牛顿压裂液，成分一般为清水或活性水，添加一定量的氯化钾，不添加各种稠化剂，因此黏度、密度都不大，密度为 1.0～1.015 g/cm³，黏度约为 1 mPa·s，pH 值约为 7，表面张力小，大约为 25 mN/m。煤层采用清水或活性水压裂的突出优点主要体现在以下 3 个方面：

（1）清水或活性水压裂液与煤层的配伍性好，虽然会引起滤失量的增加，但对煤层渗透率的影响不大，污染小；

（2）清水或活性水压裂液各方面的流体性质稳定，成分单一，成本也比较低，且添加一定量的表面活性剂，在煤层中返排的效果较好；

（3）清水或活性水压裂液的黏度比较低，且受剪切速率的影响不大，因此流体流经各个部位的摩擦阻力不大,在井底的静压力能保持在一定的水平上。

煤层中存在大量的裂隙系统,因此渗透性比较高,滤失量较大[4]。要想保证清水以及活性水压裂液的造缝能力,需要采用大排量泵注,尽可能地保证注入速率大于液体的滤失速率。但是,并不是所有的煤层压裂液都是清水或者活性水。这是因为活性水本身的黏度比较低,携带支撑剂的能力较弱,砂粒比较容易沉降,特别是在高渗透煤层内部容易出现脱砂现象,所以煤层压裂的压裂液中有时需要添加一定量的稠化剂等高分子添加剂,除了提高压裂液本身的黏度外,还需要尽可能地降低压裂液的滤失量,提高煤层压裂的造缝、携砂能力。

2) 幂律压裂液

当在活性水中添加稠化剂后,它将不再满足牛顿流体的流变特性。可以简单地认为此时的压裂液为幂律流体,其流变曲线如图 5-1 中曲线 B 所示。观察曲线 B 可以发现,幂律流体随着剪切速率的增加,其流变曲线斜率逐渐减小,说明在剪切力作用下,流体的结构遭到破坏,黏度也随之降低,这就是非牛顿流体的剪切稀释作用。但是在煤层压裂过程中,需要保证压裂液具有相对稳定的黏度和低滤失性,因此大排量施工时需要加入抗剪切稀释的添加剂,以减小由于剪切速率的增加而引起的压裂液黏度的降低。

幂律流体与牛顿流体不同,其流变曲线斜率不是定值,剪切应力与剪切速率关系可以用一个经验方程来表示:

$$\tau = K\dot{D}^n \quad (0 < n < 1) \tag{5-2}$$

式中　K——稠度系数,Pa·s^n;

　　　n——流变指数,无因次。

从式(5-2)中可以看出,幂律压裂液的本构方程与牛顿压裂液的不同之处是增加了两个参数(n,K)的限制。由于 n,K 的变化,使得幂律流体的流变曲线不能像牛顿流体一样呈现直线关系。但是当 $n=1$ 时,式(5-2)就变成了式(5-1),即牛顿压裂液本构方程可以理解为牛顿压裂液是流变指数为 1 的非牛顿压裂液。

将幂律压裂液本构方程改为如下形式:

$$\tau = (K\dot{D}^{n-1})\dot{D} \tag{5-3}$$

令 $\mu_a = K\dot{D}^{n-1}$,则得到:

$$\tau = \mu_a\dot{D} \tag{5-4}$$

式中　μ_a——幂律压裂液的表观黏度,Pa·s。

由于流变指数 n 为小于 1 的数,因此随着剪切速率的增大,表观黏度呈减小趋势。幂律流体的"黏度"并不是定值,而是随着 K,n 以及排量的变化而变化的,稠度系数 K 和流变指数 n 又随着温度的变化而改变,因此幂律压裂液性质受温度的影响比较大。此外,在煤层压裂过程中,为了缓和由于煤层的滤失量过大而导致的压裂效率低的问题,多采用大排量压裂,使得剪切速率较常规压裂大,导致压裂液黏度较小,大大地影响造缝、携砂。因此,煤层压裂施工所采用的压裂液的性质需要综合考虑煤层温度以及施工排量的影响,才能很好地满足施工要求,及时调整流变性能参数与剪切速率的关系,保证压裂施工结束后容易返排。

幂律压裂液的流变指数和稠度系数需要通过实验来测定。对幂律本构方程两边取对数,化成直线方程的形式:

$$\lg \tau = \lg K + n \lg \dot{D} \tag{5-5}$$

做出 $\lg \tau$ 与 $\lg \dot{D}$ 的关系曲线，如图 5-2 所示，其中直线斜率为 $n = \tan \theta$，在纵轴上的截距为 $\lg K$。压裂液的剪切应力和剪切速率可以使用各种仪器（细管式流变仪、旋转圆筒黏度计、锥板黏度计、控制应力流变仪等）测得。根据图 5-2 来确定幂律流体的流变参数，有了 n，K 值后，即可得到幂律方程，从而求出煤层压裂液的表观黏度。目前，大多数煤层压裂液在满足一定的剪切速率时都可以看作是幂律流体，无论是在裂缝内还是圆管中流动，都可近似地将 n，K 值取相同值。

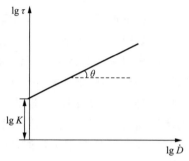

图 5-2　幂律压裂液流变特性双对数曲线图

在使用非牛顿压裂液进行压裂施工前，需要测试压裂液的稠度系数与流变指数，以保证压裂液具有良好的性能。只有保证这两个参数在合理的数值范围内，才能确保压裂施工顺利进行，使压裂液具有很好的携砂、造缝能力。

5.1.2　幂律流体流动过程中的表观黏度计算

研究幂律流体的流动状态是十分必要的，因为很多煤层压裂液在一定的条件下都具有幂律流体的流变特性。压裂液从地面管汇泵入地层过程中，经过井筒以及射孔段，最终进入压开的裂缝内，其流动过程基本上可以分为管线、井筒、射孔和裂缝。要计算这 4 种流动过程中的流体表观黏度，必须知道这 4 种流动状态下的剪切速率。经过多年的研究发现，这 4 类流动可以大体上划分为两种流动过程，即管流和缝流。

1）管流

幂律流体在圆管内流动，其剪切速率与流体的平均流速及管径有关，管流的本构方程如下：

$$\tau_{w} = K \left(\frac{3n+1}{4n} \right)^{n} \left(\frac{8v}{d} \right)^{n} \tag{5-6}$$

式中　τ_{w}——圆管壁面上的剪切应力，kPa；

　　　v　——圆管断面内流体平均流速，m/s；

　　　d　——圆管内径，cm；

　　　K　——稠度系数，Pa·s^{n}；

　　　n　——流变指数，无因次。

幂律流体在圆管内流动的表观黏度为：

$$\mu_{ap} = K \left(\frac{3n+1}{4n}\right)^n \left(\frac{8v}{d}\right)^{n-1} \tag{5-7}$$

式中　μ_{ap}——幂律流体在圆管内流动时的表观黏度，mPa・s。

2）缝流

幂律流体在裂缝内流动时，其剪切速率与流体的平均流速及缝宽有关，缝内流动的本构方程如下：

$$\tau_w = K \left(\frac{2n+1}{3n}\right)^n \left(\frac{6v}{W}\right)^n \tag{5-8}$$

式中　τ_w——幂律流体在裂缝内流动时缝壁面上的剪切应力，kPa；

　　　W——裂缝宽度，m。

幂律流体在裂缝中任意断面的表观黏度为：

$$\mu_{af} = K \left(\frac{2n+1}{3n}\right)^n \left(\frac{6v}{W}\right)^{n-1} \tag{5-9}$$

式中　μ_{af}——幂律流体在裂缝内流动时的表观黏度，mPa・s。

5.1.3　摩阻计算

压裂液进入地层造缝前，需要经过地面设备及管线、井筒、射孔孔眼等，由于摩阻的存在，在每个流动部分都会产生压力损失。摩阻越大，压力损失就越大，用于压裂地层的缝口有效压力则越小。因此，计算摩阻引起的压力损失以及确定影响压力损失的因素，对确定地面施工压力、监测裂缝几何形态和提高压裂过程中的能量利用率都是非常重要的。由于流程比较短，地面管线及设备的摩阻可以忽略不计。下面主要介绍井筒、射孔孔眼和裂缝内流动的摩阻计算方法。

1）管柱内的摩阻

油管或油套环空内的摩阻计算是煤层压裂施工中的多种摩阻计算中最为关键的部分之一。油管或油套环空的摩阻计算与压裂液的流态有很大关系，在计算之前，首先要确定流态。一般来说，煤层压裂的流态有两种，即层流与紊流，流态可由 Metzner-Reed 广义雷诺数确定。

油管内流动的广义雷诺数为：

$$N_{Re} = \frac{547.3\rho q^{2-n}}{1\,647.7^n K_p d_{ti}^{4-3n}} \tag{5-10}$$

$$K_p = K \left(\frac{3n+1}{4n}\right)^n$$

油套环空内流动的广义雷诺数为：

$$(N_{Re})_{an} = \frac{820.3\rho q^{2-n}}{2\,471^n K_{an}(d_{ci}-d_{to})^{2-2n}(d_{ci}+d_{to})^{2-n}} \tag{5-11}$$

$$K_{an} = K \left(\frac{2n+1}{3n}\right)^n$$

式中　ρ——压裂液密度，kg/m³；

　　　q——压裂液泵入流量，m³/s；

K_p，K_{an}，K——油管流、环空流和实验室测定的压裂液稠度系数，Pa·s^n；

n——压裂液流变指数，无因次；

d_{ti}——油管内径，cm；

d_{to}——油管外径，cm；

d_{ci}——套管内径，cm。

（1）当广义雷诺数小于 2 000 时，流态为层流。

层流时，油管内流动的摩阻引起的压力损失为：

$$\Delta p_f = 0.333 \times 1.647^n \frac{LK_p q^n}{d_{ti}^{1+3n}} \tag{5-12}$$

层流时，环空内流动的摩阻引起的压力损失为：

$$\Delta p_f = 0.333 \times 2.741^n \frac{LK_{an} q^n}{(d_{ci} + d_{to})^n (d_{ci} - d_{to})^{1+2n}} \tag{5-13}$$

式中　Δp_f——由摩阻引起的压力损失，kPa；

　　　L——油管或油套环空长度，m。

（2）当广义雷诺数大于 2 000 时，流态为紊流。

紊流是一种比较复杂的流态，在实际压裂施工过程中，管柱内的压裂液流态往往不是层流，而是紊流或者比紊流更加复杂的流态。同时，混砂液中还有支撑剂，这样的流体流动不能使用上述方法进行简单的计算，这就需要提出一套不同于层流而适合于紊流流态的压裂液摩阻计算方法。

这里采用的方法是降阻比法[5,6]。降阻比法是基于牛顿流体与非牛顿流体的流变特性在摩阻压降上的特点演化出来的，能够有效地求解复杂压裂液流态下的摩阻问题，计算过程简单，误差较小，结合不同井的地层特点，修正公式系数，有很强的适用性。降阻比法的具体实现步骤为：

① 计算清水在管柱内流动的摩阻压降；

② 根据压裂液的成分、性质等，求解降阻比；

③ 根据求解得到的降阻比，获得煤层压裂液在管柱内的摩阻压降。

清水在管柱内流动引起的摩阻可采用 Lord 和 M. C. Gowen 等提出的回归公式：

$$(\Delta p_f)_0 = 1.385 \times 10^6 D^{-4.8} Q^{1.8} L \tag{5-14}$$

式中　$(\Delta p_f)_0$——清水的摩阻压降，MPa；

　　　Q——泵入的流量，m^3/min；

　　　D——管柱内径，mm；

　　　L——管柱长度，m。

降阻比的定义式为：

$$\delta = \frac{(\Delta p_f)_p}{(\Delta p_f)_0} \tag{5-15}$$

变换得到：

$$(\Delta p_f)_p = \delta (\Delta p_f)_0 \tag{5-16}$$

式中　δ——降阻比，无因次；

　　　$(\Delta p_f)_p$——压裂液的摩阻压降，MPa。

降阻比的计算公式为：

$$\ln\frac{1}{\delta}=2.38-1.152\,5\times10^{-4}\frac{D^2}{Q}-0.281\,9\times10^{-4}C_{\mathrm{HPG}}\frac{D^2}{Q}-$$

$$0.163\,9\ln\frac{C_{\mathrm{HPG}}}{0.119\,83}-2.337\,2\times10^{-4}C_{\mathrm{p}}\mathrm{e}^{\frac{0.119\,83}{C_{\mathrm{p}}}} \tag{5-17}$$

式中　C_{HPG}——稠化剂质量浓度，$\mathrm{kg/m^3}$；

　　　C_{p}——支撑剂质量浓度，$\mathrm{kg/m^3}$。

由式(5-17)可以计算出降阻比，再根据式(5-14)得到管柱内清水流动引起的摩阻压降，代入降阻比定义式(5-15)中，便可求出煤层压裂液在管柱内流动时的摩阻压降。式(5-17)计算降阻比的精确度很高，对于不同的地区，方程的基本形式不变，但需要根据当地的地层特点给出适合当地条件的降阻比公式。

2）射孔孔眼内的摩阻

压裂过程中，如果射孔的孔径太小、孔数不足或者射孔堵塞，则会导致井筒内的压力大大提高，如果处理不当，甚至会导致油管或套管破裂；射孔孔眼摩阻是影响裂缝扩展的重要参数，对压裂施工的顺利实施和压后评估有重要的影响。因此在压裂施工和摩阻分析中，射孔孔眼摩阻的计算是非常重要的部分。

实践表明，射孔孔眼产生的压降有可能很大，这主要与射孔参数的选取有关。射孔孔眼产生的摩阻压降计算公式为：

$$\Delta p_{\mathrm{pf}}=\frac{2.232\,6\times10^{-4}Q^2\rho_{\mathrm{f}}}{C_{\mathrm{D}}^2N_{\mathrm{p}}^2D_{\mathrm{p}}^4} \tag{5-18}$$

式中　Δp_{pf}——射孔孔眼产生的摩阻压降，MPa；

　　　ρ_{f}——压裂液混合密度，$\mathrm{kg/m^3}$；

　　　C_{D}——射孔流量系数，通常取0.7，无因次；

　　　N_{p}——打开的射孔孔眼数目，个；

　　　D_{p}——射孔孔眼直径，cm。

式(5-18)中压裂液混合密度的计算公式为：

$$\rho_{\mathrm{f}}=\frac{\rho_{\mathrm{i}}+\rho_{\mathrm{t}}S}{1+\rho_{\mathrm{t}}S/\rho_{\mathrm{p}}} \tag{5-19}$$

式中　ρ_{i}，ρ_{t}，ρ_{p}——纯压裂液密度、支撑剂颗粒密度和支撑剂视密度，$\mathrm{kg/m^3}$；

　　　S——砂比，无因次。

$$S=0.56+3.637\,6\times10^{-4}M=0.56+3.637\,6\times10^{-4}\rho_{\mathrm{t}}\int_0^t q(\tau)C(\tau)\mathrm{d}\tau$$

式中　M——通过射孔孔眼的支撑剂总质量，kg；

　　　$q(\tau)$——τ时刻通过射孔孔眼的携砂液流量，$\mathrm{m^3/min}$；

　　　$C(\tau)$——τ时刻砂浓度，$\mathrm{kg/m^3}$；

　　　t——冲蚀射孔孔眼的时间，min。

上式经过方程处理，可以简化为求解打磨过后的射孔孔眼直径D的计算公式：

$$D=\left\{\frac{9.167\,3\times10^{-7}\int_0^t q^2(\tau)\mathrm{d}\tau}{\left[0.56+3.637\,6\times10^{-4}\rho_{\mathrm{t}}\int_0^t q(\tau)C(\tau)\mathrm{d}\tau\right]^{\frac{1}{2}}}+D_{\mathrm{p}}^3\right\}^{\frac{1}{3}} \tag{5-20}$$

在实际施工过程中,当携带支撑剂的携砂液以较高的速度穿过射孔孔眼时,会对射孔孔眼进行磨损而使孔眼变得光滑,流量系数和孔眼直径都会有一定程度的增加,从而导致孔眼的摩阻压降变小[7]。实验表明,流量系数从 0.56 变化到 0.89,孔眼的摩阻压降降为原来的 2/5 左右,如图 5-3 所示。

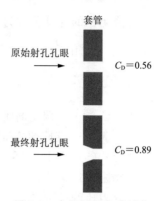

图 5-3　支撑剂颗粒对射孔
孔眼的磨损

由式(5-18)计算出来的射孔孔眼摩阻压降单位为 MPa。由公式可以看出,对射孔孔眼摩阻压降影响较大的因素是单个孔眼内流量 Q、射孔流量系数 C_D、射孔孔眼直径 D_p,而压裂液密度 ρ_f 的影响则较小。单个孔眼内的流量可以通过调整施工排量或射孔孔眼数目确定;孔眼直径选择可以通过选取合理的射孔枪来实现;对于射孔流量系数,可以采用如下近似公式进行计算:

$$C_D = (1 - e^{-0.866 D_p / \mu_a^{0.1}})^{0.4} \tag{5-21}$$

其中:

$$\mu_a = K \left(\frac{3n+1}{4n}\right)^n \frac{0.004 v}{3 D_p} \tag{5-22}$$

式中　μ_a——压裂液表观黏度,mPa·s。

需要说明的是,当孔眼直径提高到无穷大,压裂液黏度降为 0 时,上述方程中的射孔流量系数为 1;同样,当孔眼直径为 0,压裂液黏度为无穷大时,射孔流量系数为 0。这两种情况是射孔流量系数的限制条件。

3) 裂缝内的摩阻

裂缝的高度不是常数,因此计算裂缝内的摩阻比较复杂。通常情况下,为了方便计算压裂液经过裂缝的摩阻压降,可以进行近似处理,即将无限大平板间的层流公式经过修正后作为裂缝内摩阻压降公式:

$$\Delta p_f = 0.167 \times 80.85^n L_f K_f W^{-2n-1} \left(\frac{q_f}{H_f}\right)^n \tag{5-23}$$

$$K_f = K \left(\frac{2n+1}{3n}\right)^n$$

式中　W——裂缝宽度,cm;

　　　L_f——单翼裂缝长度,m;

　　　K_f——裂缝内压裂液的稠度系数,Pa·s^n;

　　　q_f——裂缝内单翼的流量,m³/s;

　　　H_f——裂缝高度,m。

式(5-23)是在不清楚裂缝扩展形态参数情况下的简单估算,通过求解拟三维模型,可以获得裂缝缝口处的压力 p_w。

4) 地面井口压力

经过计算,可以得到煤层裂缝缝口的压力 p_w。压裂液产生的静水压力为 p_h,则地面井口的施工压力为:

$$p_s = p_w + \Delta p_{pf} + (\Delta p_f)_p - p_h \tag{5-24}$$

式中　p_s——地面井口施工压力，MPa。

5.2　支撑剂沉降规律及其影响因素

支撑剂在压裂液中的沉降规律直接影响填砂裂缝的几何尺寸、支撑剂在裂缝中的分布以及支撑裂缝的导流能力。目前的普遍共识是：支撑剂在裂缝中运动时，其在压裂液中的沉降行为起支配作用[8]。因此，研究支撑剂的沉降规律非常重要。本节将讨论支撑剂颗粒在无限大液体中的自由沉降，然后对多颗粒的干扰沉降以及壁面效应等进行修正。此外，为了描述颗粒在非牛顿压裂液中的沉降情况，也介绍颗粒在非牛顿流体（幂律流体）中的沉降。同时，针对煤层压裂，由于使用的压裂液和支撑剂不同，且裂缝几何尺寸与常规压裂也有所差异，因此探讨这些因素对支撑剂沉降的影响也是很有必要的。

5.2.1　支撑剂单颗粒自由沉降

不同的压裂液类型，其流变性能不同，因而支撑剂在其中的运移规律也不同。下面分别介绍支撑剂在牛顿压裂液和非牛顿压裂液（以幂律压裂液为例）中的运移规律[9,10]。

1）牛顿压裂液的颗粒沉降模型

人们对支撑剂颗粒沉降运动的研究最早是从单颗粒在无限大流体中的自由沉降规律开始的，并得出了适用于低雷诺数（$N_{Re} \leqslant 2$）条件下的斯托克斯（Stokes）沉降定律。

支撑剂颗粒随着压裂液在裂缝中运移时，在垂直方向上，一方面由于受到自身重力 F_1 的作用而下沉，另一方面在下沉的同时受到液体浮力 F_2 和阻力 F_3 的作用，因此垂向上支撑剂颗粒所受的合力 F 为：

$$F = F_1 - F_2 - F_3 \tag{5-25}$$

式中，F_1，F_2 和 F_3 的计算式分别为：

$$F_1 = mg, \quad F_2 = mg\,\frac{\rho_f}{\rho_p}, \quad F_3 = C_d\,\frac{A\rho_f v_s^2}{2}$$

式中　m——单颗粒质量，kg；

　　　ρ_f，ρ_p——压裂液密度和支撑剂密度，kg/m³；

　　　C_d——沉降阻力系数，无因次；

　　　A——阻力面积，m²；

　　　v_s——单颗粒自由沉降速度，m/s。

将 F_1，F_2 和 F_3 的表达式代入方程(5-25)，则 F 可以表示为：

$$F = mg - mg\,\frac{\rho_f}{\rho_p} - C_d\,\frac{A\rho_f v_s^2}{2} \tag{5-26}$$

若支撑剂颗粒为球形，则有：

$$A = \frac{\pi}{4}d_p^2, \quad m = \frac{\pi}{6}\rho_p d_p^3$$

式中　d_p——支撑剂颗粒直径。

又因为 $F = ma = m\dfrac{\mathrm{d}v_s}{\mathrm{d}t}$，将 A，m，F 的具体表达式代入方程（5-26），并进行化简求导，得：

$$\frac{\mathrm{d}v_s}{\mathrm{d}t} = \frac{g(\rho_p - \rho_f)}{\rho_p} - \frac{3C_d\rho_f v_s^2}{4d_p\rho_p} \tag{5-27}$$

单颗粒沉降实验研究发现，颗粒在液体中沉降时，先加速沉降一小段距离，随着沉降速度的增大，沉降阻力也增大，最终颗粒在垂向上达到受力平衡状态，此时颗粒将以最大沉降速度匀速沉降，即 $\dfrac{\mathrm{d}v_s}{\mathrm{d}t} = 0$，由此可以推导出单颗粒的匀速沉降速度：

$$v_s = \left[\frac{4g(\rho_p - \rho_f)d_p}{3C_d\rho_f}\right]^{\frac{1}{2}} \tag{5-28}$$

要利用式（5-28）计算颗粒的沉降速度，首先需要确定沉降阻力系数 C_d。对于牛顿流体在层流条件下，其沉降阻力系数为：

$$C_d = \frac{24}{\dfrac{\rho_f d_p v_s}{\mu}} = \frac{24}{N_{Re}} \tag{5-29}$$

式中　N_{Re}——雷诺数，无因次；

　　　μ——液体黏度，mPa·s。

将式（5-29）代入式（5-28），就可得到牛顿流体的 Stokes 沉降式：

$$v_s = \frac{g(\rho_p - \rho_f)d_p^2}{18\mu} \tag{5-30}$$

Stokes 沉降式是计算支撑剂颗粒自由沉降最基本的公式，但它也有很大的局限性，即该式只适用于牛顿流体层流状态，当雷诺数较大时，计算结果与实际值的偏差会很大。由图 5-4 沉降阻力系数和雷诺数的关系可知，当 $N_{Re} > 1$ 时，由式（5-30）计算出来的沉降阻力系数与实际值相差很大。

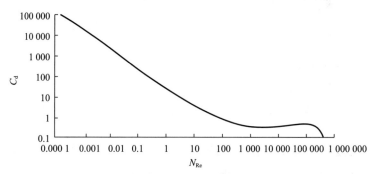

图 5-4　球形颗粒的沉降阻力系数

支撑剂颗粒在水力裂缝中发生实际沉降时，还会受到裂缝壁面不规则性、支撑剂浓度以及压裂液紊流流动等诸多因素的影响，因而必须对支撑剂颗粒的自由沉降速度进行修正，才能得到支撑剂颗粒在裂缝中的真实沉降速度。

当颗粒的沉降雷诺数较大（$N_{Re} > 2$）时，Stokes 沉降式将不再适用。为此，一些学者提出了不同条件下颗粒沉降阻力系数和沉降速度的计算式。例如，Novotny 提出的不同雷诺数下的阻力系数及沉降速度的计算公式如下。

（1）当 $N_{Re} \leqslant 2$ 时：

$$\left.\begin{aligned} C_d &= \frac{24}{N_{Re}} \\ v_s &= \frac{g(\rho_p - \rho_f)d_p^2}{18\mu} \end{aligned}\right\} \tag{5-31}$$

（2）当 $2 < N_{Re} \leqslant 500$ 时：

$$\left.\begin{aligned} C_d &= \frac{18.5}{N_{Re}^{0.6}} \\ v_s &= \frac{20.34(\rho_p - \rho_f)^{0.71}d_p^{1.44}}{\rho_f^{0.29}\mu^{0.43}} \end{aligned}\right\} \tag{5-32}$$

（3）当 $N_{Re} > 500$ 时：

$$\left.\begin{aligned} C_d &= 0.44 \\ v_s &= 1.74\sqrt{\frac{g(\rho_p - \rho_f)d_p}{\rho_f}} \end{aligned}\right\} \tag{5-33}$$

但是，使用 Novotny 方法计算不同雷诺数条件下支撑剂颗粒沉降速度时，需要首先计算支撑剂颗粒的沉降雷诺数以判定选择哪一个计算式来计算沉降速度，而计算颗粒沉降雷诺数又需要用到颗粒的沉降速度，因而在具体计算过程中需要进行不断的试算，费时又费力。

为此，可以通过一些较为简单的数学变换来避免上述费时费力的试算问题。

首先，由式（5-28）可以得到 C_d 的表达式：

$$C_d = \frac{4}{3}\frac{g(\rho_p - \rho_f)d_p}{\rho_f v_s^2} \tag{5-34}$$

对式（5-34）两边同时乘以 N_{Re}^2，得：

$$N_{Re}^2 C_d = \frac{4}{3}\frac{g(\rho_p - \rho_f)\rho_f d_p^3}{\mu^2} \tag{5-35}$$

式（5-35）中的 $\dfrac{g(\rho_p - \rho_f)\rho_f d_p^3}{\mu^2}$ 称为盖里略准数。β 准则就是一种基于盖里略准数的可以方便地判别支撑剂沉降状态的方法。β 的计算公式为：

$$\beta = \frac{9.81 \times 10^{-3}(\rho_p - \rho_f)\rho_f d_p^3}{\mu^2} \tag{5-36}$$

由于工程现场使用的支撑剂不一定是完全规则的球形，考虑支撑剂颗粒几何形状对沉降速度的影响，下面给出了不同球度下的支撑剂颗粒沉降规律。

（1）球度 $\varphi_s = 1.0$。

当 $\beta \leqslant 18$ 时，支撑剂颗粒沉降处于滞流状态，沉降速度为：

$$v_s = \frac{5.45 \times 10^{-4}(\rho_p - \rho_f)d_p^2}{\mu} \tag{5-37}$$

当 $18 < \beta \leqslant 3.54 \times 10^3$ 时，支撑剂颗粒沉降处于过渡流 i 状态，沉降速度为：

$$v_s = \frac{2.36 \times 10^{-3}(\rho_p - \rho_f)^{0.782}d_p^{1.347}}{\rho_f^{0.218}\mu^{0.565}} \tag{5-38}$$

当 $3.54 \times 10^3 < \beta \leqslant 3.3 \times 10^5$ 时,支撑剂颗粒沉降处于过渡流 ii 状态,沉降速度为:

$$v_s = \frac{0.019\ 6(\rho_p - \rho_f)^{0.628} d_p^{0.833}}{\rho_f^{0.372} \mu^{0.255}} \tag{5-39}$$

当 $\beta > 3.3 \times 10^5$ 时,支撑剂颗粒沉降处于紊流状态,沉降速度为:

$$v_s = 0.172 \sqrt{\frac{(\rho_p - \rho_f) d_p}{\rho_f}} \tag{5-40}$$

(2)球度 $\varphi_s = 0.806$。

当 $\beta \leqslant 6.45$ 时,支撑剂颗粒沉降处于滞流状态,沉降速度为:

$$v_s = \frac{4.95 \times 10^{-4} (\rho_p - \rho_f)^{0.924} d_N^{0.833}}{\rho_f^{0.076} \mu^{0.848}} \tag{5-41}$$

式中 d_N——支撑剂颗粒的当量直径,mm。

当 $6.45 < \beta \leqslant 2.09 \times 10^3$ 时,支撑剂颗粒沉降处于过渡流 i 状态,沉降速度为:

$$v_s = \frac{1.21 \times 10^{-3} (\rho_p - \rho_f)^{0.749} d_N^{1.383}}{\rho_f^{0.206} \mu^{0.589}} \tag{5-42}$$

当 $2.09 \times 10^3 < \beta \leqslant 5.13 \times 10^5$ 时,支撑剂颗粒沉降处于过渡流 ii 状态,沉降速度为:

$$v_s = \frac{0.57 \times 10^{-3} (\rho_p - \rho_f)^{0.623} d_N^{1.969}}{\rho_f^{0.377} \mu^{0.246}} \tag{5-43}$$

当 $\beta > 5.13 \times 10^5$ 时,支撑剂颗粒沉降处于紊流状态,沉降速度为:

$$v_s = 0.083 \sqrt{\frac{(\rho_p - \rho_f) d_N}{\rho_f}} \tag{5-44}$$

(3)球度 $\varphi_s = 0.6$。

当 $\beta \leqslant 120$ 时,支撑剂颗粒沉降处于滞流状态,沉降速度为:

$$v_s = \frac{4.83 \times 10^{-4} (\rho_p - \rho_f)^{0.884} d_N^{1.635}}{\rho_f^{0.116} \mu^{0.768}} \tag{5-45}$$

当 $120 < \beta \leqslant 1.397 \times 10^5$ 时,支撑剂颗粒沉降处于过渡流状态,沉降速度为:

$$v_s = \frac{4.81 \times 10^{-3} (\rho_p - \rho_f)^{0.645} d_N^{0.937}}{\rho_f^{0.355} \mu^{0.291}} \tag{5-46}$$

当 $\beta > 1.397 \times 10^5$ 时,支撑剂颗粒沉降处于紊流状态,沉降速度为:

$$v_s = 0.057 \sqrt{\frac{(\rho_p - \rho_f) d_N}{\rho_f}} \tag{5-47}$$

对于牛顿压裂液,由于其黏度不受剪切速率的影响,因而压裂液沿缝长方向的流动不会对支撑剂的沉降速度产生影响。对于非牛顿压裂液,由于存在剪切稀释效应,压裂液水平方向的运动也会对支撑剂的沉降速度产生影响。

2)幂律压裂液的颗粒沉降模型

对于幂律流体,其黏度会随着剪切速率的变化而变化,由于支撑剂颗粒的沉降带动周围压裂液运动以及压裂液在裂缝中的流动产生剪切稀释作用,都会使液体的黏度降低,从而导致支撑剂颗粒的沉降速度加快。

对于幂律流体,其本构方程为:

$$\tau = K \dot{D}^n = (K D^{n-1}) \dot{D} \tag{5-48}$$

对比牛顿流体的本构方程 $\tau = \mu \dot{D}$，可得幂律流体的表观黏度为：

$$\mu_a = K' \dot{D}^{n-1} \tag{5-49}$$

$$K' = K \left(\frac{3n}{2n+1} \right)^n$$

式中　K'——修正的裂缝中幂律流体的稠度系数，$Pa \cdot s^n$。

Novotny 认为式（5-49）中的剪切速率应为支撑剂颗粒沉降产生的剪切速率以及压裂液在缝内流动产生的剪切速率的矢量和，即

$$\dot{D} = \sqrt{\dot{D}_1^2 + \dot{D}_2^2} \tag{5-50}$$

式中　$\dot{D}_1$——颗粒沉降产生的剪切速率，s^{-1}；

　　　$\dot{D}_2$——压裂液流动产生的剪切速率，s^{-1}。

首先计算幂律压裂液在裂缝中流动产生的剪切速率。幂律流体在裂缝中的速度 v_f 为：

$$v_f = \bar{v}_f \frac{2n+1}{n+1} \left[1 - \left(\frac{y}{W/2} \right)^{\frac{n+1}{n}} \right] \tag{5-51}$$

式中　$\bar{v}_f$——裂缝中幂律压裂液的平均流速，m/s；

　　　y——裂缝中任意位置到裂缝中心的距离，m；

　　　W——裂缝宽度，m。

则流体在裂缝中流动时产生的剪切速率为：

$$\dot{D}_2 = -\frac{dv_f}{dy} = \frac{2\bar{v}_f}{W} \left(\frac{2n+1}{n} \right) \left(\frac{y}{W/2} \right)^{\frac{1}{n}} \tag{5-52}$$

对于颗粒沉降产生的剪切速率，不同学者给出了不同的计算表达式。Daneshy 取颗粒沉降时的剪切速率为 $\dot{D}_1 = \frac{3v_s}{d_p}$，此时压裂液总的剪切速率为：

$$\dot{D} = \sqrt{\dot{D}_1^2 + \dot{D}_2^2} = \sqrt{\left(\frac{3v_s}{d_p} \right)^2 + \dot{D}_2^2} \tag{5-53}$$

则其表观黏度为：

$$\mu_a = K' \dot{D}^{n-1} = K' \left[\sqrt{\left(\frac{3v_s}{d_p} \right)^2 + \dot{D}_2^2} \right]^{n-1} \tag{5-54}$$

在层流状态下，颗粒沉降服从 Stokes 定律，此时的沉降速度为：

$$v_s = \frac{g(\rho_p - \rho_f) d_p^2}{18\mu_a} \tag{5-55}$$

将式（5-54）代入式（5-55），可得：

$$v_s = \frac{g(\rho_p - \rho_f) d_p^2}{18\mu_a} = \frac{g(\rho_p - \rho_f) d_p^2}{18K'} \left[\left(\frac{3v_s}{d_p} \right)^2 + \dot{D}_2^2 \right]^{\frac{1-n}{2}} \tag{5-56}$$

将式（5-52）代入式（5-56），可得：

$$v_s = \frac{g(\rho_p - \rho_f)d_p^2}{18K'}\left[\left(\frac{3v_s}{d_p}\right)^2 + \left(\frac{2\bar{v}_f}{W}\right)^2\left(\frac{2n+1}{n}\right)^2\left(\frac{y}{W/2}\right)^{\frac{2}{n}}\right]^{\frac{1-n}{2}} \tag{5-57}$$

而 Novotny 所取的颗粒沉降产生的剪切速率为 $\dot{D}_1 = \dfrac{v_s}{d_p}$，此时颗粒在层流条件下的沉降速度为：

$$v_s = \frac{g(\rho_p - \rho_f)d_p^2}{18K'}\left[\left(\frac{v_s}{d_p}\right)^2 + \dot{D}_2^2\right]^{\frac{1-n}{2}} \tag{5-58}$$

同样,将式(5-52)代入式(5-58),可得：

$$v_s = \frac{g(\rho_p - \rho_f)d_p^2}{18K'}\left[\left(\frac{v_s}{d_p}\right)^2 + \left(\frac{2\bar{v}_f}{W}\right)^2\left(\frac{2n+1}{n}\right)^2\left(\frac{y}{W/2}\right)^{\frac{2}{n}}\right]^{\frac{1-n}{2}} \tag{5-59}$$

很明显,式(5-57)和式(5-59)都不能直接求解出 v_s,需通过试算进行求解。

将式(5-57)和式(5-59)与牛顿压裂液层流条件下的支撑剂沉降速度式(5-30)进行对比,可以发现支撑剂颗粒在幂律流体中的沉降要复杂得多,颗粒沉降速度不仅与固液密度差、支撑剂粒径及液体性质有关,还与裂缝宽度及颗粒在缝中的相对位置有关。

在其他条件相同的情况下,在一定范围内,缝宽越小,由于幂律流体的剪切稀释作用,裂缝壁面对缝内流体的影响越强,因而颗粒沉降速度也越大;在缝宽及其他条件不变的情况下,在裂缝中心位置处($y=0$),压裂液的剪切速率为 0,颗粒沉降速度与在静止流体中的沉降速度相同,越靠近壁面(即 y 越大),剪切稀释作用越强烈,颗粒的沉降速度也越大。

5.2.2　支撑剂单颗粒自由沉降速度的修正

前面的计算都是支撑剂单颗粒在液体中的自由沉降速度,而在实际压裂施工过程中携砂液都具有一定的砂浓度,由于支撑剂颗粒之间的相互干扰,以及携砂液中支撑剂的存在,相当于增大了压裂液的密度,因而支撑剂颗粒受到的浮力和黏滞阻力都会增大,使得支撑剂颗粒在携砂液中的沉降现象不同于单颗粒的自由沉降。由于浓度效应,支撑剂颗粒在携砂液中的沉降速度要低于单颗粒自由沉降速度。此外,当携砂液在裂缝中流动时,裂缝壁面的存在会对靠近缝壁的支撑剂颗粒产生拖曳作用,使其沉降速度减慢,这种现象不同于颗粒在无限大空间中的沉降规律,因而有必要对支撑剂浓度(体积分数)效应和裂缝壁面效应进行修正。

1)支撑剂体积分数对沉降速度的影响

1977 年,Novotny 在总结前人研究成果的基础上,分别针对不同雷诺数范围提出了支撑剂体积分数影响的干扰沉降速度计算式。

(1)当 $N_{Re} \leqslant 2$ 时：

$$f_\phi = \frac{v_\phi}{v_s} = \phi^{5.5} \tag{5-60}$$

式中　f_ϕ——支撑剂体积系数修正系数;

　　　v_ϕ——支撑剂颗粒的干扰沉降速度,m/s;

v_s——支撑剂颗粒的自由沉降速度，m/s；

ϕ——携砂液中支撑剂的体积分数（即支撑剂体积与携砂液体积之比），%。

（2）当 $2 < N_{Re} \leqslant 500$ 时：

$$f_\phi = \frac{v_\phi}{v_s} = \phi^{3.5} \tag{5-61}$$

（3）当 $N_{Re} > 500$ 时：

$$f_\phi = \frac{v_\phi}{v_s} = \phi^2 \tag{5-62}$$

根据上述公式，可以做出干扰沉降速度与自由沉降速度之比随支撑剂体积分数变化的关系曲线，如图 5-5 所示。

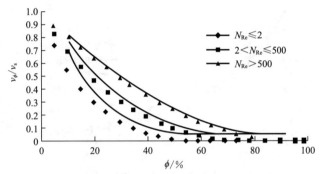

图 5-5　无因次沉降速度与支撑剂体积分数关系曲线

由图 5-5 可知，在同一流动状态下，随着支撑剂体积分数的增大，颗粒沉降速度明显减小；在低雷诺数条件下，当支撑剂体积分数达到 60% 左右时，颗粒沉降速度趋近于 0，这是由于此时支撑剂体积分数 60% 达到了极限值，支撑剂颗粒之间紧密接触排列，因而无法继续沉降。Song 于 2008 年指出，同尺寸球形颗粒无规则密实排列时，其最大体积分数为 63.4%，即其体积分数的极限值为 63.4%，图 5-5 中曲线特点很好地印证了这一点。

关于支撑剂体积分数对支撑剂颗粒沉降速度的影响，其他学者也提出了相应的修正公式。

Richardson 提出的修正公式：

$$f_\phi = \frac{v_\phi}{v_s} = (1 - \phi)^{4.65} \tag{5-63}$$

Brown 提出的修正公式：

$$f_\phi = \frac{v_\phi}{v_s} = \frac{1 - \phi}{10^{1.82\phi}} \tag{5-64}$$

Govier-Aziz 提出的修正公式 1：

$$f_\phi = \frac{v_\phi}{v_s} = e^{-5.9\phi} \tag{5-65}$$

Govier-Aziz 提出的修正公式 2：

$$f_\phi = \frac{v_\phi}{v_s} = \frac{1}{1+6.88\phi} \tag{5-66}$$

Phani 提出的修正公式：

$$f_\phi = \frac{v_\phi}{v_s} = 2.37\phi^2 - 3.08\phi + 1 \tag{5-67}$$

由以上公式对支撑剂体积分数作图，结果如图 5-6 所示。从图中可以看出，除 Govier-Aziz 2 曲线外，其他 4 条曲线的变化规律基本相同，并且当支撑剂体积分数趋近于极限值 63.4% 时，颗粒沉降速度都趋近于 0。

对比图 5-6 中各曲线，Brown 曲线处于折中位置，因而选择 Brown 修正公式作为支撑剂体积分数效应的修正公式。

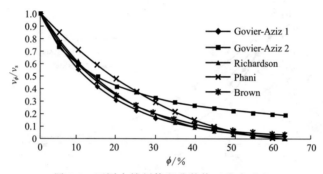

图 5-6　不同支撑剂体积分数修正公式对比

2）裂缝缝壁对沉降速度的影响

当携砂液在裂缝中流动时，由于裂缝壁面的存在，会对靠近缝壁的支撑剂颗粒产生拖曳作用，使其沉降速度减慢。这种现象不同于颗粒在无限大空间中的沉降规律，因而需要引进一个修正系数对裂缝壁面效应进行修正。

Novotny 认为当 $N_{Re} \leqslant 1$ 时，壁面效应修正系数 f_{w1} 为：

$$f_{w1} = \frac{v_w}{v_s} = 1 - 0.652\,6\,\frac{d_p}{W} + 0.147\left(\frac{d_p}{W}\right)^3 - 0.131\left(\frac{d_p}{W}\right)^4 - 0.064\,4\left(\frac{d_p}{W}\right)^5 \tag{5-68}$$

式中　v_w——壁面干扰下的支撑剂颗粒沉降速度，m/s。

当 $N_{Re} > 100$ 时，壁面效应修正系数 f_{w3} 为：

$$f_{w3} = \frac{v_w}{v_s} = 1 - \left(\frac{d_p}{2W}\right)^{\frac{3}{2}} \tag{5-69}$$

当 $1 < N_{Re} \leqslant 100$ 时，可以用简单的线性插值来求取壁面效应修正系数 f_{w2}。

Phani 于 2004 年也提出了一个壁面效应修正公式：

$$f_w = \frac{v_w}{v_s} = 0.563\left(\frac{d_p}{W}\right)^2 - 1.563\frac{d_p}{W} + 1 \tag{5-70}$$

Liu Y 在大量实验的基础上[11,12]，提出了综合考虑流体性质和壁面效应的支撑剂颗粒沉降速度修正公式。

当 $d_p/W < 0.9$ 时：

$$f_w = \frac{v_w}{v_s} = 1 - 0.16\mu^{0.28}\frac{d_p}{W} \tag{5-71}$$

当 $d_p/W \geqslant 0.9$ 时：

$$f_w = \frac{v_w}{v_s} = 8.26e^{-0.006\,1\mu}\left(1 - \frac{d_p}{W}\right) \tag{5-72}$$

3）裂缝中支撑剂的实际沉降速度

在支撑剂自由沉降速度的基础上，通过对支撑剂浓度效应及壁面效应的修正，可以得到水力裂缝中支撑剂颗粒的实际沉降速度 v_{swc}。

（1）当 $N_{Re} \leqslant 1$ 时，实际沉降速度为：

$$v_{swc} = v_s f_{w1} f_\phi \tag{5-73}$$

（2）当 $1 < N_{Re} \leqslant 100$ 时，实际沉降速度为：

$$v_{swc} = v_s f_{w2} f_\phi \tag{5-74}$$

（3）当 $N_{Re} > 100$ 时，实际沉降速度为：

$$v_{swc} = v_s f_{w3} f_\phi \tag{5-75}$$

5.2.3　煤层气压裂支撑剂沉降影响因素分析

在水力压裂支撑剂输送过程中，支撑剂必然会发生沉降，尤其是在煤层压裂时，由于目前主要以清水或活性水等低黏液体作为压裂液，支撑剂沉降更为明显。支撑剂在裂缝中的运动轨迹如图 5-7 所示。支撑剂由井筒进入裂缝后，在向前运移的同时，由于自身的重力作用还向裂缝底部沉降，这样就出现了复杂的布砂现象，有的砂沉下来，有的砂被携带着往远处流动。一次合理的压裂施工应该是：在裂缝靠近井筒的地方，尽量形成有效的砂堤，增大裂缝的导流能力；在远离井筒的地方，避免砂粒过度淤积而造成堵砂。支撑剂的沉降是影响其在裂缝中的分布情况的重要因素之一。

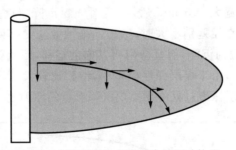

图 5-7　支撑剂颗粒在裂缝中的运动轨迹

影响支撑剂沉降的因素非常多。压裂液黏度、支撑剂粒径、携砂液浓度、裂缝缝宽等都对支撑剂的沉降有重大的影响。为此，分别对下面几个因素进行分析。

1）压裂液黏度

压裂液黏度是影响支撑剂沉降的重要因素之一，黏度越大，颗粒受到的黏滞力也就越大，从而阻碍支撑剂颗粒的沉降。通过软件计算，得出不同压裂液黏度下支撑剂颗粒的沉降速度，如图 5-8 所示。

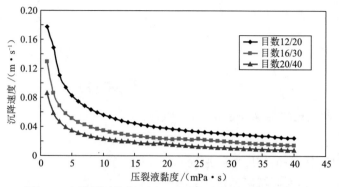

图 5-8　支撑剂颗粒在不同压裂液黏度下的沉降速度曲线

从图中可以看出,随着压裂液黏度的增加,支撑剂颗粒的沉降速度降低。当压裂液黏度较低时,颗粒沉降速度的下降趋势尤为明显;当压裂液黏度较高时,沉降速度的变化趋于平缓。图中 3 条曲线分别代表不同粒径的支撑剂,可以看出,颗粒粒径越大,沉降速度也越大;压裂液黏度较低时,不同粒径的支撑剂沉降速度差异明显,但当黏度较大时,三者趋于相同。

煤层气压裂普遍采用活性水压裂液和清洁压裂液,有时也会采用冻胶压裂液。活性水压裂液黏度很低,支撑剂沉降速度很大,因此应该采用粒径小的支撑剂类型来控制支撑剂的沉降速度,以保证支撑剂尽可能地停留在产层位置。当压裂液黏度较大时,黏度对颗粒沉降速度的变化影响变弱,此时应该采用粒径大的支撑剂类型,以提高裂缝的导流能力。

2) 裂缝缝宽

裂缝缝宽对支撑剂沉降速度的影响体现在壁面的拖拽效应上。由于裂缝宽度有限,支撑剂在裂缝内运动时必然会受到缝壁的影响,裂缝宽度越小,对支撑剂颗粒的拖拽效应就会越明显。

图 5-9 是在压裂液黏度为 1 mPa·s 的情况下,不同颗粒的沉降速度随缝宽的变化趋势。从图中可以看出,缝宽大于 5 mm 后,缝宽对颗粒沉降速度几乎没有影响;缝宽较小时,特别是缝宽与支撑剂直径差别不大时,壁面的拖拽效应尤其明显。由于壁面的拖拽效应不仅会阻碍支撑剂颗粒的沉降,而且会阻碍其向前运移,因此要特别注意可能发生的砂堵。在煤层气压裂过程中,由于煤层弹性模量小,泊松比较大,因此与常规水力压裂相比,缝宽相对较大,这也是煤层压裂过程中支撑剂沉降严重的原因之一。

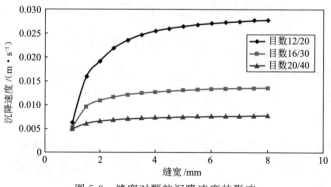

图 5-9　缝宽对颗粒沉降速度的影响

3) 支撑剂体积分数

混砂液具有一定的砂浓度,进入裂缝以后,由于液体的滤失和颗粒的沉降,砂浓度也是变化的。因此,弄清楚砂浓度对颗粒沉降的影响对于精确模拟支撑剂的沉降很重要。在煤层压裂过程中,泵注平均砂比通常较低,但由于煤层滤失严重,因此支撑剂体积分数在裂缝中的变化幅度较大。下面通过程序计算模拟不同砂浓度下的支撑剂沉降状态。

图 5-10 中,设定缝宽为 5 mm,压裂液黏度为 10 mPa·s。可以看出,支撑剂体积分数对颗粒沉降速度影响很大,体积分数越大,沉降越慢,当体积分数达到 60% 时,沉降速度几乎为 0。

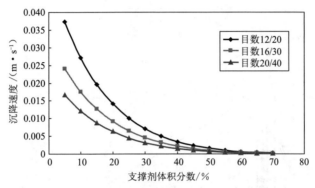

图 5-10 不同粒径下支撑剂体积分数对沉降速度的影响

图 5-11 中,取支撑剂类型为 16/30 目(粒径 0.8 mm),描绘了在 3 种压裂液黏度下沉降速度随支撑剂体积分数的变化趋势。可以看出,当压裂液黏度为 30 mPa·s 时,支撑剂体积分数对颗粒沉降速度影响不大,因为此时压裂液黏度对沉降速度的影响占主导地位;当压裂液黏度为 1 mPa·s 时,支撑剂体积分数对颗粒沉降速度的影响明显,原因是随着支撑剂体积分数的增加,压裂液的黏度也会变大,同时颗粒间的干扰碰撞问题也更严重,在这两方面因素的影响下,沉降速度变化很大。

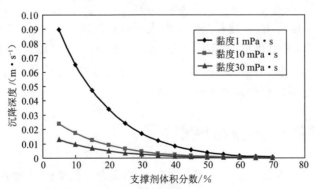

图 5-11 不同黏度下支撑剂体积分数对沉降速度的影响

煤层压裂所用压裂液黏度通常较低,泵注程序采用阶梯式注入:在泵注初期,砂比要低,防止在往裂缝缝端运移过程中由于滤失作用而使支撑剂体积分数过高,导致砂堵的发生;在泵注末期,应该采用高砂比,保证在裂缝缝口处支撑剂分布在产层部位,以提高裂缝的导流能力。

4) 泵注排量

在水力压裂过程中,泵注排量虽然不能影响支撑剂的沉降速度,但却能改变支撑剂在裂缝中运移的时间,改变支撑剂的沉降距离,间接上也影响了颗粒的沉降速度。下面通过公式推导,分析泵注排量对支撑剂颗粒沉降的影响。

如图 5-12 所示,在牛顿流体中,假设一个支撑剂颗粒在从裂缝的顶部到达底部之前,在裂缝中运动了距离 D,裂缝高度为 h,v_1 为流体速度,并且认为支撑剂水平速度等于流体速度,v_{fall} 为支撑剂颗粒沉降速度,则可以得出:

$$v_1 = \frac{q}{hW} \propto \frac{q}{h(\mu q)^{1/4}} \propto \frac{q^{3/4}}{h\mu^{1/4}} \tag{5-76}$$

式中　W——缝宽,m;

　　　q——排量,m^3/s。

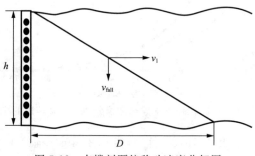

图 5-12　支撑剂颗粒移动速度分解图

v_{fall} 服从斯托克斯沉降定律,因此有:

$$v_{\text{fall}} = \frac{g(\rho_\text{p} - \rho_\text{f})d_\text{p}^2}{18\mu} \propto \frac{1}{\mu} \tag{5-77}$$

又因为 $D/v_1 = h/v_{\text{fall}}$,所以可得到:

$$D \propto (\mu q)^{3/4} \tag{5-78}$$

从式(5-78)中可以看出,颗粒在裂缝中的水平运移距离 D 是独立于裂缝高度的。同时也可以看出,若使用较低黏度的压裂液,在较高的排量下同样可以获得相同的距离。这个关系很重要,因为在煤层气压裂中,压裂液的黏度普遍较低,在较高的排量下(较短的泵注时间),较低的黏度也可以获得同样的输砂效果。

5.3　支撑剂运移分布模型

煤层水力压裂是要在煤层中造出具有一定导流能力及长度的填砂裂缝,以改变煤层中流体的渗滤方式,提高向井底供气的能力。裂缝的导流能力在一定条件下由支撑剂在缝中的分布所决定,支撑剂没有填到的裂缝很可能在闭合后无导流能力。填砂越厚、层数越多,裂缝导流能力就相对越高,因此支撑剂在裂缝中的分布是煤层压裂设计中很重要的一部分。

5.3.1　竖直缝支撑剂运移分布模型

1）支撑剂在缝高上的分布

混砂液进入裂缝后沿缝口至缝端水平流动。支撑剂颗粒受到水平方向液体的黏滞力、垂直向下的重力以及向上的浮力的作用。使用低黏度压裂液作为携砂液时，由于颗粒受到的重力大于浮力和阻力，所以支撑剂颗粒会发生沉降，在缝底形成砂堤[13]。砂堤的形成使携砂液的过水断面减小，流速提高，当流速足够大时，支撑剂颗粒处于悬浮状态（即颗粒沉降速度为 0），这种状态称为平衡状态，此时支撑剂颗粒沉积与卷起处于动平衡状态。平衡状态对应的液流速度称为平衡流速，对应的砂堤高度称为砂堤平衡高度。

此时支撑剂体积分数在缝高方向上的分布如图 5-13 所示。

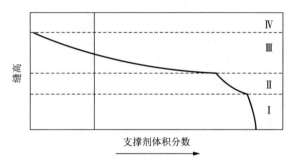

图 5-13　支撑剂体积分数在缝高方向上的分布

裂缝在垂直剖面上分为 4 个区域：区域 I 是稳定的砂堤，支撑剂沉降到裂缝底部，砂堤是疏松填充的。区域 II 是滚砂区，支撑剂颗粒在沉降到砂堤上之前一直在砂堤上滚动。区域 III 是悬浮区，支撑剂由于重力作用向下沉，但又受到液体黏滞阻力的作用。在这个区域内，平均支撑剂体积分数与注入携砂液中支撑剂体积分数差不多一样。区域 IV 为无砂区。

支撑剂在垂向上的分布并不是一成不变的，通过改变施工参数，支撑剂体积分数的分布和平衡状态参数也会发生变化。如果提高压裂液黏度，则支撑剂沉降速度会降低，砂堤高度和无砂区面积都会变小；如果黏度足够高，甚至可以使支撑剂在裂缝垂向上达到浓度均匀分布。提高排量，也可以达到同样的效果。

2）平衡流速

确定裂缝中支撑剂浓度剖面的关键在于确定平衡流速。巴布库克通过平行板实验，得到颗粒（自由）沉降速度与阻力速度比值的实验关系，进而确定阻力速度；然后用阻力速度与平衡流速的关系确定平衡流速，得到平衡高度[14]。

平衡流速定义为：

$$v_{EQ} = \frac{Q}{W h_{EQ}} \tag{5-79}$$

式中　v_{EQ}——平衡流速；

　　　W——缝宽；

　　　h_{EQ}——平衡时流动断面的高度。

若缝高为 h_0，则有：

$$h_{EQ} = h_0 - H_{EQ}$$

式中　H_{EQ}——砂堤平衡高度。

如果已知平衡流速,则砂堤平衡高度 H_{EQ} 为:

$$H_{EQ} = h_0 - \frac{Q}{Wv_{EQ}} \tag{5-80}$$

Dtmesh 采用不同粒径支撑剂、不同压裂液类型和排量及不同缝宽进行了大量的实验研究,由实验数据计算出各种条件下的阻力速度与颗粒沉降速度的关系[13]。

对牛顿流体:

$$\frac{v_p}{(v_w)_{EQ}} = 0.054 \left(\frac{v_p d_p \rho_f}{\mu} \sqrt{\frac{4R_h}{d_p}} \right)^{0.50} \tag{5-81}$$

对非牛顿流体:

$$\frac{v_p}{(v_w)_{EQ}} = 0.041 \left(\frac{v_p d_p \rho_f}{\mu_a} \sqrt{\frac{4R_h}{d_p}} \right)^{0.71} \tag{5-82}$$

式中　v_p——颗粒匀速沉降速度,m/s;

$(v_w)_{EQ}$——平衡时阻力速度,m/s;

d_p——支撑剂颗粒直径,mm;

ρ_f——压裂液密度,kg/m^3;

R_h——水力半径,mm。

$$4R_h = 4 \times \frac{Wh_0}{2(W+h_0)} \approx 2W$$

平衡流速与阻力速度的关系可以用以下公式表示:

$$v_{EQ} = \left[\frac{(v_w)_{EQ}}{3.46} \right]^2 \left(\frac{\rho_{sc} 4R_h}{\mu} \right) \quad (层流) \tag{5-83}$$

$$v_{FQ} = \left[\frac{(v_w)_{EQ}}{0.2} \right]^{0.143} \frac{(\rho_{sc} 4R_h/\mu)^{0.143}}{(\rho/\rho_{sc})^{0.571}} \quad (紊流) \tag{5-84}$$

$$\rho_{sc} = \frac{1\,000 + C_0}{1 + \dfrac{C_0}{2\,650}} \tag{5-85}$$

式中　ρ——压裂液密度,kg/m^3;

ρ_{sc}——混砂液密度,kg/m^3;

C_0——砂浓度,kg/m^3。

我国矿场上常以砂比 S 表示加砂浓度,砂比是砂堆体积与压裂液体积之比。此时混砂液密度 ρ_{sc} 为:

$$\rho_{sc} = \frac{1\,000 + 2\,650S(1-\phi)}{1 + S(1-\phi)} \tag{5-86}$$

式中　$1\,000$——每立方米压裂液的近似质量,kg/m^3;

S——砂比,小数;

ϕ——砂堆的孔隙度,一般为 $35\% \sim 40\%$;

$2\,650$——砂块(没有孔隙)的绝对密度,kg/m^3。

将得到的平衡流速 v_{EQ} 代入式(5-80)中即可得到沉砂的平衡高度。

3）砂堆的堆起速度

由于平衡流速 v_{EQ} 是携带砂子的最低速度,所以砂堤的堆起速度必然与缝中的实际流速和平衡流速的差值有关。当缝中流速达到平衡流速时,砂堤停止增高,处于平衡状态,因此有:

$$\frac{\mathrm{d}H}{\mathrm{d}t} = K'(v_{EQ} - v) \tag{5-87}$$

式中　H——缝中砂堤在任意时刻的高度,m;

　　　v——与 H 对应时刻的缝内流速,m/s;

　　　K'——比例系数。

由于:

$$\frac{\mathrm{d}h}{\mathrm{d}t} = -\frac{\mathrm{d}H}{\mathrm{d}t}, \quad v = \frac{Q}{Wh}, \quad v_{EQ} = \frac{Q}{Wh_{EQ}}$$

代入式(5-87)整理后得到:

$$-\frac{h\,\mathrm{d}h}{h - h_{EQ}} = \frac{K'Q}{Wh_{EQ}}\mathrm{d}t \tag{5-88}$$

其中:

$$h = h_0 - H, \quad h_{EQ} = h_0 - H_{EQ}$$

对式(5-88)积分,当 $t=0$ 时 $h=h_0$,当 $t=t$ 时整理后得:

$$1 - U - Z\ln U = Kt \tag{5-89}$$

其中:

$$U = \frac{h - h_{EQ}}{h_0 - h_{EQ}}, \quad Z = \frac{h_{EQ}}{H_{EQ}}, \quad K = \frac{K'Q}{Wh_{EQ}H_{EQ}}$$

等式(5-89)的左端是 U 的函数,利用实测砂堤堆起高度与时间 t 的关系确定 K 值,再用 K 值求出 K' 的值。

当在双对数坐标系中绘出 K' 与 $C^{0.12}\left(\dfrac{\rho}{\rho_s - \rho}\right)^{0.45}\left(\dfrac{h_{EQ}}{H_{EQ}}\right)^{0.19}\left(\dfrac{v_p}{v_{EQ}}\right)^{0.86}$ 的函数关系时,得到一条直线,直线的斜率为 0.216,故:

$$K' = 0.216C^{0.12}\left(\frac{\rho}{\rho_s - \rho}\right)^{0.45}\left(\frac{h_{EQ}}{H_{EQ}}\right)^{0.19}\left(\frac{v_p}{v_{EQ}}\right)^{0.86} \tag{5-90}$$

式中　ρ_s——支撑剂密度,kg/m³;

　　　C——砂子与压裂液的体积比(即砂比 S)。

至此,可以利用式(5-87)式(5-89)解出任意时间 t 所对应的砂堤高度 H。

4）平衡时间

在计算砂堤达到平衡高度 H_{EQ} 所需要的时间 t_{EQ}(即平衡时间)时做了一个假设,即砂堤达到平衡高度的 95% 时,即认为已经达到平衡高度,此时式(5-89)中的 U 函数为:

$$U = \frac{h - h_{EQ}}{h_0 - h_{EQ}} = \frac{0.05H_{EQ}}{H_{EQ}} = 0.05$$

故:

$$1 - 0.05 - Z\ln 0.05 = Kt_{EQ}$$

所以:

$$t_{EQ} = \frac{0.95 + 3Z}{K} \qquad\qquad (5\text{-}91)$$

式中　t_{EQ}——砂堤达到平衡高度所需要的时间,min。

5.3.2　竖直缝支撑剂输运模型数值解法

支撑剂输运模型主要用于计算支撑剂在裂缝中的分布情况。影响支撑剂分布的因素很多,包括裂缝的高度和宽度、携砂液的密度、支撑剂浓度、支撑剂颗粒直径等,每个参数都随时间及裂缝的扩展而变化。同时,流速在裂缝中是变化的,黏度也不能保持恒定,这样就出现了复杂的布砂现象[15]。有的砂沉降下来,有些砂被携带着往远处流动,直到流速低于平衡流速,即沉降下来。根据上述模型思想,建立了一套支撑剂在裂缝中分布的数值计算模型。

在计算支撑剂在裂缝中的运移分布情况时,首先把水力裂缝沿缝长分成许多小单元。对于每一个单元,不同时间的缝宽、缝高、滤失体积等都要分别进行计算。注入的液体也分成若干个单元,每个液体单元对应于裂缝单元的位置可通过质量守恒定理来确定。

当携砂液在裂缝单元中运动时,假设支撑剂在水平方向上与压裂液同速,支撑剂由于重力作用会沉降,沉降速度可以用前面提出的支撑剂沉降模型进行计算。当支撑剂沉降到裂缝底部时,就认为支撑剂停止沉降并形成砂堤,砂堤高度可以由沉降的支撑剂体积除以裂缝横截面积(裂缝横截面积是缝宽与单元步长的乘积)求出。对于悬浮的支撑剂,可以计算出由于滤失导致的砂浓度增加,对下一个时间段的浓度进行校正。

1)压裂液滤失量的计算

(1)在t_1时刻,向裂缝中注完第1段压裂液,体积为V_1,缝长为L_1,以Δx为步长,将裂缝沿缝长方向分成N_1个单元段,各单元段距离缝口的距离分别为$x_1, x_2, \cdots, x_{N_1}$,各单元段的缝高和滤失系数分别$h_{s,1}$和$(C_1)_{s,1}(s=1,2,\cdots,N_1)$,可以计算出$t_1$时刻各单元段的滤失量$V_{1,1}$为:

$$V_{1,1} = \sum_{s=1}^{N_1} (V_1)_{s,1} \qquad\qquad (5\text{-}92)$$

其中:
$$(V_1)_{s,1} = \frac{2h_{s-1/2,1}(x_s - x_{s-1})(C_1)_{s,1}}{\sqrt{t_1 - t_{s-1/2,1}}} \Delta t_{s,1}$$

$$h_{s-1/2,1} = \frac{h_{s,1} + h_{s-1,1}}{2}$$

$$\Delta t_{s,1} = \frac{1}{x_s - x_{s,1}} \int_{x_{s,1}}^{x_s} t_1 - \left[\frac{2\pi h_{s-1/2,1}(C_1)_{s,1} x}{Q}\right]^2 \mathrm{d}x$$

$$t_{s-1/2,1} = \left[\frac{2\pi h_{s-1/2,1}(C_1)_{s,1} x_{s-1/2}}{Q}\right]^2$$

$$x_{s-1/2} = \frac{x_s + x_{s-1}}{2}$$

(2)在t_2时刻,向裂缝中注完第2段压裂液,此时裂缝长度为L_2,裂缝沿缝长方向以Δx为步长分成N_2个单元段,各单元段距离缝口的距离分别为$x_1, x_2, \cdots, x_{N_2}$,各单元段的缝高和滤失系数分别为$h_{s,2}$和$(C_1)_{s,2}(s=1,2,\cdots,N_2)$,则在$t_2 - t_1$时间段内,第2段压裂液的滤失量为：

$$V_{2,2} = \sum_{s=1}^{N_1} (V_1)_{s,2} \tag{5-93}$$

其中：

$$(V_1)_{s,2} = \frac{2h_{s-1/2,2}(x_s - x_{s-1})(C_1)_{s,2}}{\sqrt{t_2 - t_{s-1/2,1}}} \Delta t_{s,2}$$

$$h_{s-1/2,2} = \frac{h_{s,2} + h_{s-1,2}}{2}$$

$$\Delta t_{s,2} = \frac{1}{x_s - x_{s,1}} \int_{x_{s,1}}^{x_s} t_2 - \left[\frac{2\pi h_{s-1/2,2}(C_1)_{s,2} x}{Q} \right]^2 \mathrm{d}x$$

第 1 段压裂液的滤失量为：

$$V_{1,2} = \sum_{s=N_1+1}^{N_2} (V_1)_{s,2} \tag{5-94}$$

其中：

$$(V_1)_{s,2} = \frac{2h_{s-1/2,2}(x_s - x_{s-1})(C_1)_{s,2}}{\sqrt{t_2 - t_{s-1/2,2}}} \Delta t_{s,2}$$

$$t_{s-1/2,2} = \left[\frac{2\pi h_{s-1/2,2}(C_1)_{s,2} x_{s-1/2}}{Q} \right]^2$$

（3）根据上述方法可以推导出在 t_j 时刻，向裂缝中注完第 j 段压裂液，此时裂缝长度为 L_j，裂缝沿缝长方向以 Δx 为步长分成 N_j 个单元段，各单元段的缝高和滤失系数分别 $h_{s,j}$ 和 $(C_1)_{s,j}(s=1,2,\cdots,N_j)$，在 $t_j - t_{j-1}$ 时间段内，第 j 段压裂液的滤失量为：

$$V_{j,j} = \sum_{s=1}^{N_1} (V_1)_{s,j} \tag{5-95}$$

其中：

$$(V_1)_{s,j} = \frac{2h_{s-1/2,j}(x_s - x_{s-1})(C_1)_{s,j}}{\sqrt{t_j - t_{s-1/2,j}}} \Delta t_{s,j}$$

$$h_{s-1/2,j} = \frac{h_{s,j} + h_{s-1,j}}{2}$$

$$\Delta t_{s,j} = \frac{1}{x_s - x_{s,1}} \int_{x_{s,1}}^{x_s} t_j - \left[\frac{2\pi h_{s-1/2,j}(C_1)_{s,j} x}{Q} \right]^2 \mathrm{d}x$$

第 $j-1$ 段压裂液的滤失量为：

$$V_{j-1,j} = \sum_{s=N_1+1}^{N_2} (V_1)_{s,j} \tag{5-96}$$

其中：

$$(V_1)_{s,j} = \frac{2h_{s-1/2,j}(x_s - x_{s-1})(C_1)_{s,j}}{\sqrt{t_j - t_{s-1/2,j}}} \Delta t_{s,j}$$

第 $j-2$ 段压裂液的滤失量为：

$$V_{j-2,j} = \sum_{s=N_2+1}^{N_3} (V_1)_{s,j} \tag{5-97}$$

其中：

$$(V_1)_{s,j} = \frac{2h_{s-1/2,j}(x_s - x_{s-1})(C_1)_{s,j}}{\sqrt{t_j - t_{s-1/2,j}}} \Delta t_{s,j}$$

以此类推，第 2 段压裂液的滤失量为：

$$V_{2,j} = \sum_{s=N_{j-2}+1}^{N_{j-1}} (V_1)_{s,j} \tag{5-98}$$

其中：

$$(V_1)_{s,j} = \frac{2h_{s-1/2,j}(x_s - x_{s-1})(C_1)_{s,j}}{\sqrt{t_j - t_{s-1/2,j}}} \Delta t_{s,j}$$

$$t_{s-1/2,j} = \left[\frac{2\pi h_{s-1/2,j}(C_1)_{s,j-1} x_{s-1/2}}{Q} \right]^2$$

第 1 段压裂液的滤失量为：

$$V_{1,j} = \sum_{s=N_{j-1}+1}^{N_j} (V_1)_{s,j} \tag{5-99}$$

其中：

$$(V_1)_{s,j} = \frac{2h_{s-1/2,j}(x_s - x_{s-1})(C_1)_{s,j}}{\sqrt{t_j - t_{s-1/2,j}}} \Delta t_{s,j}$$

$$t_{s-1/2,j} = \left[\frac{2\pi h_{s-1/2,j}(C_1)_{s,j} x_{s-1/2}}{Q} \right]^2$$

至此，就可以求出从开始注液到 t_j 时刻，各压裂液注入段 $V_1, V_2, \cdots, V_j$ 的总滤失量 $V_{Lj,j}$ 为：

$$V_{Lj,j} = \sum_{k=i}^{j} V_{i,k} \quad (i=1,2,\cdots,k) \tag{5-100}$$

2）砂浓度剖面的计算

（1）砂浓度剖面的计算方法。

压裂液进入裂缝后分成两部分：一部分占据裂缝体积，另一部分滤失到地层中。对于砂浓度剖面的计算，裂缝单元的划分仍然采取"压裂液滤失量的计算"的方法。对于每个裂缝单元，已知参数或计算出来的参数有裂缝的几何参数（长、宽、高）、压裂液参数和裂缝温度。同时根据支撑剂沉降速度的计算方法，分别计算各裂缝单元在 t_j 时刻的沉降速度。

① t_1 时刻，向裂缝中注完第 1 段压裂液 V_1，除滤失以外，V_1 段压裂液在裂缝中的剩余体积为 $V_1 - V_{1,1}$，暂时忽略由于沉降导致的支撑剂损失，则裂缝中支撑剂的平均体积分数 $C_{s,1}$ 为：

$$C_{s,1} = \frac{(V_p)_1}{V_1 - V_{1,1}} \tag{5-101}$$

式中　$(V_p)_1$——t_1 时刻裂缝中支撑剂的体积。

裂缝中各单元内悬砂区的沉降体积 $(V_{fd})_{s,1}$ 为：

$$(V_{fd})_{s,1} = \frac{\pi}{4} W_{s-1/2,1} \Delta x (v_{swc})_{s,1}(t_1 - t_{s-1/2,1}) \tag{5-102}$$

其中：

$$W_{s-1/2,1} = \frac{W_{s-1,1} + W_{s,1}}{2}$$

$$\Delta x = x_s - x_{s-1}$$

式中　$(v_{swc})_{s,1}$——t_1 时刻第 s 单元内支撑剂的沉降速度，m/s。

各单元段由于悬砂区沉降形成的砂堤体积$(V_{pd})_{s,1}$为：

$$(V_{pd})_{s,1} = C_{s,1}(V_{fd})_{s,1} \tag{5-103}$$

各单元段的砂堤高度增量$(\Delta h_s)_{s,1}$为：

$$(\Delta h_s)_{s,1} = \frac{(V_{pd})_{s,1}}{\frac{\pi}{4}W_{s-1/2,1}\Delta x(1-\phi_p)} \tag{5-104}$$

式中　ϕ_p——砂堆孔隙度，%。

在t_1时刻，砂堤高度$(H_s)_{s,1}$等于砂堤高度增量$(\Delta h_s)_{s,1}$：

$$(H_s)_{s,1} = (\Delta h_s)_{s,1} = \frac{(V_{pd})_{s,1}}{\frac{\pi}{4}W_{s-1/2,1}\Delta x(1-\phi_p)} \tag{5-105}$$

由于支撑剂沉降，导致裂缝顶部形成无砂区域，此时悬砂区的高度$(SH)_{s,1}$为：

$$(SH)_{s,1} = h_{s,1} - (v_{swc})_{s,1}(t_1 - t_{s-1/2,1}) \tag{5-106}$$

各单元悬砂区厚度$(ST)_{s,1}$为：

$$(ST)_{s,1} = (SH)_{s,1} - (H_s)_{s,1} \tag{5-107}$$

各单元无砂区厚度$(NS)_{s,1}$为：

$$(NS)_{s,1} = h_{s,1} - (SH)_{s,1} \tag{5-108}$$

各单元内悬砂区支撑剂体积分数$(C_{sf})_{s,1}$为：

$$(C_{sf})_{s,1} = \frac{(V_p)_1}{(V_f)_1 - V_{1,1} - \frac{\pi}{4}W_{s-1/2,1}\Delta x \, (NS)_{s,1}} \tag{5-109}$$

式中　$(V_f)_1$——t_1时刻注入压裂液的体积。

②t_2时刻，向缝中注完第2段压裂液V_2，各单元内支撑剂的平均体积分数$C_{s,2}$如下。

第1段压裂液：

$$C_{s,2} = \frac{(V_p)_{21}}{V_2 - V_{2,2}} \quad (s=1,2,\cdots,N_1) \tag{5-110}$$

第2段压裂液：

$$C_{s,2} = \frac{(V_p)_1 - 2\sum_{s=1}^{N_1}(V_{pd})_{s,1}}{V_1 - V_{1,2} - \sum_{s=1}^{N_1}\left[(V_{pd})_{s,1} + (V_{fd})_{s,1}\right]} \quad (s=N_1,N_1+1,\cdots,N_2) \tag{5-111}$$

各单元段悬砂区沉降体积$(V_{fd})_{s,2}$为：

$$(V_{fd})_{s,2} = \frac{\pi}{4}W_{s-1/2,2}\Delta x \, (v_{swc})_{s,2}(t_2 - t_{s-1/2,2}) \quad (s=1,2,\cdots,N_1,N_1+1,\cdots,N_2) \tag{5-112}$$

各单元段由于悬砂区沉降形成的砂堤体积$(V_{pd})_{s,2}$为：

$$(V_{pd})_{s,2} = C_{s,2}(V_{fd})_{s,2} \quad (s=1,2,\cdots,N_1,N_1+1,\cdots,N_2) \tag{5-113}$$

各单元段的砂堤高度增量$(\Delta h_s)_{s,2}$为：

$$(\Delta h_s)_{s,2} = \frac{(V_{pd})_{s,2}}{\frac{\pi}{4}W_{s-1/2,2}\Delta x(1-\phi_p)} \quad (s=1,2,\cdots,N_1,N_1+1,\cdots,N_2) \tag{5-114}$$

各单元段的砂堤高度 $(H_s)_{s,2}$ 为：

$$(H_s)_{s,2}=(H_s)_{s,1}+(\Delta h_s)_{s,2} \quad (s=1,2,\cdots,N_1,N_1+1,\cdots,N_2) \tag{5-115}$$

当 $S=1,2,\cdots,N_1,N_1+1,\cdots,N_2$ 时，$(H_s)_{s,1}=0$。

各单元段悬砂区顶部高度 $(SH)_{s,2}$ 为：

$$(SH)_{s,2}=(SH)_{s,1}-(v_{swc})_{s,2}(t_2-t_{s-1/2,2}) \tag{5-116}$$

各单元段悬砂区厚度 $(ST)_{s,2}$ 为：

$$(ST)_{s,2}=(SH)_{s,2}-(H_s)_{s,2} \tag{5-117}$$

各单元段无砂区厚度 $(NS)_{s,2}$ 为：

$$(NS)_{s,2}=h_{s,2}-(SH)_{s,2} \tag{5-118}$$

此时，各单元段砂堤上方悬砂区的支撑剂体积分数如下。

第 1 段压裂液：

$$(C_{sf})_{s,2}=\frac{(V_p)_2}{V_2-V_{2,2}} \quad (s=1,2,\cdots,N_1) \tag{5-119}$$

第 2 段压裂液：

$$(C_{sf})_{s,1}=\frac{(V_p)_1-2\sum_{s=1}^{N_1}(V_{pd})_{s,1}}{(V_f)_1-V_{1,2}-\frac{\pi}{4}W_{s-1/2,2}\Delta x (NS)_{s,2}} \quad (s=N_1,N_1+1,\cdots,N_2) \tag{5-120}$$

③ 根据上述方法可以得出，t_j 时刻，注完第 j 段液体 V_j，各单元段支撑剂的平均体积分数如下。

第 1 段压裂液：

$$C_{s,j}=\frac{(V_p)_j}{V_j-V_{j,j}} \quad (s=1,2,\cdots,N_1) \tag{5-121}$$

第 2 段压裂液：

$$C_{s,j}=\frac{(V_p)_{j-1}-\sum_{s=1}^{N_1}(V_{pd})_{s,j-1}}{V_{j-1}-V_{j-1,2}-\sum_{s=1}^{N_1}\left[(V_{pd})_{s,j-1}+(V_{fd})_{s,j-1}\right]} \quad (s=N_1,N_1+1,\cdots,N_2)$$

$$\tag{5-122}$$

第 j 段压裂液：

$$C_{s,j}=\frac{(V_p)_1-\sum_{i=1}^{j-1}\sum_{s=N_{j-1}+1}^{N_1}(V_{pd})_{s,1}}{V_1-V_{1,j}-\sum_{i=1}^{j-1}\sum_{s=N_{j-1}+1}^{N_1}\left[(V_{pd})_{s,1}+(V_{fd})_{s,1}\right]} \quad (s=N_{j-1}+1,N_{j-1}+2,\cdots,N_j)$$

$$\tag{5-123}$$

各单元段由于悬砂区沉降形成的砂堤体积为：

$$(V_{fd})_{s,j}=\frac{\pi}{4}W_{s-1/2,j}\Delta x (v_{swc})_{s,j}(t_j-t_{s-1/2,j}) \tag{5-124}$$

各单元段支撑剂沉降体积为：

$$(V_{pd})_{s,j} = C_{s,j}(V_{fd})_{s,j} \tag{5-125}$$

各单元段的砂堤高度增量为：

$$(\Delta h_s)_{s,2} = \frac{(V_{pd})_{s,j}}{\dfrac{\pi}{4}W_{s-1/2,j}\Delta x(1-\phi_p)} \tag{5-126}$$

各单元段的砂堤高度为：

$$(H_s)_{s,j} = (H_s)_{s,j-1} + (\Delta h_s)_{s,j} \tag{5-127}$$

当 $s = N_{j-1}+1, N_{j-1}+2, \cdots, N_j$ 时，$(H_s)_{s,j-1} = 0$；当 $j = 1$ 时，$(H_s)_{s,j-1} = 0$。

各单元内悬砂区顶部高度为：

$$(SH)_{s,j} = (SH)_{s,j-1} - (v_{swc})_{s,j}(t_j - t_{s-1/2,j}) \tag{5-128}$$

各单元内悬砂区厚度为：

$$(ST)_{s,j} = (SH)_{s,j} - (H_s)_{s,j} \tag{5-129}$$

各单元内无砂区厚度为：

$$(NS)_{s,j} = h_{s,j} - (SH)_{s,j} \tag{5-130}$$

各单元段砂堤上方悬砂区的支撑剂体积分数如下。

第 L_1 段压裂液：

$$(C_{sf})_{s,j} = \frac{(V_p)_j}{V_j - V_{j,j}} \quad (s = 1, 2, \cdots, N_1) \tag{5-131}$$

第 $L_2 - L_1$ 段压裂液：

$$(C_{sf})_{s,j} = \frac{(V_p)_{j-1} - \sum_{s=1}^{N_1}(V_{pd})_{s,j-1}}{(V_f)_{j-1} - V_{j-1,j} - \dfrac{\pi}{4}W_{s-1/2,j}\Delta x(NS)_{s,j}} \quad (s = N_1, N_1+1, \cdots, N_2) \tag{5-132}$$

第 $L_j - L_{j-1}$ 段压裂液：

$$(C_{sf})_{s,j} = \frac{(V_p)_{j-1} - \sum_{i=1}^{j-1}\sum_{s=N_{j-1}+1}^{N_1}(V_{pd})_{s,j-1}}{V_1 - V_{1,j} - \dfrac{\pi}{4}W_{s-1/2,j}\Delta x(NS)_{s,j}} \quad (s = N_{j-1}+1, N_{j-1}+2, \cdots, N_j) \tag{5-133}$$

（2）支撑剂沉降判别准则。

利用上述方法进行计算时，需要对支撑剂的沉降状态进行判别。由于所采用的是拟三维裂缝扩展程序，缝高是不断变化的，砂堤高度也是不断改变的，很难判断砂堤是否达到平衡高度，因此以平衡流速作为支撑剂是否沉降的判断依据。

随着砂堤的连续增长，流动的横截面积不断减小，导致携砂液流速较高。如果砂堤增加到足够高度，则流速可能增大到使压裂液将支撑剂完全带走，相应于这种条件的流速称为平衡流速。

首先要判断裂缝各单元压裂液的流动状态：

$$(N_{\mathrm{Re}})_{s,j} = \frac{16.77\,(v_{\mathrm{cq}})_{s,j}\,W_{s,j}\,(\rho_{\mathrm{f}})_{s,j}}{v_{s,j}} \tag{5-134}$$

式中　v_{cq}——压裂液流速，$\mathrm{m/s}$。

当 $(N_{\mathrm{Re}})_{s,j} \geqslant 3\,000$ 时，该单元内压裂液的流动状态为层流；当 $(N_{\mathrm{Re}})_{s,j} < 3\,000$ 时，压裂液的流动状态为紊流。

层流状态下的平衡流速为：

$$(v_{\mathrm{EQ}})_{s,j} = 6\,232.59\,(v_{\mathrm{swc}})_{s,j}^{0.58}\,(\mu_{s,j})^{0.42}\,\frac{(\rho_{\mathrm{eff}})_{s,j}}{(\rho_{\mathrm{f}})_{s,j}^{1.42}}\,\frac{W_{s,j}^{0.29}}{(d_{\mathrm{p}})_{s,j}^{0.71}} \tag{5-135}$$

紊流状态下的平衡流速为：

$$(v_{\mathrm{EQ}})_{s,j} = 5\,611.23\,(v_{\mathrm{swc}})_{s,j}^{0.331}\,(\mu_{s,j})^{0.669}\,\frac{(\rho_{\mathrm{eff}})_{s,j}}{(\rho_{\mathrm{f}})_{s,j}^{1.241}}\,\frac{W_{s,j}^{0.263}}{(d_{\mathrm{p}})_{s,j}^{0.71}} \tag{5-136}$$

其中：
$$(\rho_{\mathrm{eff}})_{s,j} = \frac{(\rho_{\mathrm{f}})_{s,j} + (C_{\mathrm{sf}})_{s,j}(\rho_{\mathrm{p}})_{s,j}}{1 + (C_{\mathrm{sf}})_{s,j}}$$

式中　$(v_{\mathrm{EQ}})_{s,j}$，$(\rho_{\mathrm{f}})_{s,j}$，$(\rho_{\mathrm{p}})_{s,j}$，$(d_{\mathrm{p}})_{s,j}$——$t_j$ 时刻第 s 单元的平衡流速、压裂液密度、支撑剂密度和平均粒径。

当砂堤上方的流速达到平衡流速时，单元内的支撑剂停止沉降并呈悬浮状态向前运移，因此计算时应该随时判断各单元的压裂液实际流速是否达到平衡流速。

当 $v_{s,j} = (v_{\mathrm{EQ}})_{s,j}$ 时，即压裂液流速等于平衡流速时裂缝单元达到平衡状态，此时有：

$$\left.\begin{array}{l}(v_{\mathrm{fd}})_{s,j} = 0 \\ (v_{\mathrm{pd}})_{s,j} = 0\end{array}\right\} \tag{5-137}$$

式中　$(v_{\mathrm{fd}})_{s,j}$，$(v_{\mathrm{pd}})_{s,j}$——t_j 时刻第 s 单元段砂堤边界速度和支撑剂沉降速度。

5.3.3　水平缝支撑剂运移分布模型

1）支撑剂分布流域的划分

支撑剂进入水平缝后具有很大的沉降趋势，这与竖直缝中的流动情况有相似之处，但水平缝中的流动也有其特殊性：

（1）径向流动中，流速是距井底距离半径 r 的函数，离井越远，流速越低，若考虑液体的滤失，流速就更低；

（2）存在固液流速差，即一般情况下液体的流速大于固体的流速。

这种不同于竖直缝的特殊性构成了水平缝中固液两相流的基本方面。支撑剂在水平缝中的运移与分布可以分为 3 个典型的区域，如图 5-14 所示。

图 5-14 中，纵坐标为液体流速 v_{f} 与液体黏度及颗粒质量浓度函数 $f(\mu,C)$ 的乘积，横坐标是颗粒质量浓度 C。液体黏度和颗粒质量浓度函数 $f(\mu,C)$ 的表达式为：

$$f(\mu,C) = \mu^{(0.175 \times 8.345 \times 10^3 C)^{0.41}} \tag{5-138}$$

式中　μ——液体黏度，$\mathrm{mPa \cdot s}$；

　　　C——支撑剂颗粒质量浓度，$\mathrm{kg/m^3}$。

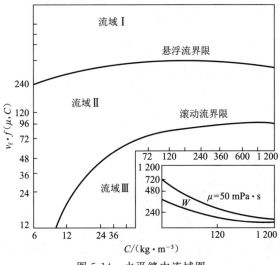

图 5-14　水平缝中流域图

（1）悬浮流域区。

在靠近井筒的水平裂缝中,过流断面较小,液体的流速较高,支撑剂以单粒形式悬浮于压裂液中并随着压裂液一起前进,支撑剂处于悬浮流动状态。

（2）滚动流域区。

在离井筒较远的水平裂缝中,裂缝的过流断面逐渐变大,压裂液流动速度逐渐变小,支撑剂开始沉降,并在裂缝壁面上滚动,即进入滚动流域区。

（3）砂堆、砂沟指进区。

在远离井筒的水平裂缝中,裂缝的过流断面增大,压裂液的流动速度急剧降低,支撑剂沉降在裂缝壁面上,形成砂堆。砂堆的形成减小了裂缝的过流断面,因此压裂液的流速变大,压裂液带着支撑剂在砂堆中冲开一道或多道砂沟,形成砂沟指进,然后在更远处沉积,从而形成砂堆、砂沟指进区。

2）支撑剂运移数学模型

（1）悬浮流域区的支撑剂运移。

在悬浮流域区中,支撑剂呈悬浮流动状态,以单粒形式随压裂液前进,其单粒前进速度 v_p 与压裂液平均流速 v_f 之间存在速度差,可以用下式描述:

$$v_\mathrm{p}/v_\mathrm{f}=0.525N_\mathrm{Re}^c(\rho_\mathrm{p}/\rho_\mathrm{f}-1)^{-0.085}e^a e^b-0.761v_\mathrm{t}^{1.85} \tag{5-139}$$

$$a=9.5\times10^{-5}\left(0.19+\frac{d_\mathrm{p}}{W}\right)(110-Y)Y-1.15\left(0.7-\frac{d_\mathrm{p}}{W}\right)$$

$$b=0.096(S-1.26)$$

$$c=0.072\left(1.75-\frac{d_\mathrm{p}}{W}\right)$$

$$v_\mathrm{t}=\frac{\sin\theta}{v_\mathrm{f}}\sqrt{\frac{4}{3}\frac{d_\mathrm{p}(\rho_\mathrm{p}/\rho_\mathrm{f}-1)}{C_\mathrm{d}}} \tag{5-140}$$

式中　N_Re——液体雷诺数,$N_\mathrm{Re}=\dfrac{2\rho_\mathrm{f}Wv_\mathrm{f}}{\mu}$;

Y——压裂液的剪切屈服应力，MPa；

S——支撑剂颗粒的形状系数，$S = \dfrac{d_{pmax}}{d_{pmin}}$；

v_t——颗粒沉降速度与缝中流体的平均流速之比；

ρ_p,ρ_f——支撑剂和压裂液密度，kg/m^3；

d_p——支撑剂粒径，mm；

W——缝宽，mm；

θ——产层倾角，(°)；

C_d——支撑剂沉降阻力系数，$C_d = \dfrac{24}{N_{Re}}$。

分析式(5-139)可得：

① 流速比 $\dfrac{v_p}{v_f}$ 随着雷诺数 N_{Re} 的增加而提高，同样也随着液体黏度 μ 的增加而下降；

② 雷诺数相同时，流速比随颗粒密度的增大而减小，当粒径一定时，随缝宽的增加而减小；

③ 其他值一定时，流速比随颗粒形状系数的增加而增大；

④ θ 越大，流速比越小，但当液体流速接近 1 m/s 时，θ 变化所带来的差别逐渐减小，接近 $\theta = 0°$ 时的流速比。

应当注意，这里的流速比指的是颗粒前进速度与压裂液平均速度之比。其中，v_f 等于液体流量除以过流断面面积；颗粒的运动速度与其在缝中的位置有很大关系，例如在层流条件下，当颗粒位于过流断面的中心线上时，其速度可达 v_f 的 1.5 倍，此时的流速比远大于 1。但是由于缝比较窄，壁面又比较粗糙，所以在水平缝的固液流动中，流速比往往小于 1。

流速比的大小虽然是一种流动现象，但却对支撑剂在水平缝中的分布有很大影响。

（2）滚动流域区的支撑剂运移。

在滚动流域区内，支撑剂颗粒间相互干扰，流动中存在着几粒支撑剂黏附在一起运动的现象，并且由于流速降低，滚动流动的支撑剂增多，但是悬浮流域区到滚动流域区是逐渐过渡的。总体上讲，滚动流域内的交撑剂仍然满足单粒支撑剂在悬浮流域区内的运移规律。

（3）砂堆、砂沟指进区。

由于压裂液流速的进一步降低，支撑剂沉降在水平裂缝底面上并形成砂堆，后面的支撑剂则从砂堆上面或旁边流过，越过砂堆后沉积下来。同时，支撑剂的沉积使得裂缝过流断面减小，缝中流速增大，当砂堆占据裂缝断面的比例较大时，压裂液流速就增大到足以在砂堆中冲出沟槽，形成砂沟，产生砂沟指进，支撑剂在砂沟中以临界悬浮速度运移。支撑剂砂沟的指进速度 v_D 由下式表述：

$$\frac{v_D}{v_f} = \begin{cases} \dfrac{v_{fmax}}{v_f} \\ 1.204\left(\dfrac{v_p}{v_f}\right)\left(\dfrac{d}{W}\right)^{-0.197}\left(\dfrac{\rho_p}{\rho_f}\right)^{-1.12}C^{0.137} \end{cases} \tag{5-141}$$

式中 v_{fmax}——压裂液最大流速，m/s。

在砂堆、砂沟指进区，支撑剂的运动形式比较复杂，随液流速度、黏度和粒径有所不同。有人认为，支撑剂在裂缝壁面上沉积到一定厚度时才会出现沟槽流动，并由实验得出沉砂厚度与排量和砂浓度有关，排量小、砂浓度大则沉砂厚度大，排量大、砂浓度小则沉砂厚度小。沉砂厚度与沉砂厚度在裂缝中的分布对裂缝导流能力具有很大的影响。

5.3.4 水平缝支撑剂浓度数值计算模型

1) 支撑剂运移的临界值及区域划分

对于支撑剂运移临界值的确定，采用逐步逼近的求解方法：从第1颗支撑剂进入裂缝算起，颗粒每经过一个较小的步长 ΔR，均计算出此时此地的速度函数：

$$y = v_f \mu_a^{0.175} C^{-0.41} \tag{5-142}$$

同时利用砂浓度 C 求出速度函数的实验临界值 a_0。如果 $y \geqslant a_0$，则支撑剂前进一步，继续进行计算和比较；如果 $y < a_0$，但 $|y - a_0| > \varepsilon$（ε 为一小数），则将步长缩小到原来的 0.618，重新进行计算和比较，直到 $|y - a_0| \leqslant \varepsilon$ 为止，此时此地的状态认为是相应的临界极限状态。利用这种方法可以求得注入两种不同支撑剂（主段砂和尾砂）情况下的临界参数。

主段砂：R_{S_1}——悬浮-滚动临界半径，m；

$\quad\quad\quad C_{S_1}$——悬浮-滚动临界浓度，小数；

$\quad\quad\quad R_{S_2}$——滚动-沉降临界半径，m。

尾砂：R_{B_1}——悬浮-滚动临界半径，m；

$\quad\quad\quad R_{B_2}$——滚动-沉降临界半径，m。

上述情况下支撑剂在裂缝中的典型分布分成3个区域：尾砂悬浮滚动区（$r_w \sim R_{B_2}$）、主段砂悬浮滚动区（$R_{B_2} \sim R_{S_2}$）和主段砂砂堆、砂沟区（$R_{S_2} \sim R_{S_1}$）。

2) 悬浮滚动区支撑剂的分布

将悬浮滚动区按径向划分为 n 个小区间，在这些小区间内可以认为支撑剂均匀分布。依次求出各小区间上支撑剂的浓度 C_i，再结合导流能力资料求得该段地层相应的渗流阻力 Z_i，然后利用数值积分方法求出支撑剂的总质量 w_T 和相应的层渗流阻力 Z：

$$w_T = \pi \Delta R \sum_{i=0}^{n-1} (C_i R_i + C_{i+1} R_{i+1}) \tag{5-143}$$

$$Z = \sum_{i=0}^{n-1} Z_i \tag{5-144}$$

3) 砂堆、砂沟指进区支撑剂分布

根据 Lowe 等关于支撑剂在水平裂缝中运移规律的实验结果和分析，砂沟中支撑剂呈悬浮状态，其浓度等于支撑剂悬浮-滚动临界浓度 C_{S_1}，砂沟向外扩展的周向范围等于悬浮-滚动临界半径处周长 $2\pi R_{S_1}$。按砂沟以定周长向外扩展的原则，可从理论上导出以下参数。

总填砂半径 R_{S_3}：

$$R_{S_3} = \begin{cases} \dfrac{C + \sqrt{C^2 - 4D}}{2} & (D \leqslant 0) \\[3mm] \dfrac{C - \sqrt{C^2 - 4D}}{2} & (D > 0) \end{cases} \tag{5-145}$$

其中：
$$D = CR_{S_1} - R_{S_2}^2 - B$$
$$C = 2AR_{S_1}$$
$$A = 1 - \frac{C_{S_1}}{n\pi m_p}$$
$$B = \frac{w_{T3}}{n\pi m_p}$$

式中　w_{T3}——第 3 区支撑剂总质量，kg；

　　　n——砂堆区支撑剂总质量，kg；

　　　m_p——支撑剂单层排列时单位面积上的质量，kg/m²。

砂沟面积 A_{C3}：

$$A_{C3} = 2\pi R_{S_1}(R_{S_3} - R_{S_2}) \tag{5-146}$$

砂堆面积 A_{D3}：

$$A_{D3} = \pi(R_{S_3}^2 - R_{S_2}^2) - A_{C3} \tag{5-147}$$

参 考 文 献

[1] 张琪. 采油工程原理与设计[M]. 东营：中国石油大学出版社，2006.

[2] 梁利，丛连铸，卢拥军. 煤层气井用压裂液研究及应用[J]. 钻井液与完井液，2001，28(2)：23-26.

[3] 李亭. 煤层气压裂液研究及展望[J]. 天然气勘探与开发，2013，36(1)：51-53.

[4] 李娜，程远方，吴百烈，等. 煤岩裂缝分形及对压裂滤失的影响[J]. 大庆石油地质与开发，2013，32(3)：170-174.

[5] 郭建春，杨立君，赵金洲，等. 压裂过程中孔眼摩阻计算的改进模型及应用[J]. 天然气工业，2005，25(5)：69-71.

[6] 刘合，张广明，张劲，等. 油井水力压裂摩阻计算和井口压力预测[J]. 岩石力学与工程学报，2010，29：2 833-2 839.

[7] 黄禹忠，何红梅. 川西地区压裂施工过程中管柱摩阻计算[J]. 特种油气藏，2005，12(6)：71-73.

[8] 温庆志，罗明良，李加娜，等. 压裂支撑剂在裂缝中的沉降规律[J]. 油气地质与采收率，2009，16(3)：100-103.

[9] 王鸿勋，张士诚. 水力压裂设计数值计算方法[M]. 北京：石油工业出版社，1998.

[10] 张鹏. 煤层气井压裂液流动和支撑剂分布规律研究[D]. 青岛：中国石油大学(华东)，2011.

[11] GADDE P B，LIU Y，NORMAN J，et al. Modeling proppant settling in water-fracs[C]. SPE Annual Technical Conference & Exhibition，2004.

[12] LIU Y. Settling and hydrodynamic retardation of proppants in hydraulic fractures[D]. Austin：University of Texas，2006.

[13] DTMESH A A. Numerical solution of sand transport in hydraulic fracturing[C]. SPE 5636，1978.

[14] 吉德利 J L，等. 水力压裂技术新进展[M]. 蒋阗，译. 北京：石油工业出版社，1995.

[15] 赵磊. 重复压裂技术[M]. 东营：中国石油大学出版社，2008.

第6章 煤层气压裂产能分析

6.1 煤层气压裂产能模拟数学模型

煤层气水两相流动可以利用双孔单渗模型进行描述。其中,双孔是指基质孔隙和割理系统,分别用于储存吸附气体和部分游离气体;单渗是指割理裂隙具有的渗透性,割理裂隙(图 6-1)是气、水渗流进入井筒的渗流通道。煤层气主要以吸附态储存于基质孔隙中,煤基质微孔隙足够小且不含水,对渗流的作用可以忽略不计[1-5]。排水降压作用使煤层气发生解吸,解吸的气体在浓度梯度的作用下发生扩散,扩散过程符合非平衡拟稳态模型,扩散进入割理裂隙后以达西流流入井筒。煤层气产量主要取决于割理裂隙的渗透性,包括导流能力、方向性、裂隙间距等,此外还受到煤储层结构及含气特征的影响。

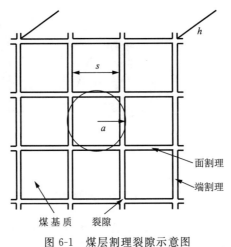

图 6-1 煤层割理裂隙示意图

s—裂隙间距;a—等效半径;h—煤层厚度

6.1.1 煤层气的解吸与扩散

煤层气的吸附与解吸是一个可逆过程,可用 Langmuir 方程来描述[6]:

$$V(p_g) = \frac{V_L p_g}{p_L + p_g} \tag{6-1}$$

式中 $V(p_g)$——压力 p_g 下气体吸附浓度，$\mathrm{m^3/m^3}$；

　　V_L——Langmuir 体积，$\mathrm{m^3/m^3}$；

　　p_L——Langmuir 压力，MPa；

　　p_g——煤储层中的压力，MPa。

V_L 和 p_L 均可由等温吸附实验确定。

根据 Fick 第一定律[7-10]，利用拟稳态来简化描述煤层气在煤基质中的真实扩散过程，则有：

$$\frac{\mathrm{d}V_m}{\mathrm{d}t} = -F_s D[V_m - V(p_g)] \tag{6-2}$$

$$F_s D = \frac{1}{\tau}$$

式中 V_m——煤基质中平均气体浓度，$\mathrm{m^3/m^3}$；

　　F_s——形状系数；

　　D——气体扩散系数，$\mathrm{m^2/d}$；

　　τ——吸附时间，d。

形状系数 F_s 取决于煤基质尺寸大小及形状（图 6-2，表 6-1），可由下式确定：

$$F_s = \alpha A_{mt}/V_{mt} \tag{6-3}$$

式中 α——形状因子；

　　A_{mt}——煤基质表面积，$\mathrm{m^2}$；

　　V_{mt}——煤基质体积，$\mathrm{m^3}$。

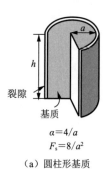

（a）圆柱形基质

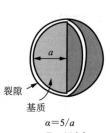

（b）球形基质

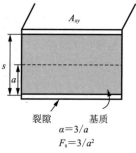

（c）矩形基质

图 6-2　煤基质形状示意图

表 6-1　煤基质形状系数、基质尺寸大小与解吸时间关系表

参数名称	圆柱形基质	球形基质	矩形基质
A_{mt}	$2\pi ah$	$4\pi a^2$	A_{xy}
V_{mt}	$\pi a^2 h$	$\frac{4}{3}\pi a^2$	aA_{xy}
α	$4/a$	$5/a$	$3/a$
F_s	$8/a^2$	$15/a^2$	$3/a^2$

参数名称	圆柱形基质	球形基质	矩形基质
τ	$a^2/(8D)$	$a^2/(15D)$	$a^2/(3D)$
	$s^2/(8\pi D)$	$s^2/[(4\pi/3)^{2/3}15D]$	$s^2/(12D)$

6.1.2 流体连续性方程

图 6-3 为煤储层中包含基质块体及割理裂隙(图 6-3a)的任意微元控制体,控制体边长分别为 Δx,Δy 和 Δz,其中箭头指向为 x,y 和 z 的正方向,且为流体流动方向(图 6-3b)。

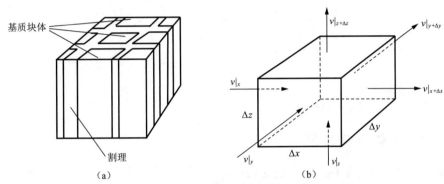

图 6-3 煤储层中控制体示意图

储层中仅含有甲烷气体,不考虑气体在水中的溶解度。根据质量守恒原理[11-13],在任意 Δt 时间内,有:

$$Q_d = Q_r \tag{6-4}$$

式中 Q_d——控制体单元内流入、流出的气体质量差;

$\qquad Q_r$——控制体单元内气体质量的变化。

在 x,y 和 z 方向上,Δt 时间控制体单元内流入、流出气体质量差为:

$$-\frac{\partial(\rho_g v_{gx})}{\partial x}\Delta x \Delta y \Delta z \Delta t - \frac{\partial(\rho_g v_{gy})}{\partial y}\Delta x \Delta y \Delta z \Delta t - \frac{\partial(\rho_g v_{gz})}{\partial z}\Delta x \Delta y \Delta z \Delta t \tag{6-5}$$

式中 ρ_g——气体密度,kg/m^3;

$\qquad v_{gn}$——气体在 x,y 和 z 方向上的速度分量,$n = x, y, z$,m/s。

在 Δt 时间内,控制体单元内的气体质量的变化为:

$$\frac{\partial(\rho_g S_g \phi_f)}{\partial t}\Delta x \Delta y \Delta z \Delta t \tag{6-6}$$

式中 S_g——煤层气饱和度,小数;

$\qquad \phi_f$——裂隙孔隙度,%。

将式(6-5)和(6-6)代入式(6-4),得气体流动的连续性方程为:

$$-\frac{\partial(\rho_g v_{gx})}{\partial x}\Delta x \Delta y \Delta z \Delta t - \frac{\partial(\rho_g v_{gy})}{\partial y}\Delta x \Delta y \Delta z \Delta t - \frac{\partial(\rho_g v_{gz})}{\partial z}\Delta x \Delta y \Delta z \Delta t$$

$$= \frac{\partial(\rho_g S_g \phi_f)}{\partial t}\Delta x \Delta y \Delta z \Delta t \tag{6-7}$$

由控制体单元的任意性得：

$$-\frac{\partial(\rho_g v_{gx})}{\partial x}-\frac{\partial(\rho_g v_{gy})}{\partial y}-\frac{\partial(\rho_g v_{gz})}{\partial z}=\frac{\partial(\rho_g S_g \phi_f)}{\partial t} \qquad (6-8)$$

同理，可以得到水流动的连续性方程：

$$-\frac{\partial(\rho_w v_{wx})}{\partial x}-\frac{\partial(\rho_w v_{wy})}{\partial y}-\frac{\partial(\rho_w v_{wz})}{\partial z}=\frac{\partial(\rho_w S_w \phi_f)}{\partial t} \qquad (6-9)$$

式中　v_{wn}——水在 x，y 和 z 方向上的速度分量，$n=x,y,z$，m/s；

　　　ρ_w——水的密度，kg/m³；

　　　S_w——裂隙水饱和度，小数。

利用 ∇ 代替 ρv 对 x，y 和 z 的求偏导，并加入气和水的源、汇项，有：

$$\left.\begin{array}{r}-\nabla \cdot(\rho_g v_g)+q_m-q_g=\dfrac{\partial}{\partial t}(\phi_f \rho_g S_g)\\[3mm]-\nabla \cdot(\rho_w v_w)-q_w=\dfrac{\partial}{\partial t}(\phi_f \rho_w S_w)\end{array}\right\} \qquad (6-10)$$

式中　q_m——气的汇项；

　　　q_g，q_w——气、水的源项。

6.1.3　流体渗流方程

煤储层中气和水在割理裂隙中的达西渗流[14-16]可以表示为：

$$\left.\begin{array}{r}v_g=-\dfrac{KK_{rg}}{\mu_g}(\nabla p_g-\rho_g g \nabla h)\\[3mm]v_w=-\dfrac{KK_{rw}}{\mu_w}(\nabla p_w-\rho_w g \nabla h)\end{array}\right\} \qquad (6-11)$$

式中　v_g，v_w——气、水在割理裂隙中的渗流速度（w，g 分别代表水和气），m/s；

　　　K——储层煤岩的绝对渗透率，m²；

　　　K_{rg}，K_{rw}——气、水的相对渗透率；

　　　μ_g，μ_w——气、水黏度，Pa·s；

　　　p_g，p_w——气、水压力，Pa；

　　　g——重力加速度，m/s²；

　　　h——相对标高，m。

将式（6-11）代入式（6-10）中，同时考虑到气体和水具有压缩性，引入地层体积系数 B_n

$\left(\rho_n=\dfrac{\rho_{nsc}}{B_n}, n=w,g, \rho_{nsc} 为物质地面标准状态的密度\right)$，方程可化为：

$$\left.\begin{array}{r}\nabla \cdot\left[\dfrac{KK_{rw}}{B_w \mu_w}(\nabla p_w-\gamma_w \nabla h)\right]-q_w=\dfrac{\partial}{\partial t}\left(\dfrac{\phi_f S_w}{B_w}\right)\\[3mm]\nabla \cdot\left[\dfrac{KK_{rg}}{B_g \mu_g}(\nabla p_g-\gamma_g \nabla h)\right]+q_m-q_g=\dfrac{\partial}{\partial t}\left(\dfrac{\phi_f S_g}{B_g}\right)\end{array}\right\} \qquad (6-12)$$

$$B_g=\frac{T_{sc} p_g}{p_{sc} T Z} \qquad (6-13)$$

式中　γ_g，γ_w——气、水重度，N/m³；

T_{sc}——标准温度，℃；

p_g——气体压力，MPa；

p_{sc}——标准压力，MPa；

T——储层温度，℃；

Z——压缩因子。

若考虑气体在水中的溶解性，则方程可化为：

$$\left.\begin{aligned}
&\nabla \cdot \left[\frac{KK_{rw}}{B_w\mu_w}(\nabla p_w - \gamma_w\nabla h)\right] - q_w = \frac{\partial}{\partial t}\left(\frac{\phi_f S_w}{B_w}\right) \\
&\nabla \cdot \left[\frac{KK_{rg}}{B_g\mu_g}(\nabla p_g - \gamma_g\nabla h) + \frac{R_{sw}KK_{rw}}{B_w}(\nabla p_w - \gamma_w\nabla h)\right] + \\
&q_m - q_g = \frac{\partial}{\partial t}\left(\frac{\phi_f S_g}{B_g} + \frac{R_{sw}\phi_f S_w}{B_w}\right)
\end{aligned}\right\} \tag{6-14}$$

式中　R_{sw}——气体在水中的溶解度。

6.1.4　煤岩物性的应力敏感性

考虑到煤岩的可压缩性，随着煤层气的开采，煤岩裂隙孔隙度和渗透率会随着储层中有效应力的变化而改变，与有效应力呈负相关关系。与此同时，煤基质体积在气体吸附过程中会发生膨胀，从而导致裂隙闭合，孔隙度和渗透率降低；气体解吸对孔渗的影响与吸附过程恰好相反[17]。

孔隙度的变化可以由下式表示：

$$\phi_f = \phi_{fi}[1 + C_p(p - p_0)] - C_m(1 - \phi_{fi})(\mathrm{d}p/\mathrm{d}V_i)(V - V_i) \tag{6-15}$$

$$\frac{\mathrm{d}p}{\mathrm{d}V_i} = \frac{p_{di} - p_{sc}}{V(p_{di}) - V(p_{sc})}$$

$$C_m = \frac{1}{V_{mt}}\frac{\mathrm{d}V_{mt}}{V_{mt}} = \frac{\mathrm{d}V_{mt}}{V_{mt}}\frac{1}{p_{di} - p_{sc}}$$

式中　ϕ_f——当前压力下的裂隙孔隙度，%；

ϕ_{fi}——初始裂隙孔隙度，%；

C_p——煤岩孔隙压缩系数，MPa^{-1}；

p_0——初始储层压力，MPa；

p_{di}——初始解吸压力，MPa；

p_{sc}——标准压力，MPa；

C_m——煤岩收缩系数，MPa^{-1}；

V_{mt}——基质体积，m^3；

V——气体平均浓度，m^3/m^3；

V_i——气体平衡吸附浓度，m^3/m^3。

渗透率的变化可以由下式表示[15,18-20]：

$$K = K_0 e^{-3C_f(\sigma - \sigma_0)} \tag{6-16}$$

$$\sigma - \sigma_0 = -\frac{\nu}{1-\nu}(p - p_0) + \frac{E}{3(1-\nu)}\varepsilon_1\left(\frac{p}{p + p_\varepsilon} - \frac{p_0}{p_0 + p_\varepsilon}\right) \tag{6-17}$$

式中　K_0——初始渗透率，μm^2；

　　　C_f——实验常数；

　　　p——储层压力，MPa；

　　　E——煤岩弹性模量，MPa；

　　　ε_1——最大基质收缩应变；

　　　p_ε——Langmuir 基质收缩应变常数；

　　　ν——煤岩泊松比。

在气体等温吸附过程中，压力作用对体积形变的影响可以利用变形后 Langmuir 方程来表达[21]。

假设气体解吸引起煤基质体积的变化与脱附气体成正比，则式(6-17)可以转化为：

$$\sigma - \sigma_0 = -\frac{\nu}{1-\nu}(p-p_0) + \frac{E\beta}{3(1-\nu)}\left[V(p) - V_m^0\right] \tag{6-18}$$

式中　β——比例系数；

　　　$V(p)$——煤层甲烷平衡浓度，m^3/kg；

　　　V_m^0——初始含气量，m^3/kg。

6.1.5　辅助方程

气相压力 p_g、水相压力 p_w、毛管压力 p_c、含水饱和度 S_w、含气饱和度 S_g 满足如下方程：

$$\left.\begin{array}{l} p_c = p_g - p_w \\ S_g + S_w = 1 \end{array}\right\} \tag{6-19}$$

解变量的函数，其中包括气水相对渗透率、黏度、毛管压力等：

$$\left.\begin{array}{l} K_{rg} = K_{rg}(S_g) \\ K_{rw} = K_{rw}(S_w) \\ \mu_g = \mu_g(p_g) \\ \mu_w = \mu_w(p_w) \\ p_c = p_c(S_w) \end{array}\right\} \tag{6-20}$$

式中，S_g 和 S_w 由实验测定。

6.1.6　定解条件

1）初始条件

初始条件即在初始时刻 $t=0$ 时，煤层中气、水饱和度及压力和含气量等变量的分布。

$$\left.\begin{array}{l} p_g\big|_{t=0} = p_g^0 \\ S_g\big|_{t=0} = S_g^0 \\ V_m\big|_{t=0} = V_m^0 \end{array}\right\} \tag{6-21}$$

式中　p_g^0——煤层初始压力，MPa；

S_g^0——煤层初始含气饱和度,小数;

V_m^0——初始含气量,m^3/kg。

2) 边界条件

井筒处条件可以作为一个边界条件。当已知井内的气、水产量时,可将其作为源、汇项代入气、水流动方程(生产井取负值,注入井取正值):

$$Q_g = \frac{2\pi \alpha h K K_{rg}}{\mu_g B_g \left(\ln \frac{r_e}{r_w} + S \right)} (p_g - p_{wf}) \tag{6-22}$$

$$Q_w = \frac{2\pi \alpha h K K_{rw}}{\mu_w B_w \left(\ln \frac{r_e}{r_w} + S \right)} (p_w - p_{wf}) \tag{6-23}$$

式中　Q_g——产气量,m^3/s;

Q_w——产水量,m^3/s;

h——煤层厚度,m;

r_e——有效半径,m;

r_w——井筒半径,m;

K_{rg}——气相相对渗透率;

K_{rw}——水相相对渗透率;

S——表皮系数,无因次;

p_g——网格气相压力,Pa;

p_w——网格水相压力,Pa;

p_{wf}——井底流动压力,Pa。

此外,边界条件还有定压边界和封闭边界。

(1) 外边界条件:

$$\left. \frac{\partial p}{\partial n} \right|_t = 0$$

此为封闭边界。

(2) 内边界条件:

$$p_g \big|_t = f(t)$$

井底流压 p_g 可以为固定压力,也可以随时间变化。

6.2　煤层气井生产动态分析

根据文献资料,取沁水盆地 $3^\#$ 煤基本物性参数,见表 6-2。假设储层均质、各向同性,埋深 595~605 m,煤层有效厚度为 10 m,煤层地质模型长宽均为 2 000 m。储层气水两相渗透率随含水饱和度的变化如图 6-4 所示。

表 6-2　模拟储层基本参数表

参　数	取　值	参　数	取　值
地理位置	高平市野川镇榆树坪	$V_L/(cm^3 \cdot g^{-1})$	31.3(46.7 m^3/m^3)
区　块	柿庄南区块	p_L/MPa	2.08
煤层编号	3#	临界解吸压力/MPa	0.70
煤层埋深/m	595~605	吸附时间/d	36
初始含气量/($cm^3 \cdot g^{-1}$)	7.50	气体相对密度	0.65
水分含量/%	85	初始含气饱和度/%	15
CH_4含量/%	93.31	煤岩相对密度	1.49
CO_2含量/%	2.62	孔隙度/%	5.45
N_2含量/%	4.07	裂隙渗透率/($10^{-3} \mu m^2$)	1~2
水的黏度/(mPa·s)	0.73	储层温度/℃	20.50
水的压缩系数/($m^3 \cdot MPa^{-1}$)	3.0×10^{-3}	初始储层压力/MPa	2.12

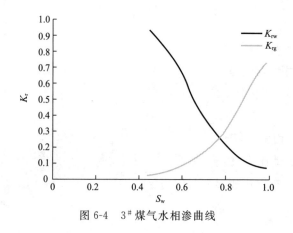

图 6-4　3# 煤气水相渗曲线

　　假设煤层气井以井底压力恒定方式生产,建立直井、水平井、多分支井在压裂与不压裂条件下的开采模型,模拟煤层气的生产情况,分析气井生产过程中气水动态变化规律[22]。

6.2.1　未压裂直井生产动态

　　采用五点井网,井距和排距均为 500 m,分析未压裂直井煤层气生产动态。分析时选取研究区域内一个单元进行模拟,井的布置如图 6-5 虚线框图所示。日产气量和日产水量为中心直井的产量。设生产工作制度为定压生产,井底流压为 0.4 MPa。

　　如图 6-6 所示,直井不压裂条件下生产可以划分以下 3 个阶段:前 50 d 为第I阶段,主要是以排水降压为主,日产水量很高,但下降很快;由于钻完井、压裂增产等作业产生的解吸气以及部分游离气在井筒或裂缝附近聚集,日产气量迅速上升;第II阶段为 50~2 500 d,压降区域扩大,吸附气解吸量增加,日产气量稳定增加,最高超过 1 000 m^3/d,此阶段后期日产气量逐渐下降,日产水量很低(1~2 m^3/d)并逐渐趋于稳定;第III阶段在 2 500 d 以后,这个阶段日产气量逐渐下降。

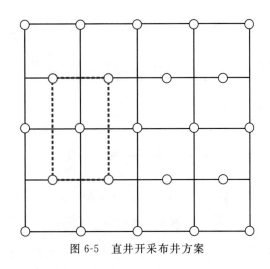

图 6-5 直井开采布井方案

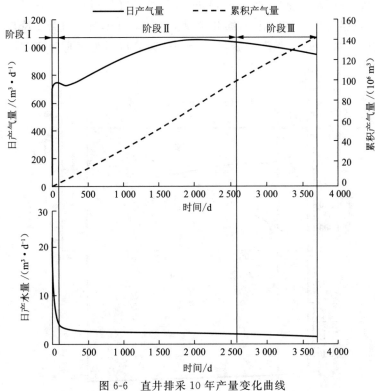

图 6-6 直井排采 10 年产量变化曲线

6.2.2 压裂直井生产动态

仍以直井五点井网开采为研究对象,井距和排距均为 500 m,每口井均压裂,半缝长为 80 m,分析压裂直井煤层气生产动态。选取研究区域内一个井网单元进行模拟,井的布置 如图 6-7 中虚线框图所示。日产气量和日产水量为中心压裂直井的产量。设生产工作制 度为定压生产,井底流压为 0.4 MPa。

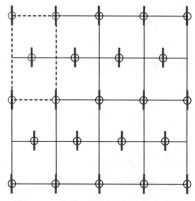

图 6-7　直井压裂井开采布井方案

如图 6-8 所示,直井压裂条件下生产可以划分以下 3 个阶段:前 50 d 左右为第 Ⅰ 阶段,为排水降压阶段,日产水量很高,但下降很快,该阶段煤层气刚刚开始解吸,解吸气和部分游离气被采出,煤层气产量上升很快;第 Ⅱ 阶段是 50～550 d,日产气量下降较快,直井压裂井由产气峰值的 3 400 m³/d 下降到 2 400 m³/d;550 d 以后为第 Ⅲ 阶段,日产气量平稳下降,产水以低产量(2～3 m³/d)稳定生产。

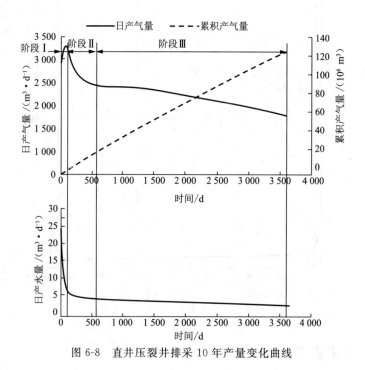

图 6-8　直井压裂井排采 10 年产量变化曲线

6.2.3　未压裂水平井生产动态

对于水平井开采,设井间距为 500 m,分析水平井煤层气生产动态。设储层水平段长度为 1 200 m,模拟井的布置如图 6-9 虚线框图所示。日产气量和日产水量为单口水平井的产量。设生产工作制度为定压生产,井底流压为 0.4 MPa。

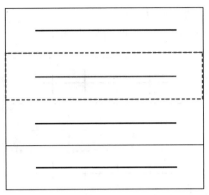

图 6-9　水平井开采布井方案

如图 6-10 所示,水平井生产可划分为 3 个阶段:从开始到 30 d 左右为第Ⅰ阶段,为排水降压阶段,日产水量很高,达 20 m³/d 以上,但下降很快,由开始的 70 m³/d 下降到 20 m³/d 左右,该阶段煤层气开始解吸,解吸气和部分游离气被采出,煤层气产量上升很快;第Ⅱ阶段是 30~550 d,日产气量下降较快,由峰值 18 000 m³/d 下降到 12 000 m³/d;550 d 以后为第Ⅲ阶段,产气量平稳下降,开采 10 年时仍在 6 000 m³/d 以上。

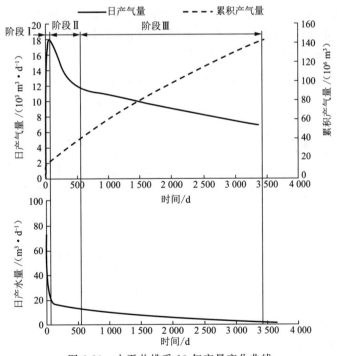

图 6-10　水平井排采 10 年产量变化曲线

6.2.4　压裂水平井生产动态

对于压裂水平井,设井间距为 500 m,储层水平段长为 1 200 m,水力裂缝间距为 240 m(沿水平井筒压裂形成 5 条主裂缝),水力裂缝半缝长为 80 m,模拟井的位置如图 6-

11 虚线框图所示,分析压裂水平井煤层气生产动态。日产气量和日产水量为单口水平井的产量。设生产工作制度为定压生产,井底流压为 0.4 MPa。

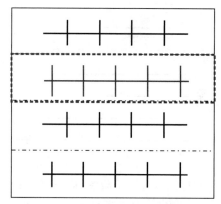

图 6-11　压裂水平井开采布井方案

如图 6-12 所示,压裂水平井生产可划分为 3 个阶段:从开始生产到 150 d 为第 I 阶段,为排水降压阶段,日产水量很高,在 60 m³/d 以上,但下降很快,由开始的 180 m³/d 下降到 60 m³/d 左右,该阶段煤层气刚刚开始解吸,解吸气和部分游离气被采出,煤层气产量上升很快;第 II 阶段是 150～700 d,日产气量下降较快,由峰值 26 000 m³/d 下降到 20 000 m³/d;700 d 以后为第 III 阶段,日产气量平稳下降,但仍然较高,开采 10 年时日产气量约为 12 000 m³/d,日产水量较为平稳,下降比较缓慢。

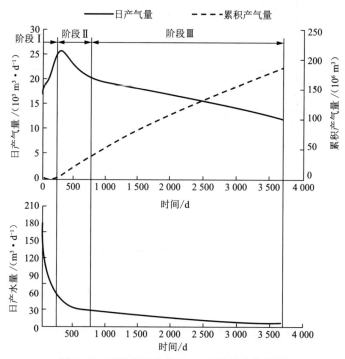

图 6-12　压裂水平井排采 10 年产量变化曲线

6.2.5　多分支水平井生产动态

模拟多分支水平井开采煤层气,在 2 000 m×2 000 m 的研究区域内布置 4 口多分支井,每口多分支井布置在 1 000 m×1 000 m 的区域内(图 6-13),设横向为最大水平地应力方向,主水平井筒方向与最大水平地应力方向的夹角为 45°,主水平井筒长 1 200 m,储层共划分为 3 层,主水平井筒和分支井均位于中间层。选取一口多分支井,即 1 000 m×1 000 m 区域为一个模拟单元(图 6-13 中虚线框图)进行模拟。按照分支井等间距分布进行布置,取分支井间距为 240 m(4 分支)。设生产工作制度为定压生产,井底流压为 0.4 MPa。

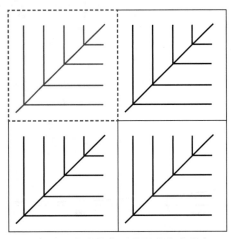

图 6-13　多分支水平井开采布井方案

如图 6-14 所示,多分支水平井的生产可以划分为以下 3 个阶段:从开始生产到 20 d 为第 Ⅰ 阶段,即排水降压阶段,日产水量很高,在 200 m³/d 以上,但下降很快,由开始的 550 m³/d 下降到 200 m³/d 左右,该阶段由于多分支井的煤层裸露面积比较大,煤层气解吸很快,产量急剧上升;第 Ⅱ 阶段到开采 1 年左右,日产气量下降很快,多分支井日产气量由峰值 78 000 m³/d 下降到 30 000 m³/d;之后为第 Ⅲ 阶段,日产气量平稳下降,开采 6 年时产气量维持在 10 000 m³/d 左右,日产水量较低,日产水十几立方米,较为平稳,下降比较缓慢。

对比未压裂直井、压裂直井、未压裂水平井、压裂水平井、多分支水平井 1 000 d 时的日产气量,未压裂直井日产气量为 930 m³/d,压裂直井日产气量为 2 200 m³/d,未压裂水平井日产气量为 10 800 m³/d,压裂水平井日产气量为 18 500 m³/d,多分支水平井日产气量为 15 000 m³/d,由此可见对于高渗煤层气区块,水平井开发为最佳开发方案。

6.3　未压裂直井产能分析

对于未压裂直井,仍然使用表 6-2 中基础参数,分析不同井距条件下开采时储层压力、含气饱和度及气体采收率随开发时间的变化规律。

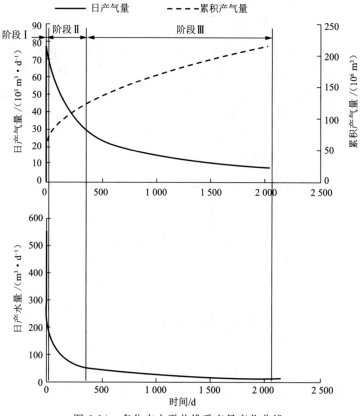

图 6-14　多分支水平井排采产量变化曲线

6.3.1　井距的影响

研究井距和排距均为 400 m，500 m 和 666 m 时中心井单井产量的变化规律。由图 6-15 单井日产气量曲线可以看出，直井开采煤层气日产气量很低，仅为 1 000 m³ 左右；井排间距越大，单井日产气量越高，维持高日产气量时间也较长，井排间距为 666 m 时日产气量最大，其最高日产气量达 1 200 m³，而井排间距为 400 m 时最高日产气量为 900 m³，这是因为随着井间距离的增大单井的控制范围增加，储层气体供应充足。

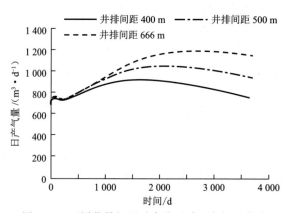

图 6-15　不同井排间距时直井开采日产气量曲线

图 6-16 为 2 000 m×2 000 m 区域全部井的累积产气量曲线。表 6-3 给出了不同井排间距条件下直井单井日产气量和区域累积产气量。由图 6-16 可以看出,累积产气量随着井间距离的增大而减小,井排间距为 400 m 时累积产气量比井排间距为 500 m 时提高了12.9％,而井排间距为 500 m 时累积产气量比井排间距为 666 m 时提高了 10％。这是因为随着井排间距的减小,井的密度增大,区域内累积产气量增加。但是井排间距越小,钻井数量越多,钻井成本就越高。因此从经济角度来看,存在最优的井排间距以实现煤层气开采经济的最大化。

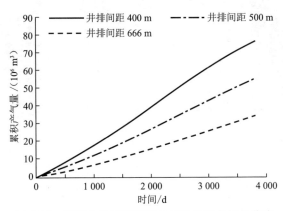

图 6-16 不同井排间距时直井开采累积产气量曲线

表 6-3 不同井排间距时直井开采产气量表

模拟时间/d	单井日产气量/(m³·d⁻¹)			区域累积产气量/(10⁶ m³)		
	400 m	500 m	666 m	400 m	500 m	666 m
100	760.0	734.3	734.0	1.49	1.31	0.74
500	784.7	789.3	799.6	8.86	6.03	3.39
1 000	880.4	929.9	951.9	19.50	13.12	7.43
1 500	918.0	1 014.7	1 079.3	30.37	20.64	11.84
2 000	911.7	1 049.8	1 161.8	42.07	29.11	17.02
2 500	872.4	1 035.4	1 186.3	53.46	37.64	22.43
3 000	822.6	1 002.3	1 181.8	63.61	45.47	27.55
3 500	766.7	954.0	1 155.1	73.73	53.44	32.92

6.3.2 储层压力的变化

3 种井排间距下开采时储层压力分布规律一致,下面以井排间距为 400 m 的情况为例进行分析。图 6-17 为直井开采煤层气储层压力分布云图。由图可知,井筒附近区域压力下降较快,由于储层渗透性差,沟通不畅,压力降向周围扩展比较缓慢,开采 10 年后储层压力分布在 1.5 MPa 以上,这影响了煤层甲烷气体的解吸,因此单井产能较低。

由图 6-18 可知,井排间距越小,储层压力降越大,井间干扰就越严重,气体解吸相对较多,井的产气量越高。

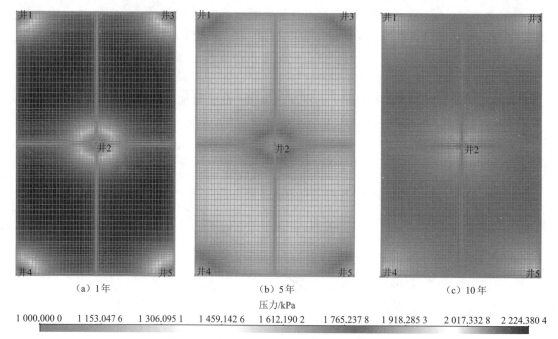

（a）1年　　　　　　　　　　（b）5年　　　　　　　　　　（c）10年

压力/kPa

| 1 000.000 0 | 1 153.047 6 | 1 306.095 1 | 1 459.142 6 | 1 612.190 2 | 1 765.237 8 | 1 918.285 3 | 2 017.332 8 | 2 224.380 4 |

图 6-17　直井开采煤层气储层压力分布云图

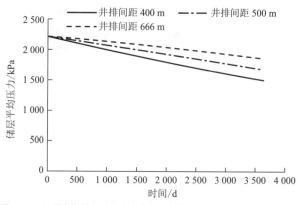

图 6-18　不同井排间距时直井开采煤层气储层平均压力曲线

6.3.3　储层含气饱和度的变化

3 种井排间距下开采时储层含气饱和度分布规律一致，下面以井排间距为 400 m 的情况为例进行分析。图 6-19 为直井开采煤层气储层含气饱和度分布云图。由图可知，开采之前由于钻完井作业等造成储层中井筒附近有一部分游离态气体，因此含气饱和度较高；开采初期的游离气首先被采出，含气饱和度降低；开采过程中井筒附近含气饱和度最低；随着开采的进行，压力降由井筒向地层逐渐传播，吸附气解吸加快，解吸量增加，若气体解吸速率高于采出速率，则储层含气饱和度将升高，所以随着开采的进行，储层的含气饱和度升高；当气体解吸速率低于采出速率时，地层含气饱和度将逐渐降低。

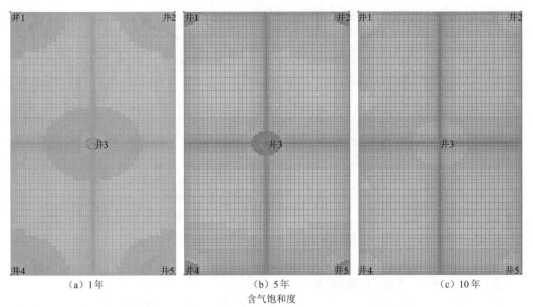

（a）1年　　　　　　　　　（b）5年　　　　　　　　　（c）10年

含气饱和度

0.000 0 0.033 2 0.066 3 0.099 5 0.132 7 0.165 8 0.199 0 0.232 1 0.265 3 0.298 5 0.331 6 0.364 8 0.397 9 0.431 1 0.464 3 0.497 4 0.530 6

图 6-19　直井开采煤层气储层含气饱和度分布云图

6.3.4　储层气体采收率的变化

图 6-20 为直井开采煤层气储层气体采收率分布云图。由图可知，井筒附近区域气体采收率高，远离井筒区域气体采收率逐渐下降；随着开采的进行，储层气体采收率逐渐升高。由图 6-21 可知，随着井排间距的减小，气体采收率升高，但总体上气体采收率很低，井排间距 400 m 时开采 10 年，气体采收率仅有 12%，因此直井开采煤层气产量低、经济效益差。

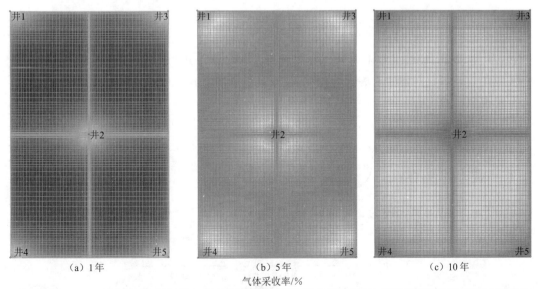

（a）1年　　　　　　　　　（b）5年　　　　　　　　　（c）10年

气体采收率/%

0.000 0　4.135 3　8.270 5 12.405 8 16.541 1 20.676 4 24.811 6 28.946 9 33.082 2 37.217 5 41.352 7 45.488 0 49.623 3 53.758 6 57.893 8 62.029 1 66.164 4

图 6-20　直井开采煤层气储层气体采收率分布云图

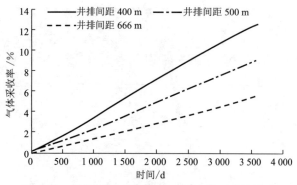

图 6-21 不同井排间距时直井开采气体采收率曲线

6.4 压裂直井产能分析

6.4.1 压裂直井几何模型

对于压裂直井开采煤层气,以井距和排距均为 500 m 为例,在 2 000 m×2 000 m 的研究区域内,选取一个井网单元进行产能模拟(图 6-7 中虚线框图为模拟单元)。裂缝走向与井排方向一致,裂缝半长分别为 40 m,60 m,80 m,100 m 和 120 m,裂缝导流能力为 20 000 ×10⁻³ $\mu m^2 \cdot cm$。储层分为 2 个小层:595~600 m 裂隙渗透率为 2×10⁻³ μm^2,600~605 m 裂隙渗透率为 1.5 ×10⁻³ μm^2。设生产工作制度为定压生产,井底流压为 0.4 MPa。

下面分析在不同压裂规模下开采,煤层气产量、储层压力、储层含气饱和度及气体采收率等随开采时间的变化规律,以及物性参数对产能的影响。

6.4.2 煤层气产量的变化

图 6-22 是压裂直井开采单元 5 口井总的日产气量以及每口井(中心井 2 及角点井 1,3,4 和 5)的日产气量曲线,其井排间距为 500 m,裂缝半长为 80 m。由图可知,4 口角点井的日产气量相同,模拟区域中心井的日产气量是 4 口角点井的总和,即中心井的日产气量是 4 口角点井单井产量的 4 倍。由此可见,在对比分析半缝长对压裂直井产能影响时可以只分析模拟区域中心井的产量。

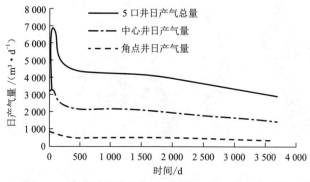

图 6-22 直井压裂模拟区域不同位置井日产气量曲线

　　模拟直井压裂裂缝半缝长分别为 40 m,60 m,80 m,100 m,120 m 5 种情况下开采 10 年,并与未压裂直井进行对比,煤层气单井日产气量和累积产气量分别如图 6-23 和图 6-24 所示,表 6-4 和表 6-5 为相应的计算结果。

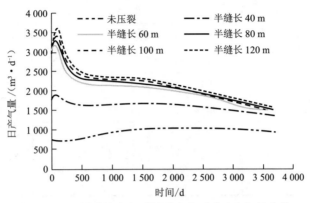

图 6-23　不同裂缝半长时压裂直井开采日产气量曲线

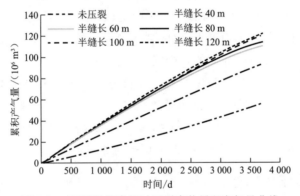

图 6-24　不同裂缝半长时压裂直井累积产气量曲线

表 6-4　不同裂缝半长压裂直井开采单井日产气量

模拟时间/d	单井日产气量/(m³·d⁻¹)					
	未压裂	40 m	60 m	80 m	100 m	120 m
100	734.3	1 869.0	3 120.0	3 240.0	3 380.0	3 529.2
500	789.3	1 635.4	2 173.9	2 318.2	2 387.8	2 468.4
1 000	929.9	1 644.8	2 129.1	2 224.7	2 289.4	2 343.0
1 500	1 014.7	1 667.4	2 090.7	2 173.6	2 220.1	2 268.5
2 000	1 049.8	1 645.0	1 968.2	2 039.3	2 071.4	2 115.0
2 500	1 035.4	1 575.1	1 820.9	1 879.9	1 901.8	1 939.2
3 000	1 002.3	1 474.0	1 659.3	1 707.3	1 722.0	1 752.9
3 500	954.0	1 376.0	1 508.3	1 545.9	1 555.3	1 580.3

表 6-5 不同裂缝半长压裂直井开采区域累积产气量

模拟时间/d	区域累积产气量/(10^6 m³)					
	未压裂	40 m	60 m	80 m	100 m	120 m
100	0.07	0.20	0.30	0.42	0.60	0.74
500	6.03	14.06	19.43	18.67	19.83	18.66
1 000	13.12	26.58	35.85	36.01	37.60	37.08
1 500	20.64	40.13	53.13	54.06	55.98	56.04
2 000	29.11	53.69	69.70	71.31	73.44	74.04
2 500	37.64	66.06	84.23	86.38	86.61	89.67
3 000	45.47	78.47	98.39	101.01	103.30	104.78
3 500	53.44	90.08	111.26	114.28	116.58	118.41

由图 6-23 和图 6-24 可以看出,压裂直井的日产气量明显高于未压裂直井的日产气量,压裂有效地改善了储层渗流条件,增加了井的产量;裂缝半缝长越大,日产气量越高,累积产气量也随裂缝半缝长的增加而增大;但随裂缝半缝长的增大,日产气量和累积产气量增幅逐渐减小,裂缝半缝长为 80 m 时的日产气量比裂缝半缝长为 40 m 时提高近 1 倍,而裂缝半缝长为 120 m 时的日产气量与比裂缝半缝长为 100 m 时相比提高的效果非常有限。由此可见,采取压裂措施开采煤层气能显著提高日产气量,但随着裂缝半缝长的增加,增产效果逐渐减弱,半缝长并非越长越好,应根据综合经济效益来确定最优的压裂规模和裂缝半长。模拟表明,直井压裂的半缝长为 60~80 m 时相对最优。

6.4.3 储层压力的变化

图 6-25～图 6-27 分别是半缝长为 40 m,80 m 和 120 m 开采 1 年、5 年和 10 年时储层压力分布云图。由图可知,在裂缝附近区域压力下降较快,裂缝附近储层压力最低,远离裂缝的区域压力降低缓慢;在非压裂区域,由于煤层裂隙渗透性差,压降从水力裂缝附近向周围传播比较缓慢,影响了煤层甲烷气体的解吸;随着水力裂缝半缝长的增加,压降区域增大,煤层解吸的甲烷体积也随之增加,所以井的产气量相对提高。

由图 6-28 可知,开采过程中储层压力一直在下降;裂缝半缝长越大,储层压力下降越快,但随着裂缝半长的增加,压力下降的幅度减小;开采 10 年时裂缝半长为 40 m 的储层平均压力为 1.70 MPa,裂缝半长为 80 m 的储层平均压力为 1.45 MPa,而裂缝半长增加到 100 m 和 120 m 时,储层平均压力分别降到了 1.26 MPa 和 1.25 MPa。由此可以看出,当裂缝半缝长增加到一定程度时,增加半缝长并不能有效降低储层压力。

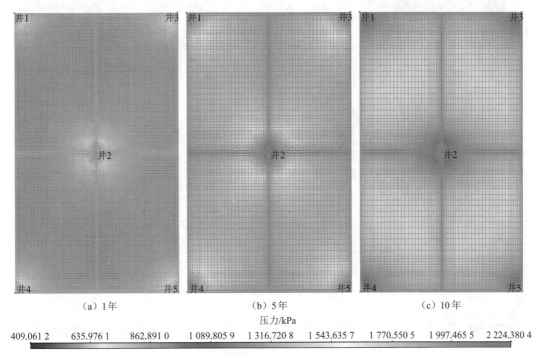

（a）1年   （b）5年   （c）10年

压力/kPa

| 409.061 2 | 635.976 1 | 862.891 0 | 1 089.805 9 | 1 316.720 8 | 1 543.635 7 | 1 770.550 5 | 1 997.465 5 | 2 224.380 4 |

图 6-25　半缝长 40 m 时储层压力分布云图

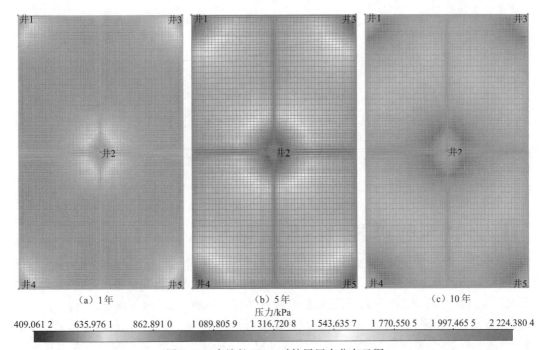

（a）1年   （b）5年   （c）10年

压力/kPa

| 409.061 2 | 635.976 1 | 862.891 0 | 1 089.805 9 | 1 316.720 8 | 1 543.635 7 | 1 770.550 5 | 1 997.465 5 | 2 224.380 4 |

图 6-26　半缝长 80 m 时储层压力分布云图

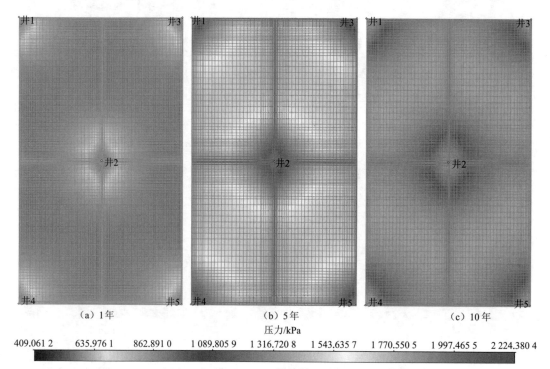

| (a) 1 年 | (b) 5 年 | (c) 10 年 |

压力/kPa

| 409.061 2 | 635.976 1 | 862.891 0 | 1 089.805 9 | 1 316.720 8 | 1 543.635 7 | 1 770.550 5 | 1 997.465 5 | 2 224.380 4 |

图 6-27　半缝长 120 m 时储层压力分布云图

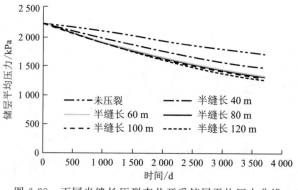

图 6-28　不同半缝长压裂直井开采储层平均压力曲线

6.4.4　储层含气饱和度的变化

　　图 6-29～图 6-31 分别是半缝长为 40 m,80 m 和 120 m 开采 1 年、5 年和 10 年时储层含气饱和度分布云图。由图可知,开采初期,井筒和裂缝附近游离气首先被采出,含气饱和度降低;随着压降由井筒和裂缝向储层的传播,吸附气体逐渐解吸,气体饱和度随之升高,但在压降未传播到或压力降低较小的区域含气饱和度较低;随着开采的进行,储层压力由井筒和裂缝向外逐渐降低,气体解吸量增加,若气体解吸速率高于采出速率,则储层含气饱和度将升高;随着裂缝半缝长的增大,储层压降越高,气体解吸就越快,但解吸气体越容易流向井底而被采出,所以裂缝半缝长越大,储层的含气饱和度越低。

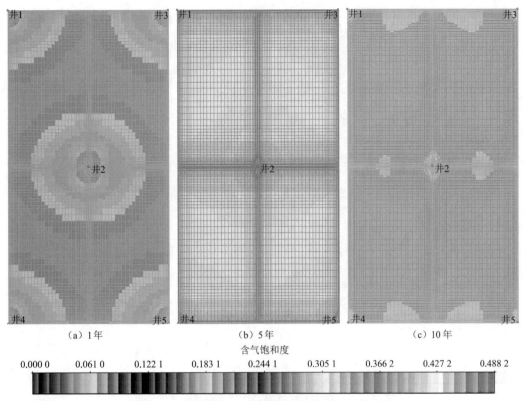

（a）1 年　　　　　　　　　　（b）5 年　　　　　　　　　　（c）10 年

含气饱和度

| 0.000 0 | 0.061 0 | 0.122 1 | 0.183 1 | 0.244 1 | 0.305 1 | 0.366 2 | 0.427 2 | 0.488 2 |

图 6-29　半缝长 40 m 时储层含气饱和度分布云图

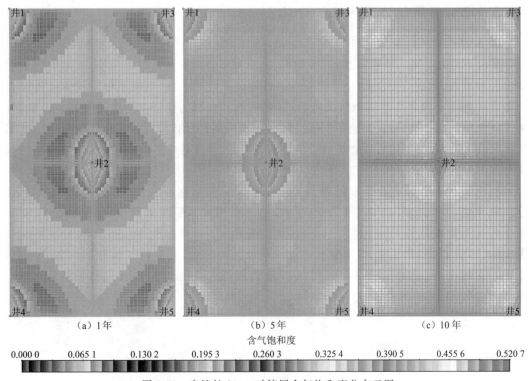

（a）1 年　　　　　　　　　　（b）5 年　　　　　　　　　　（c）10 年

含气饱和度

| 0.000 0 | 0.065 1 | 0.130 2 | 0.195 3 | 0.260 3 | 0.325 4 | 0.390 5 | 0.455 6 | 0.520 7 |

图 6-30　半缝长 80 m 时储层含气饱和度分布云图

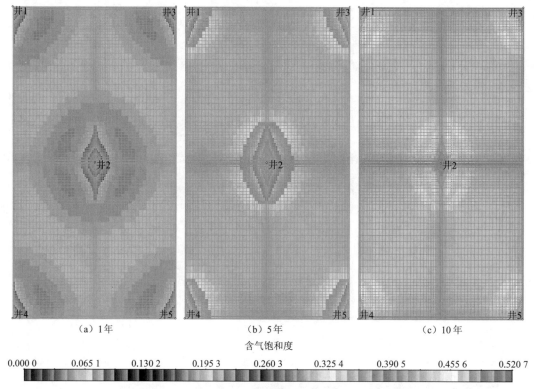

（a）1年　　　　　　　　（b）5年　　　　　　　　（c）10年

含气饱和度

| 0.000 0 | 0.065 1 | 0.130 2 | 0.195 3 | 0.260 3 | 0.325 4 | 0.390 5 | 0.455 6 | 0.520 7 |

图 6-31　半缝长 120 m 时储层含气饱和度分布云图

6.4.5　储层气体采收率的变化

图 6-32～图 6-34 分别是半缝长为 40 m，80 m 和 120 m 开采 1 年、5 年和 10 年时储层气体采收率分布云图。由图可知，开采初期，井筒和裂缝附近压力下降很快，吸附气体发生解吸并被采出，因此开采初期井筒和裂缝附近气体采收率最高，而储层中的气体采收率为0；随着压降由井筒和裂缝向储层的传播，远离井筒和裂缝的储层中的吸附气体逐渐解吸，解吸气流向井筒并被采出，储层中气体采收率逐渐升高；但同时，由井筒和裂缝向地层内部气体采收率逐渐减小；随着裂缝半缝长的增大，储层气体采收率升高，并且气体被采出的范围和采出程度均增大。

由图 6-35 可知，随着开采的进行，储层气体采收率逐渐升高，压裂井的采收率明显比未压裂井高；随着裂缝半缝长的增加，储层平均气体采收率增大，但半缝长对气体采出程度的影响逐渐减小，开采 10 年后半缝长由 40 m 增加到 60 m，平均气体采收率由 13.8% 增加到 18.2%，而半缝长由 60 m 增加到 120 m，平均气体采收率基本没有变化。总体来看，直井压裂开采煤层气产量仍较低，采开时间较长，气体采收率较低，经济效益较差。

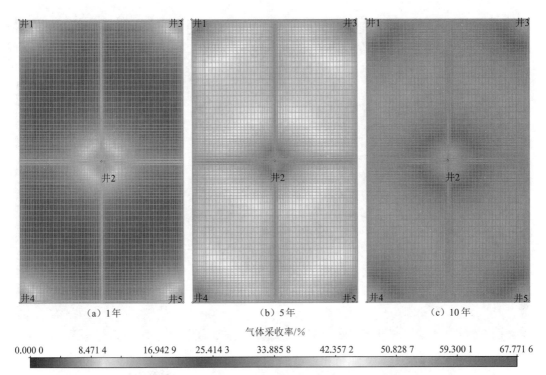

（a）1年　　　　　　　　（b）5年　　　　　　　　（c）10年

气体采收率/%

0.000 0　　8.471 4　　16.942 9　　25.414 3　　33.885 8　　42.357 2　　50.828 7　　59.300 1　　67.771 6

图 6-32　半缝长 40 m 时储层气体采收率分布云图

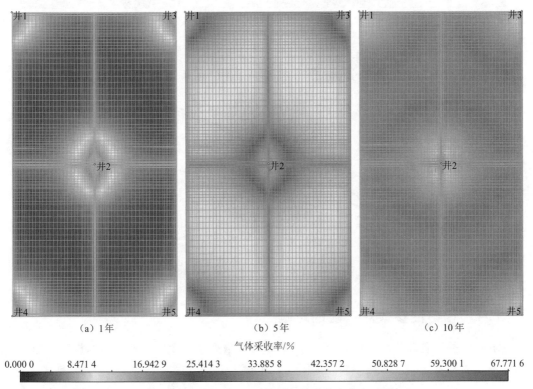

（a）1年　　　　　　　　（b）5年　　　　　　　　（c）10年

气体采收率/%

0.000 0　　8.471 4　　16.942 9　　25.414 3　　33.885 8　　42.357 2　　50.828 7　　59.300 1　　67.771 6

图 6-33　半缝长 80 m 时储层气体采收率分布云图

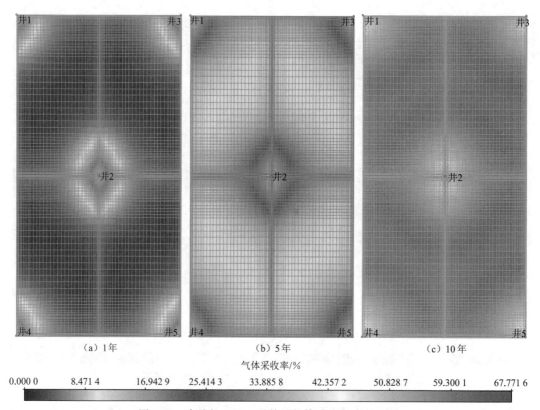

气体采收率/%

| 0.000 0 | 8.471 4 | 16.942 9 | 25.414 3 | 33.885 8 | 42.357 2 | 50.828 7 | 59.300 1 | 67.771 6 |

图 6-34　半缝长 120 m 时储层气体采收率分布云图

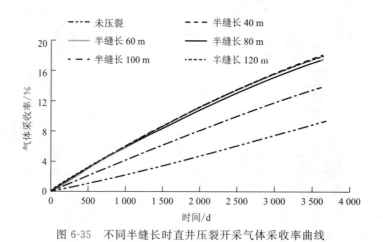

图 6-35　不同半缝长时直井压裂开采气体采收率曲线

6.4.6　物性参数对产能的影响

下面分析压裂直井半缝长 80 m 时储层物性参数变化对单井产能的影响规律。模拟所用基本参数见表 6-6,气水相渗曲线如图 6-4 所示。

表 6-6　模拟所用基本参数表

参　　数	数　　据	参　　数	数　　据
煤层埋深/m	595	井控面积/(m×m)	400×400
煤层厚度/m	6	V_L/(m³·t⁻¹)	27.93
裂隙渗透率/(10^{-3} μm^2)	1.5	p_L/MPa	2.33
储层压力/MPa	4.28	初始含气量/(m³·t⁻¹)	16.67
解吸时间/d	5	井底流压/MPa	0.5
地下水黏度/(mPa·s)	0.8	模拟时间/d	5 500
煤岩相对密度	1.45	井径/m	0.084
临界解析压力/MPa	0.7	裂缝导流能力/(μm^2·cm)	30

1）渗透率对产能的影响

储层裂隙渗透率分别取 $1.5×10^{-3}$ μm^2，$2.5×10^{-3}$ μm^2 和 $3.5×10^{-3}$ μm^2，计算日产气量随开发时间的变化规律，结果如图 6-36 所示。

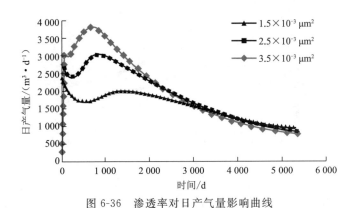

图 6-36　渗透率对日产气量影响曲线

由图 6-36 可以看出，裂隙渗透率越大，前期煤层气日产气量越高，产气高峰出现得越早且越突出，中后期以后煤层气日产气量随着渗透率的增加表现出较低的趋势。这是由于渗透率越大，压力传递越快，煤层气解吸越早，且气水的流动阻力越小，使得解吸出的煤层气快速地流动产出；但到中后期由于气源供给不足及流动能量的损失，煤层气产气能力随之降低。

2）初始含气量对产能的影响

储层初始含气量分别取 22.2 m³/m³，24.2 m³/m³ 和 26.2 m³/m³，计算日产气量随开发时间的变化规律，结果如图 6-37 所示。

由图 6-37 可以看出，储层初始含气量越大，煤层气日产气量越大，产气高峰出现得越早，这是由于高含气量保证了充足的气源供给；但到后期，随着煤层气的产出，储层含气量已经不再是影响煤层气产量的决定性因素，此时煤层气产量趋于一致。

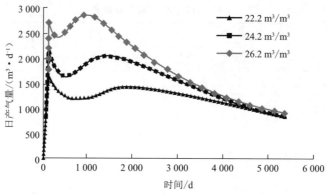

图 6-37　初始含气量对日产气量影响曲线

3）煤层厚度对产能的影响

煤层厚度分别取 4 m,6 m 和 8 m,计算日产气量随开发时间的变化规律,结果如图 6-38 所示。

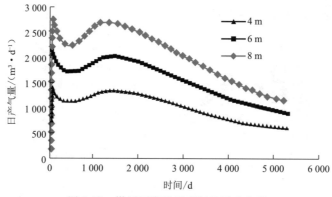

图 6-38　煤层厚度对日产气量影响曲线

煤层厚度是煤层气储量的关键影响因素之一。由图 6-38 可以看出,煤层气日产气量随着煤层厚度的增大基本呈现线性增加的趋势,因此煤层气钻井应优先选择煤层厚度较大的区域。

4）孔隙度对产能的影响

储层裂隙孔隙度分别取 0.01,0.02 和 0.03,计算日产气量随开发时间的变化规律,结果如图 6-39 所示。

由图 6-39 可以看出,随着裂隙孔隙度的增大,前期煤层气日产气量减小,且产气高峰略有推迟,但中期以后裂隙孔隙度较大时,煤层气日产气量会呈现出较高的趋势。这是由于水主要储存在裂隙中,裂隙孔隙度越大,煤层中所储存的水分就越多,排水相对较慢,压力传递速度也相对减缓,因此产气量减小,产气高峰推迟;而到中后期,裂隙孔隙度越大,基质中煤层气的剩余储量越高,因此表现为较高的日产气量。

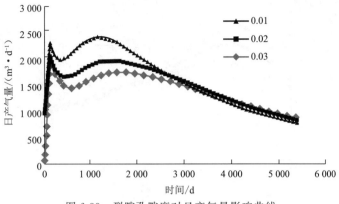

图 6-39　裂隙孔隙度对日产气量影响曲线

5）Langmuir 体积对产能的影响

储层 Langmuir 体积分别取 38.5 m³/m³，40.5 m³/m³ 和 42.5 m³/m³，计算日产气量随开发时间的变化规律，结果如图 6-40 所示。

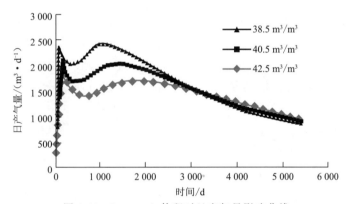

图 6-40　Langmuir 体积对日产气量影响曲线

由图 6-40 可以看出，随着 Langmuir 体积的增大，煤层气日产气量减小，产气达到峰值时间加长。这是由于 Langmuir 体积越大，煤储层的吸附能力越强，煤储层的解吸能力越弱，在同等条件下，煤储层解吸的气量就越小，解吸同等气量所需的时间就越长。

6）Langmuir 压力对产能的影响

储层 Langmuir 压力分别取 2.13 MPa，2.33 MPa 和 2.53 MPa，计算日产气量随开发时间的变化规律，结果如图 6-41 所示。

由图 6-41 可以看出，随着 Langmuir 压力的增大，煤层气日产气量增大，产气峰值出现得较早。这是由于 Langmuir 压力越高，煤储层在同一压力下的吸附能力越弱，解吸能力就越强，随着压力的降低，煤层气更容易发生解吸。随着开采的进行，后期气源供给不足，产气量趋于一致。

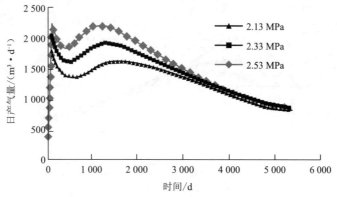

图 6-41　Langmuir 压力对日产气量影响曲线

6.5　未压裂水平井产能分析

6.5.1　水平井几何模型

模拟水平井开采煤层气,在 2 000 m×2 000 m 的研究区域内分别取井间距离为 400 m,500 m 和 666 m 3 种情况,即分别布置 5 口、4 口、3 口水平井。图 6-9 给出了 4 口井的示意图,水平井段长 1 200 m。假设模拟煤层为均质煤层,取其中一个单元进行模拟,即虚线标出部分,采用不均匀网格划分模拟区域,储层沿厚度方向划分为 3 层,水平井筒位于中间层。设生产工作制度为定压生产,井底压力为 0.4 MPa。

下面对水平井煤层气产量、储层压力分布、储层含气饱和度及气体采收率进行分析,并优选水平段长度和布井方位。

6.5.2　煤层气产量的变化

水平井间距分别取 400 m,500 m 和 666 m 3 种情况,模拟开采 10 年,煤层气单井日产气量和累积产气量分别如图 6-42 和图 6-43 所示。

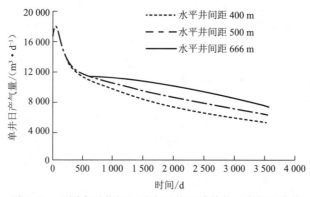

图 6-42　不同水平井间距时水平井开采单井日产气量曲线

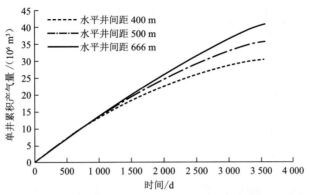

图 6-43 不同水平井间距时水平井开采单井累积产气量曲线

由图 6-42 可知,水平井的日产气量迅速达到最大值,然后逐渐降低,且下降速率出现先快后慢的规律。在生产初期,由于压降传播范围有限,水平井控制区域相差不大,所以日产气量基本一致;随着开采时间的延长,压降逐渐向地层传播,水平井控制区域逐渐增大,水平井间距越大,其有效控制区域越大,单井日产气量越高,稳产时期水平井间距为 500 m 时平均日产气量比水平井间距为 400 m 时提高约 15%;水平井间距为 660 m 时平均日产气量又比水平井间距为 500 m 时提高约 13%。由图 6-43 可见,开采 10 年,水平井间距为 500 m 时单井累积产气量比水平井间距为 400 m 时提高约 12%;水平井间距为 660 m 时单井累积产气量比水平井间距为 500 m 时提高约 10%。

区域总产气量即在 2 000×2 000 m 的整个区域内,水平井间距为 400 m 时 5 口井产气量之和,水平井间距为 500 m 时 4 口井产气量之和,水平井间距为 666 m 时 3 口井的产气量之和。

由于在一定控制区域内水平井间距越大,水平井数越少,因此随着水平井间距的增大,区域总产气量减少。如图 6-44 所示,水平井间距为 400 m 时整个区域的总产气量比间距为 500 m 时提高 12%;水平井间距为 500 m 时总产气量比间距为 666 m 时提高 20%。表 6-7 给出了不同水平井间距时不同开发时间的单井日产气量、累积产气量和区域总产气量。

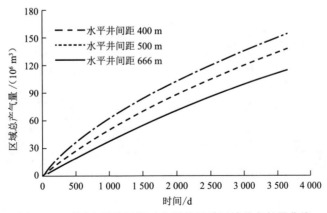

图 6-44 不同水平井间距时水平井开采区域总产气量曲线

表 6-7   不同水平井间距时水平井开采区产气量

模拟时间/d	单井日产气量/(m³·d⁻¹)			单井累积产气量/(10⁶ m³)			区域总产气量/(10⁶ m³)		
	400 m	500 m	666 m	400 m	500 m	666 m	400 m	500 m	666
100	16 832.2	16 841.2	16 862.9	1.97	1.99	1.97	9.96	7.95	5.92
500	11 397.2	11 610.2	11 691.8	7.16	7.16	7.16	35.65	28.63	21.47
1 000	9 669.1	10 546.4	11 175.5	11.92	12.75	12.92	62.16	51.00	38.76
1 500	8 372.0	9 597.5	10 875.5	16.21	17.57	18.21	83.67	70.28	54.64
2 000	7 308.8	8 667.9	10 260.1	21.60	22.21	23.60	103.51	88.82	70.81
2 500	6 511.7	7 827.7	9 474.0	25.63	26.40	28.63	120.06	104.65	85.03
3 000	5 875.1	7 088.0	8 678.6	26.97	29.96	32.97	135.84	119.85	98.92
3 500	5 275.0	6 366.0	7 867.9	28.18	33.38	37.18	149.99	133.52	111.53

由表 6-7 可见,与直井相比,水平井能显著提高煤层气产量;在一定控制区域内,随着水平井间距的增大,单井日产气量增大,但水平井数减少,区域总产气量也相应减少,所以应根据综合经济效益来确定水平井间距。

6.5.3 储层压力的变化

图 6-45~图 6-47 分别为不同间距水平井开采 1 年、5 年和 10 年时储层压力分布云图。由图可知,在水平井附近区域压力降低较快,水平井附近地层压力最低,压降由水平井向两侧逐渐传播;沿水平井方向,中间地层压力比井筒两端附近地层压力下降快,距离水平井越

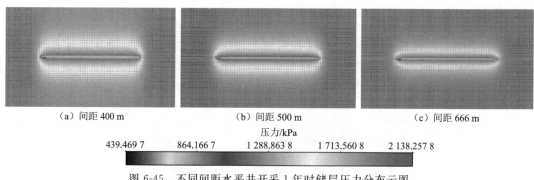

（a）间距 400 m   （b）间距 500 m   （c）间距 666 m

压力/kPa

439.469 7   864.166 7   1 288.863 8   1 713.560 8   2 138.257 8

图 6-45   不同间距水平井开采 1 年时储层压力分布云图

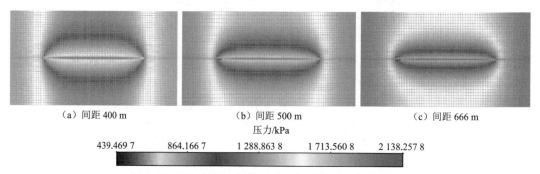

（a）间距 400 m   （b）间距 500 m   （c）间距 666 m

压力/kPa

439.469 7   864.166 7   1 288.863 8   1 713.560 8   2 138.257 8

图 6-46   不同间距水平井开采 5 年时储层压力分布云图

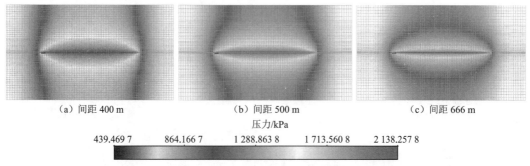

（a）间距 400 m　　　　　　（b）间距 500 m　　　　　　（c）间距 666 m

压力/kPa

439.469 7　　　864.166 7　　　1 288.863 8　　　1 713.560 8　　　2 138.257 8

图 6-47　不同间距水平井开采 10 年时储层压力分布云图

远,压力降低越缓慢。

同时由图还可以看出,水平井间距越小,压力降低越快,且压降幅度越大,这是由于水平井间距越小,井间干扰出现得越早,也越严重。

由图 6-48 可以看出,随着水平井间距的增大,储层压力降低逐渐变缓,水平井间距越小,压降越大。因此,水平井井间距越小,储层压力降低得越快,压力降低范围越大,能引起更多的煤层吸附气发生解吸,从而提高储层总产气量。

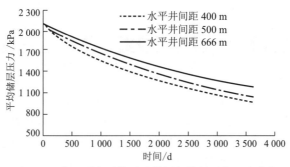

图 6-48　未压裂水平井开采煤层气储层平均压力曲线

6.5.4　储层含气饱和度的变化

图 6-49～图 6-51 分别为不同间距水平井开采 1 年、5 年和 10 年时储层含气饱和度分布云图。由图可知,水平井附近区域煤层含气饱和度最高,由水平井向两侧含气饱和度逐渐降低;沿水平井方向,由于压力传递井间干扰,中间煤层压力比井筒两端附近煤层压力低,甲烷解吸量大,所以含气饱和度较高,距离水平井越远,压力降低越小,含气饱和度越低。

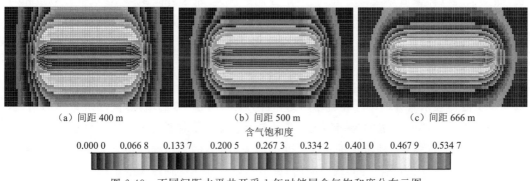

（a）间距 400 m　　　　　　（b）间距 500 m　　　　　　（c）间距 666 m

含气饱和度

0.000 0　0.066 8　0.133 7　0.200 5　0.267 3　0.334 2　0.401 0　0.467 9　0.534 7

图 6-49　不同间距水平井开采 1 年时储层含气饱和度分布云图

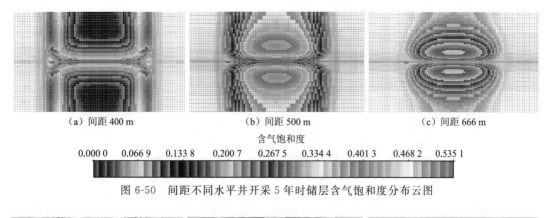

（a）间距 400 m　　　　　　（b）间距 500 m　　　　　　（c）间距 666 m

含气饱和度

0.000 0　0.066 9　0.133 8　0.200 7　0.267 5　0.334 4　0.401 3　0.468 2　0.535 1

图 6-50　间距不同水平井开采 5 年时储层含气饱和度分布云图

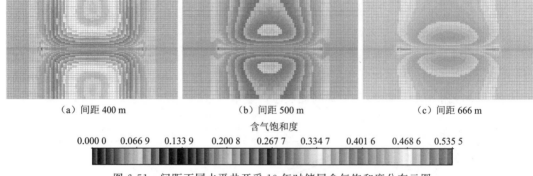

（a）间距 400 m　　　　　　（b）间距 500 m　　　　　　（c）间距 666 m

含气饱和度

0.000 0　0.066 9　0.133 9　0.200 8　0.267 7　0.334 7　0.401 6　0.468 6　0.535 5

图 6-51　间距不同水平井开采 10 年时储层含气饱和度分布云图

从图中还可以看出，水平井间距越小，储层压力降低越大，煤层吸附气解吸越快，含气饱和度越高；相反，随着井间距的增大，煤层含气饱和度相对降低。

对比间距为 400 m 的水平井开采 1 年、5 年和 10 年时煤层含气饱和度分布云图可知，由于游离气以及钻井和增产作业等，开采之前井筒附近储层中有一部分气体以游离态存在，储层气体饱和度较高；开采初期这部分游离气首先被采出，含气饱和度降低；随着开采的进行，储层压降增大并向地层传播，吸附气解吸量逐渐增大，含气饱和度升高，水平井附近最高，由水平井向外逐渐减小。

6.5.5　储层气体采收率的变化

由不同间距水平井开采储层平均气体采收率曲线（图 6-52）可知，随着开采时间的延长，储层平均气体采收率逐渐升高；在一定控制区域内，水平井间距越小（水平井数量相对越多），平均气体采收率越高。这说明水平井间距越小，水平井对储层的控制越有效，煤层吸附气解吸程度越高，越有利于提高气体采收率。

6.5.6　水平段长度的优选

由于流体在水平井筒中存在流动阻力，且随着水平段长度的增加，流动阻力逐渐增大，因此离水平井口距离较远的末端的流动阻力较大，水平段末端的压降较井口小，导致水平井末端的产量减小[11]。随着水平井段长度的增加，15 年的累积产气量增大，但并不是水平段长度越长越好，因为不仅要实现较高的总产量，还要确保达到最大的单位成本效益，为此分析了每百米水平井段贡献的累积产气量,如图 6-53 所示。

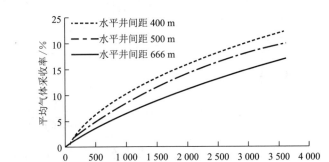

图 6-52 不同间距水平井开采煤层气储层平均气体采收率曲线

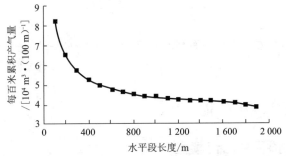

图 6-53 水平段长度与每百米累积产气量关系曲线

由图 6-53 可以看出,随着水平段长度的增加,每百米累积产气量减小,在水平段长为 500 m 之前,每百米累积产气量迅速下降,说明此长度范围内井段对管内流动摩阻较为敏感;在水平段长 1 000 m 之后,每百米累积产气量平缓下降,因此每百米累积产气量的最优段在 1 000 m 之前。除此之外,由于煤岩强度较小,裂隙发育,井壁易坍塌[16],长距离的钻井也会给施工带来很大困难,这都决定了水平井段不能过长,因此水平井段长在 500~1 000 m 之间较好。

6.5.7 布井方位的选择

渗透率作为影响煤层气产能的决定性因素之一,其大小与煤基质中的裂隙系统有很大关系。在成煤过程中,煤基质中会形成一系列割理裂隙,根据其结构与形态大体分为两类,即面割理和端割理。面割理的连续性较好,多呈平板状延伸,割理壁面较光滑,它组成了煤层中的主要割理组。端割理的连续性一般较差,割理壁面呈现不规则状,它组成了煤层中的次要割理组。两种割理均垂直于煤层面,并且两者之间互相垂直或近似于垂直,端割理一般终止于面割理[19,20,23]。一般而言,沿面割理方向的渗透率要大于沿端割理方向的渗透率。以水平中段长 700 m 为例(图 6-54),单井控制面积为 1 000 m×500 m(即井间距为 500 m),设定裂缝参数为:4 条裂缝,单翼裂缝长度为 100 m,导流能力为 30 $\mu m^2 \cdot cm$,保持综合渗透率 $\sqrt{K_x K_y} = 1.5 \times 10^{-3}\ \mu m^2$ 恒定,计算在不同 K_x/K_y 情况下生产 15 年的产气情况,结果如图 6-55 所示。

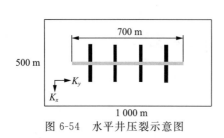

图 6-54　水平井压裂示意图

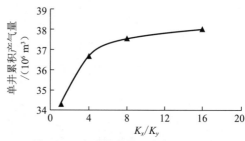

图 6-55　水平井方位对产气量的影响

由图 6-55 可以看出,与压裂直井不同,随着渗透率非均质性的增强,水平井的产气能力逐渐增强,这是由于当水平井垂直于面割理(即垂直于渗透率优势方位)时,能沟通更多渗透率较大的面割理裂隙,从而大大降低煤层气的流动阻力,有效利用渗透率的优势方位。割理的走向多取决于地应力的方向。一般而言,面割理多垂直于最小水平地应力方向,端割理多垂直于最大水平地应力方向。

因此,水平井的钻井方位垂直于面割理方位,即与最小水平地应力方向一致时,不仅可以有效利用渗透率的优势方位,而且有利于垂向横断裂缝的形成,对煤层气增产具有重要意义。

6.6　压裂水平井产能分析

6.6.1　压裂水平井几何模型

对于压裂水平井开采煤层气,在 2 000 m×2 000 m 的研究区域内分别取井间距离为 400 m,500 m 和 666 m 3 种情况进行模拟,即分别布置 5 口、4 口和 3 口水平井,水平段长 1 200 m。裂缝间距分别取 200 m,240 m 和 300 m,如图 6-56～图 6-58 所示。对水平井进行压裂,形成横断裂缝,裂缝半长分别为 80 m,100 m 和 120 m,对压裂水平井开采煤层气进行产能模拟。假设煤层均质,取其中一口井控制区域进行模拟,即虚线标出部分,采用不均匀网格进行划分(图 6-59),储层厚度方向共划分为 3 层,水平井筒位于中间层。设生产工作制度为定压生产,井底压力为 0.4 MPa[24]。

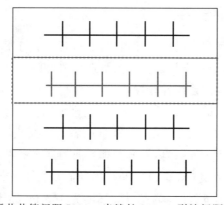

图 6-56　压裂水平井井筒间距 500 m、半缝长 100 m、裂缝间距 200 m 模拟示意图

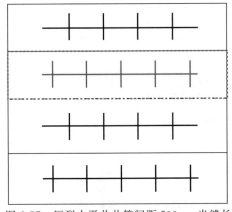

图 6-57　压裂水平井井筒间距 500 m、半缝长
100 m、裂缝间距 240 m 模拟示意图

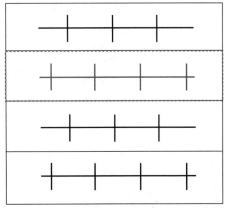

图 6-58　压裂水平井井筒间距 500 m、半缝长
100 m、裂缝间距 300 m 模拟示意图

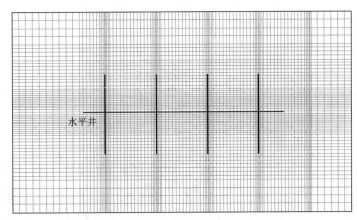

图 6-59　压裂水平井开采模拟网格划分示意图

　　利用上述模型,分析压裂裂缝间距和裂缝半长对煤层气产量、储层压力分布、储层气体饱和度及气体采收率的影响,并优化裂缝参数。

6.6.2　压裂裂缝间距的影响

1)煤层气产量的变化

　　以水平井间距为 500 m,水平段长 1 200 m、裂缝半长 100 m 为例,分析不同裂缝条数(即裂缝间距)对煤层气产量的影响。

　　由图 6-60 和图 6-61 可以看出,对于水平段长 1 200 m,水平井间距 500 m、半缝长 100 m 的情况,压裂产能随着裂缝条数的增加逐渐增大。与未压裂相比,1 条裂缝单井累积产气量提高了 41%,2 条裂缝单井累积产气量提高了 53%,4 条、5 条和 6 条裂缝单井累积产气量分别提高了 71%,83% 和 87%。由此可见,随着裂缝条数的增加,单井累积产气量逐渐增大,但增幅逐渐减小。从图 6-62 中可以看出,2 条裂缝时区域累积产气量比未压裂时增加 1 倍,6 条缝隙时比 2 条裂缝时又增加 1 倍。

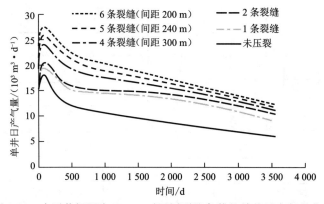

图 6-60　水平井间距为 500 m 时不同裂缝条数的单井日产气量曲线

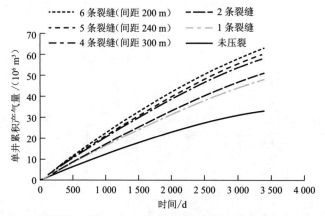

图 6-61　水平井间距为 500 m 时不同裂缝条数的单井累积产气量曲线

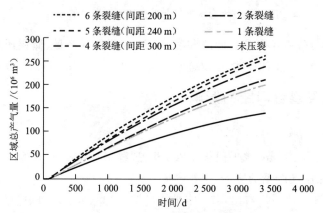

图 6-62　水平井间距为 500 m 时不同裂缝条数的区域总产气量曲线

　　下面主要针对水平段长为 1 200 m,井间距分别为 400 m,500 m 和 666 m,压裂半缝长为 100 m,裂缝间距分别为 200 m ,240 m 和 300 m(即裂缝分别为 6 条、5 条和 4 条)进行产能模拟,开采时间为 10 年。分析单井日产气量和累积产气量的变化规律,如图 6-63～图 6-68 所示。

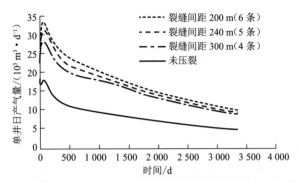

图 6-63　水平井间距为 400 m 时不同裂缝间距的单井日产气量曲线

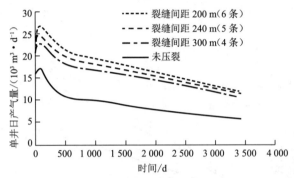

图 6-64　水平井间距为 500 m 时不同裂缝间距的单井日产气量曲线

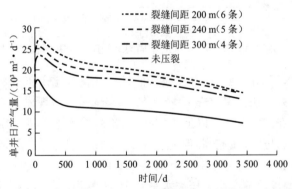

图 6-65　水平井间距为 666 m 时不同裂缝间距的单井日产气量曲线

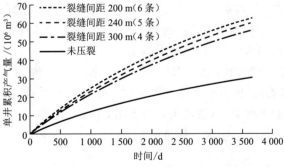

图 6-66　水平井间距为 400 m 时不同裂缝间距的单井累积产气量曲线

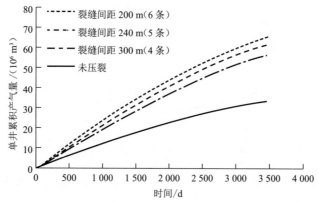

图 6-67　水平井间距为 500 m 时不同裂缝间距的单井累积产气量曲线

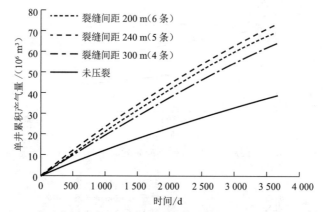

图 6-68　水平井间距为 666 m 时不同裂缝间距的单井累积产气量曲线

　　从图中可以看出,不同间距水平井压裂后的日产气量都比未压裂显著增加。压裂水平井的日产气量先增加并很快达到产气高峰,随后逐渐降低,出现先快后慢的规律,10 年时的日产气量基本维持在 10 000 m³ 以上;对井间距相同的水平井进行压裂,裂缝条数越多,即裂缝间距越小,煤层日产气量越高,但随着开采时间的延长,日产气量逐渐趋于一致。

　　如图 6-66 所示,水平井间距为 400 m 时,随着压裂裂缝条数的增多,单井累积产气量相应增加,但增加的幅度逐渐减小。压裂水平井 10 年累积产气量与未压裂情况相比,裂缝间距为 300 m(4 条裂缝)时增加约 84%,裂缝间距为 240 m(5 条裂缝)时增加约 97%,裂缝间距为 200 m(6 条裂缝)时增加约 107%。由此可见,随着压裂裂缝间距的减小(即裂缝条数的增多),单井日产气量和累积产气量都增大,适当增加裂缝条数有利于增加煤层气的产量。但随着裂缝条数的增多,产量增幅逐渐减小。

　　图 6-69～图 6-71 分别给出了水平井间距为 400 m,500 m 和 660 m 时开发区域总产气量。从图 6-69 中可以看出,压裂水平井开发模式下的区域总产气量明显大于未压裂水平井开发模式下的区域总产气量,且裂缝条数越多,总产气量越大。

　　表 6-8～表 6-10 分别给出了水平井间距为 400 m,500 m 和 660 m 时不同裂缝间距下的产气量。

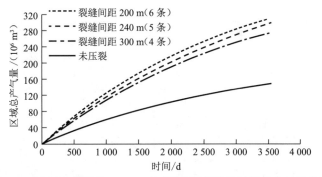

图 6-69　水平井间距为 400 m 时不同裂缝间距的区域总产气量曲线

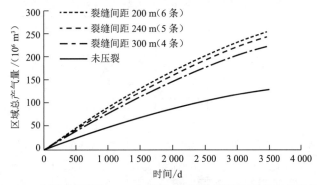

图 6-70　水平井间距为 500 m 时不同裂缝间距的区域总产气量曲线

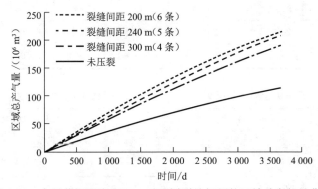

图 6-71　水平井间距为 666 m 时不同裂缝间距的区域总产气量曲线

表 6-8　水平井间距为 400 m 不同裂缝间距(条数)的产气量表

模拟时间/d	单井日产气量/(m³·d⁻¹)				单井累积产气量/(10⁶ m³)			
	200 m (6 条)	240 m (5 条)	300 m (4 条)	未压裂	200 m (6 条)	240 m (5 条)	300 m (4 条)	未压裂
100	32 674.8	31 146.7	27 737.0	16 832.2	3.36	2.41	2.88	1.97
500	24 189.8	22 607.9	20 545.6	11 397.2	13.88	12.63	11.91	7.16
10 00	20 791.8	19 424.0	18 185.7	9 669.1	25.01	23.27	21.66	12.92
1 500	18 034.8	16 960.8	16 053.6	8 372.0	34.72	32.61	30.38	18.21

模拟时间/d	单井日产气量/(m³·d⁻¹)				单井累积产气量/(10⁶ m³)			
	200 m (6条)	240 m (5条)	300 m (4条)	未压裂	200 m (6条)	240 m (5条)	300 m (4条)	未压裂
2 000	15 589.1	14 700.9	14 027.9	7 308.8	42.61	40.24	37.55	23.60
2 500	13 474.6	12 722.9	12 203.2	6 511.7	49.86	47.25	44.20	28.63
3 000	11 741.4	11 094.8	9 437.7	5 875.1	56.15	53.35	50.00	32.97
3 500	10 359.2	9 792.3	7 737.0	5 275.0	61.34	58.38	54.80	37.18

表 6-9　水平井间距 500 m 不同裂缝间距(条数)的产气量

模拟时间/d	单井日产气量/(m³·d⁻¹)				单井累积产气量/(10⁶ m³)			
	200 m (6条)	240 m (5条)	300 m (4条)	未压裂	200 m (6条)	240 m (5条)	300 m (4条)	未压裂
100	27 933.2	26 137.8	24 041.8	16 841.2	2.47	2.17	1.99	1.99
500	22 673.9	21 097.5	19 196.7	11 610.2	13.02	12.02	10.91	7.16
1 000	20 518.1	19 263.2	17 710.4	10 546.4	23.31	21.64	19.66	12.75
1 500	19 089.3	18 120.7	16 831.5	9 597.5	33.43	31.21	28.45	17.57
2 000	17 530.6	16 752.4	15 656.1	8 667.9	42.80	40.14	36.74	22.21
2 500	15 923.9	15 265.6	14 310.5	7 827.7	50.84	47.85	43.92	26.40
3 000	14 236.6	13 679.2	12 854.0	7 088.0	58.54	55.25	50.82	29.96
3 500	12 725.5	12 250.4	11 534.9	6 366.0	65.42	61.87	57.01	33.38

表 6-10　水平井间距 666 m 不同裂缝间距(条数)的产气量

模拟时间/d	单井日产气量/(m³·d⁻¹)				单井累积产气量/(10⁶ m³)			
	200 m (6条)	240 m (5条)	300 m (4条)	未压裂	200 m (6条)	240 m (5条)	300 m (4条)	未压裂
100	27 539.8	25 863.3	25 863.3	16 862.9	2.48	2.69	1.98	1.97
500	23 410.4	22 678.5	21 678.5	11 691.8	12.32	11.82	10.39	7.16
1 000	21 471.4	20 599.2	20 099.2	11 175.5	23.64	22.36	20.02	12.92
1 500	20 576.7	19 759.9	19 459.9	10 875.5	33.70	31.83	28.74	18.21
2 000	19 661.9	19 101.0	18 701.0	10 260.1	43.96	41.57	37.79	23.60
2 500	18 352.2	17 806.3	17 506.3	9 474.0	53.65	50.80	46.42	28.63
3 000	16 936.2	16 592.7	16 192.7	8 678.6	62.10	58.87	53.99	32.97
3 500	15 487.2	15 143.1	14 843.1	7 867.9	70.34	66.76	61.42	37.18

2）储层压力分布的变化

以水平井间距 500 m、水平段长 1 200 m、裂缝半长 100 m 为例进行分析。图 6-72～图 6-74 分别为裂缝间距为 200 m，240 m 和 300 m 时开采 1 年、5 年和 10 年储层压力分布云图。由图可知，水平井筒及裂缝附近区域压力下降较快，井筒压裂部位压力最低；裂缝与水平井之间形成了良好的沟通，地层压力在裂缝之间形成 U 形分布。

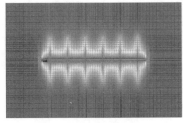 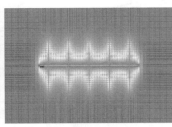 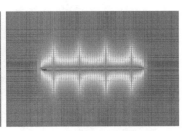

  （a）间距 200 m（6 条）   （b）间距 240 m（5 条）   （c）间距 300 m（4 条）

压力/kPa

413.907 3   630.592 2   847.277 0   1 063.961 8   1 280.646 6   1 497.331 5   1 714.016 4   1 930.701 2   2 147.386 0

图 6-72 不同裂缝间距压裂水平井开采 1 年时储层压力分布云图

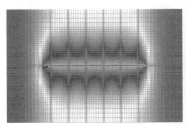 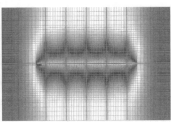 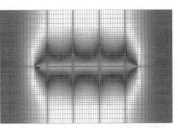

  （a）间距 200 m（6 条）   （b）间距 240 m（5 条）   （c）间距 300 m（4 条）

压力/kPa

413.907 3   630.592 2   847.277 0   1 063.961 8   1 280.646 6   1 497.331 5   1 714.016 4   1 930.701 2   2 147.386 0

图 6-73 不同裂缝间距压裂水平井开采 5 年时储层压力分布云图

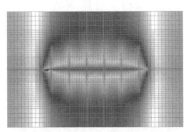 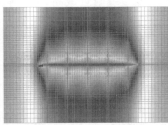 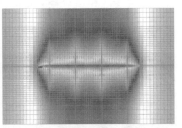

  （a）间距 200 m（6 条）   （b）间距 240 m（5 条）   （c）间距 300 m（4 条）

压力/kPa

413.907 3   630.592 2   847.277 0   1 063.961 8   1 280.646 6   1 497.331 5   1 714.016 4   1 930.701 2   2 147.386 0

图 6-74 不同裂缝间距压裂水平井开采 10 年时储层压力分布云图

由图 6-75 可以看出，在同一开采时刻，裂缝间距越小，储层压力越低，但是下降幅度不大。因此，随着压裂水平井裂缝间距的减小，压力降低范围增大，储层压力降范围略有增加。

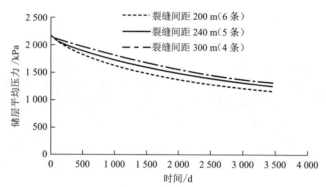

图 6-75　水平井间距 500 m(半缝长 100 m)时压裂水平井储层平均压力曲线

其他参数不变，水平井间距为 400 m 和 666 m 时，压裂水平井地层压力变化也有类似规律。

3）储层含气饱和度的变化

以水平井间距 500 m、水平段长 1 200 m、裂缝半长 100 m 为例，对储层含气饱和度变化规律进行分析。图 6-76～图 6-78 分别为裂缝间距为 200 m，240 m 和 300 m 时开采 1 年、5 年和 10 年时储层含气饱和度分布云图。由图可知，水平井筒及裂缝附近区域含气饱和度最高，水平井筒及裂缝由里向外含气饱和度逐渐降低，在交叉位置处含气饱和度最高；井筒附近煤层压力最低，甲烷解吸量最大，含气饱和度最高；距离水平井筒及裂缝越远，煤层压力越低，含气饱和度越低。同时可以看出，裂缝间距越小，含气饱和度越高。

对比水平井间距为 500 m、裂缝间距为 300 m(4 条)时开采 1 年、5 年和 10 年含气饱和度分布云图可知，由于游离气以及钻井和增产作业等，开采之前水平井筒及裂缝附近区域储层有一部分气体以游离态存在，储层含气饱和度较高；开采初期这部分游离气首先被采出，含气饱和度降低；随着开采的进行，储层压降增大并向地层中传播，吸附气解吸量逐渐增大，含气饱和度升高，在水平井筒及裂缝附近最高，由水平井筒及裂缝向外逐渐减小。

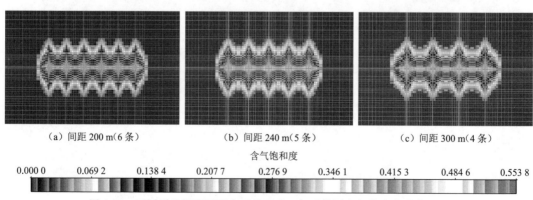

（a）间距 200 m(6 条)　　　　（b）间距 240 m(5 条)　　　　（c）间距 300 m(4 条)

图 6-76　不同裂缝间距压裂水平井开采 1 年时储层含气饱和度分布云图

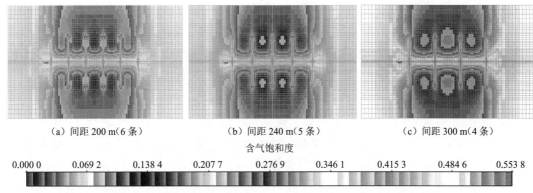

（a）间距 200 m（6 条）　　　　　（b）间距 240 m（5 条）　　　　　（c）间距 300 m（4 条）

含气饱和度

0.000 0　　0.069 2　　0.138 4　　0.207 7　　0.276 9　　0.346 1　　0.415 3　　0.484 6　　0.553 8

图 6-77　不同裂缝间距压裂水平井开采 5 年时储层含气饱和度分布云图

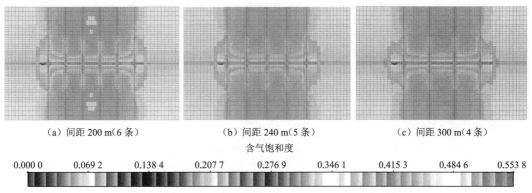

（a）间距 200 m（6 条）　　　　　（b）间距 240 m（5 条）　　　　　（c）间距 300 m（4 条）

含气饱和度

0.000 0　　0.069 2　　0.138 4　　0.207 7　　0.276 9　　0.346 1　　0.415 3　　0.484 6　　0.553 8

图 6-78　不同裂缝间距压裂水平井开采 10 年时储层含气饱和度分布云图

4）储层气体采收率的变化

由水平井间距 500 m，水平段长 1 200 m、裂缝半长 100 m 模拟单元的平均气体采收率曲线（图 6-79）可知，水平井压裂比未压裂采收率可提高 10%；随着开采时间的延长，储层平均气体采收率逐渐升高，并具有先快后慢的规律；在一定模拟单元内，裂缝间距越小（即裂缝条数越多），平均气体采收率越高。

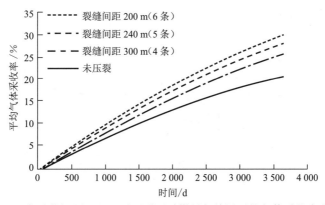

图 6-79　水平井间距 500 m 时压裂开采煤层气储层平均气体采收率曲线

6.6.3 裂缝半长的影响

以水平井间距500 m、水平段长1 200 m、裂缝间距240 m(5条裂缝)为例,分析裂缝半长为80 m,100 m和120 m时煤层气产量、储层气体压力及气体采收率的变化。

1) 煤层气产量的变化

由图6-80和图6-81可以看出,裂缝半长越大,日产气量和累积产气量越高,这是由于压裂裂缝半长越大,整个裂缝沟通的煤基质裂隙和面积就越大,泄压体积越大,使得煤基质气体解吸速率和解吸量都有所增大;但随着裂缝半长的增大,产气峰值略有增大,但达到产气高峰的时间基本一致。由图6-82可以看出,未压裂时10年区域总产气量为135×10⁶ m³,而裂缝半长分别为80 m,100 m和120 m时,10年区域总产气量分别为230×10⁶ m³,242×10⁶ m³和251×10⁶ m³,与未压裂相比,增加了70%~80%;半缝长增加50%(以80 m增加到120 m),区域总产气量增加9.13%。由表6-11知,与未压裂水平井相比,半缝长为120 m的单井累积产气量增加约89.6%,半缝长为100 m的单井累积产气量增加约85.4%,半缝长为80 m的单井累积产气量增加约71%。由此可见,增加裂缝半长对煤层气的增产效果不及增加裂缝条数,在工程实践中考虑成本因素,裂缝半长不宜过长,推荐80~100 m。

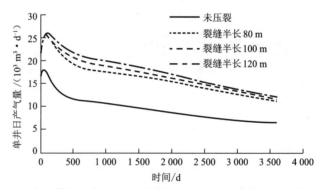

图6-80 水平井间距为500 m、裂缝间距为240 m时单井日产气量曲线

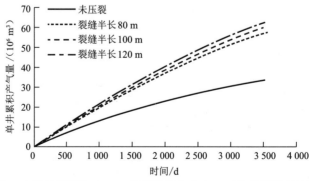

图6-81 水平井间距为500 m、裂缝间距为240 m时单井累积产气量曲线

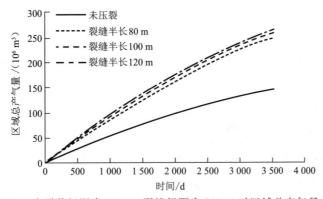

图 6-82　水平井间距为 500 m、裂缝间距为 240 m 时区域总产气量曲线

表 6-11　水平井间距 500 m、裂缝间距 240 m 不同半缝长的产气量

模拟时间/d	单井日产气量/(m³·d⁻¹)				单井累积产气量/(10⁶ m³)			
	80 m	100 m	120 m	未压裂	80 m	100 m	120 m	未压裂
100	24 735.7	26 137.8	25 791.5	16 841.2	2.76	2.17	2.92	1.99
500	19 253.5	21 097.5	21 595.8	11 610.2	11.14	12.02	11.90	7.16
1 000	17 441.1	19 263.2	19 873.6	10 546.4	20.34	21.64	22.01	12.75
1 500	16 665.7	18 120.7	18 616.1	9 597.5	28.51	31.21	30.91	17.57
2 000	15 556.5	16 752.4	17 051.6	8 667.9	36.73	40.14	39.77	22.21
2 500	14 161.9	15 265.6	15 359.0	7 827.7	44.30	47.85	47.86	26.40
3 000	12 813.2	13 679.2	13 801.2	7 088.0	50.75	55.25	54.73	29.96
3 500	11 506.7	12 250.4	12 326.3	6 366.0	56.92	61.87	63.29	33.38

2）储层压力分布的变化

由图 6-83 可以看出,压裂裂缝半长越大,同一时间储层压力下降越大。这是由于压裂裂缝半长越大,整个裂缝沟通的煤基质裂隙和面积就越大,泄压体积越大,使得煤基质压力在相同条件下更容易降低,从而解吸出更多的煤层气。

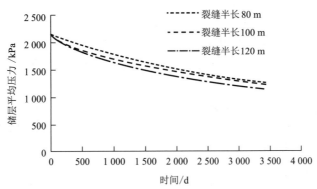

图 6-83　水平井间距为 500 m、裂缝间距为 240 m 时储层平均压力曲线

3）储层气体采收率的变化

由图 6-84 可以看出，压裂裂缝半长越大，气体采收率也越大。这是由于裂缝半长越大，裂缝沟通的煤层裂隙越多，使得裂缝的泄压体积增大，煤层气产量增大，气体采收率提高。

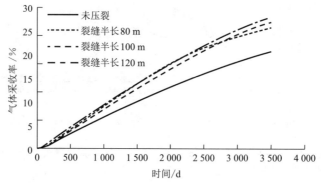

图 6-84　水平井间距为 500 m、裂缝间距为 240 m 时储层气体采收率曲线

6.6.4　裂缝参数优化

煤层气开发实践证明，水平井能穿越煤层中的割理裂隙，沟通大量的流通通道，能够增加排采压降及泄气面积，使更多的气体解吸进入主井筒，从而提高单井产气量[3-5]。但是由于部分煤层裂隙系统被充填，降低了裂隙的导流能力，因此应对水平井进行压裂改造。水力裂缝能改变水平井周围的渗流场特征[6]，并能大幅提高煤层气井的产能。为了充分发挥水力裂缝的作用，提高压裂改造效果，必须对裂缝参数进行优化，以采用最佳的参数组合[7,8]。

对研究区煤层气水平井进行压裂时主要形成垂直横断缝，为了使水平井压裂后达到最优的产能，需要对裂缝参数进行优化选择。下面通过对模拟生产 15 年的煤层气单井累积产气量变化进行分析，优选出裂缝条数、裂缝半长和裂缝导流能力等参数。

1）裂缝条数

图 6-85 为水平段长度 700 m、裂缝半长 100 m、裂缝导流能力 30 $\mu m^2 \cdot cm$ 时，裂缝沿水平井均匀分布（即裂缝间距相同），裂缝条数从 2 条增加到 7 条的开采 15 年单井累积产气量变化曲线。

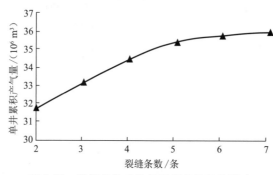

图 6-85　裂缝条数对单井累积产气量的影响

由图 6-85 可以看出,随着裂缝条数的增加,开采 15 年的单井累积产气量逐渐增大,但是在裂缝增加到 5 条后,累积产气量增加幅度逐渐变缓,这是由于裂缝条数增多后,裂缝间存在的干扰逐渐增强,影响了其增产效果,因此裂缝条数并不是越多越好。结合单井累积产气量变化曲线,优选裂缝条数为 4～6 条。

2) 裂缝半长

裂缝长度越大,井筒能沟通的煤储层裂隙就越多,从而使其与煤储层的有效接触面积增大,进而形成较大的压降区域,促使更多的煤层气解吸,使得煤层气的产量得到提高。图 6-86 为水平井段长度 700 m、裂缝条数 4 条、裂缝导流能力 30 $\mu m^2 \cdot cm$ 时不同单翼裂缝长度(裂缝半长)下开采 15 年单井累积产气量变化曲线。

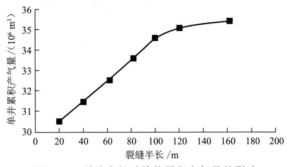

图 6-86 裂缝半长对单井累积产气量的影响

由图 6-86 可以看出,裂缝半长小于 120 m 时,随着裂缝半长的增加,单井累积产气量增加较为迅速;大于 120 m 之后,随着裂缝半长的增加,单井累积产气量增加明显变缓。由于煤岩具有硬度低、弹性模量小、泊松比较大等特点,煤层易坍塌,支撑剂易嵌入煤层,在煤层中形成较长的裂缝存在一定的困难,造长裂缝会使施工成本和难度大大增高,因此裂缝半长不宜过长。结合单井累积产气量曲线,优选裂缝半长在 100 m 左右。

3) 裂缝导流能力

裂缝是沟通井筒与煤储层的主要流通通道。煤层气解吸后在压力作用下在煤基质中发生渗流而进入裂缝中,然后通过裂缝流入井筒,因此裂缝的导流能力对煤层气的产量有较大的影响。图 6-87 是水平段长度 700 m、裂缝条数 4 条、裂缝半长 100 m 时不同裂缝导流能力下开采 15 年单井累积产气量变化曲线。

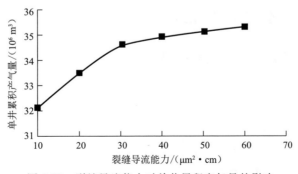

图 6-87 裂缝导流能力对单井累积产气量的影响

由图 6-87 可以看出,随着裂缝导流能力的增加,煤层气的单井累积产气量增大,但当裂缝导流能力达到 $30~\mu m^2 \cdot cm$ 后,随裂缝导流能力的增大,煤层气单井累积产气量增加幅度变缓,并逐渐趋于平稳。同时考虑到裂缝导流能力增大,同样会造成施工成本和难度的大大提高,因此结合累积产气量曲线,优选裂缝导流能力小于 $30~\mu m^2 \cdot cm$。

4）正交试验分析

为了研究水平井压裂各参数之间的共同作用,以水平段长 700 m、开采 15 年为例,主要针对压裂裂缝条数、裂缝半长及裂缝导流能力 3 个因素进行分析,以确定各因素对煤层气产气能力的影响程度。3 个因素各有 3 个水平,设计各裂缝参数的正交模拟计算,见表 6-12。

表 6-12　裂缝参数优化设计表

编　号	裂缝条数 N/条	裂缝半长 L/m	裂缝导流能力 S/($\mu m^2 \cdot cm$)	单井累积产气量/($10^6~m^3$)
1	4	80	20	32.85
2	5	100	30	35.56
3	6	120	40	37.38
4	4	100	40	34.80
5	5	120	20	35.23
6	6	80	30	36.67
7	4	120	30	34.97
8	5	80	40	35.01
9	6	100	20	34.91
未压裂	—	—	—	22.21

把同一因素的相同水平结果相加并求平均,数值的差异可反映各列因素对煤层气产量的影响,再把每一列同一水平的数求平均和极差 R。从极差 R 的大小可以看出,$R(N) > R(L) > R(S)$,因此在各因素选定的范围内,裂缝条数为控制累积产气量的主要因素,其次为裂缝导流能力和裂缝半长。最优组合比未压裂开采 15 年累积产气量增加约 70%,因此对水平井进行压裂能显著增加煤层气产气量;最优组合比最差组合累积产气量提高约 14%,因此对水平井裂缝进行优化设计非常必要。

6.7　多分支水平井产能分析

6.7.1　多分支水平井几何模型

对于多分支水平井开采煤层气,在 2 000 m×2 000 m 的研究区域内布置 4 口多分支井,每口多分支井布置在 1 000 m×1 000 m 的区域内。假设横向为最大水平地应力方向,主水平井筒方向与最大(或最小)水平地应力方向的夹角为 45°,主水平井筒长 1 200 m,储层共划分为 3 层,主水平井筒和分支井均位于中间层。选取一口多分支井,即 1 000 m×1 000 m 区域为一个模拟单元(图 6-13 中虚线框图为模拟单元),进行产能模拟[25]。

分支井与主水平井筒的夹角为 45°,按照分支井等间距分布进行模拟:分 0 分支井及分支井间距分别为 300 m(3 分支)、240 m(4 分支)、180 m(5 分支)、140 m(6 分支)5 种情况(图 6-88),分支井长度见表 6-13。设生产工作制度为定压生产,井底压力为 0.4 MPa。

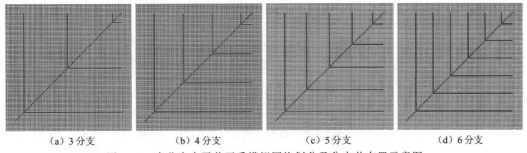

| (a) 3 分支 | (b) 4 分支 | (c) 5 分支 | (d) 6 分支 |

图 6-88　多分支水平井开采模拟网格划分及分支井布置示意图

表 6-13　不同数目分支井各分支长度

分支数	分支长度/m					
3	780	430	90	—	—	—
4	780	540	310	90	—	—
5	780	600	420	240	90	—
6	780	640	500	350	220	90

利用上述模型,分析煤层气产量、储层压力分布、储层含气饱和度及气体采收率等的变化。

6.7.2　煤层气产量的变化

模拟 4 种多分支水平井开采 10 年情况下日产气量和累积产气量的变化规律,如图 6-89 和图 6-90 所示。为方便对比产量变化规律,绘出了前两年的产量变化曲线,如图 6-91 所示。

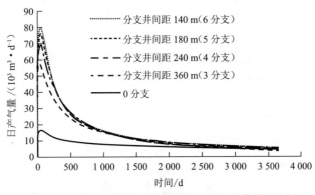

图 6-89　多分支水平井开采煤层气日产气量曲线(10 年)

233

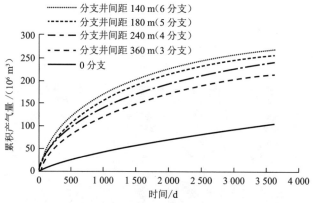

图 6-90　多分支水平井开采煤层气累积产气量曲线

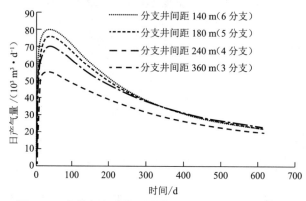

图 6-91　多分支水平井开采煤层气日产气量曲线(2 年)

由图 6-89 和图 6-91 可知,随着分支数的增加,日产气量升高;但随着开采时间的增加,日产气量逐渐趋于一致;在开采初期(100 d 左右),日产气量高达 80 000 m³,而两年后日产气量下降到 20 000 m³。

如图 6-90 所示,随着分支井间距的减小(即分支井数的增加),累积产气量逐渐增大,但是随着分支井数的增加,累积产气量的增加有限。与单一水平井眼(0 分支)相比,3 分支(分支井间距 360 m)的累积产气量增加约 95%,4 分支(分支井间距 240 m)的累积产气量增加约 120%,5 分支(分支井间距 180 m)的累积产气量增加约 134%,6 分支(分支井间距 140 m)的累积产气量增加约 143%。由图可知,随着分支数的增加,累积产气量增大,但增产效果逐渐减弱。由此可见,多分支井开采煤层气可在较短时间内开采出煤层气,且存在最优分支井间距,通过模拟分析认为分支井间距为 200 m 较为合适。

6.7.3　储层压力的变化

图 6-92～图 6-94 分别是不同分支井间距多分支水平井开采 1 年、5 年、10 年时的储层压力分布云图。由图可知,在主水平井筒和各分支井筒附近压力下降最快,地层压力最低,尤其是在主水平井筒与分支井筒连接处;由主水平井筒和分支井筒向外,地层压力逐渐降低,在分支井筒之间地层压力呈 V 形分布。

（a）分支井间距 360 m　　（b）分支井间距 240 m　　（c）分支井间距 180 m　　（d）分支井间距 140 m

压力/kPa

403.681 7　　620.441 8　　837.201 8　　1 053.961 8　　1 270.721 8　　1 487.481 9　　1 704.241 9　　1 921.002 0　　2 137.762 0

图 6-92　不同分支井间距多分支水平井开采 1 年时储层压力分布云图

（a）分支井间距 360 m　　（b）分支井间距 240 m　　（c）分支井间距 180 m　　（d）分支井间距 140 m

压力/kPa

403.681 7　　620.441 8　　837.201 8　　1 053.961 8　　1 270.721 8　　1 487.481 9　　1 704.241 9　　1 921.002 0　　2 137.762 0

图 6-93　不同分支井间距多分支井开采 5 年时储层压力分布云图

（a）分支井间距 360 m　　（b）分支井间距 240 m　　（c）分支井间距 180 m　　（d）分支井间距 140 m

压力/kPa

403.681 7　　620.441 8　　837.201 8　　1 053.961 8　　1 270.721 8　　1 487.481 9　　1 704.241 9　　1 921.002 0　　2 137.762 0

图 6-94　不同分支井间距多分支水平井开采 10 年时储层压力分布云图

　　从图中还可以看出,分支井间距越小,压力降低越快,且压降区域越大,储层吸附气体越能得到有效的解吸。

　　由图 6-95 可知,随着分支井间距的增大,储层压力下降变缓。因此,分支井间距越小,储层压力下降越快,压力降低区域越大,越能引起更多的煤层吸附气发生解吸,从而提高储层总产气量。

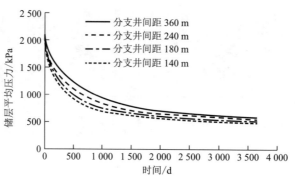

图 6-95　多分支水平井开采煤层气储层平均压力曲线

6.7.4　储层含气饱和度的变化

图 6-96～图 6-98 分别是不同分支井间距多分支水平井开采 1 年、5 年、10 年时的储层含气饱和度分布云图。由图可知,在主水平井筒和分支井筒附近区域煤层含气饱和度高,尤其是主水平井筒与分支井筒连接部位含气饱和度最高,由分支井筒向两侧地层含气饱和度降逐渐降低。随着开采的进行,井筒附近区域吸附气体解吸基本完成,远离井筒区域解吸气体供应不足,导致井筒附近区域含气饱和度降低。

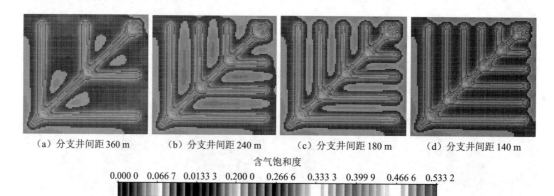

（a）分支井间距 360 m　　（b）分支井间距 240 m　　（c）分支井间距 180 m　　（d）分支井间距 140 m

含气饱和度

| 0.000 0 | 0.066 7 | 0.013 3 3 | 0.200 0 | 0.266 6 | 0.333 3 | 0.399 9 | 0.466 6 | 0.533 2 |

图 6-96　不同分支井间距多分支水平井开采 1 年时储层含气饱和度分布云图

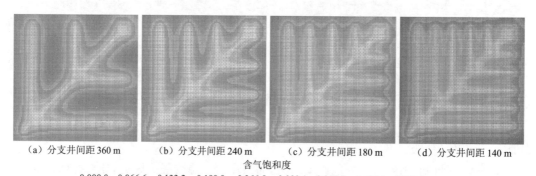

（a）分支井间距 360 m　　（b）分支井间距 240 m　　（c）分支井间距 180 m　　（d）分支井间距 140 m

含气饱和度

| 0.000 0 | 0.066 6 | 0.133 2 | 0.199 9 | 0.266 5 | 0.333 1 | 0.399 7 | 0.466 4 | 0.533 0 |

图 6-97　不同分支井间距多分支水平井开采 5 年时储层含气饱和度分布云图

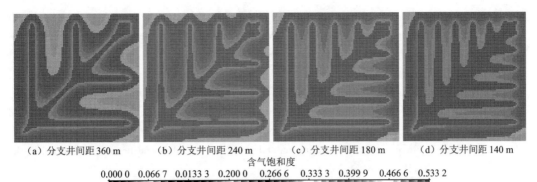

（a）分支井间距 360 m　　（b）分支井间距 240 m　　（c）分支井间距 180 m　　（d）分支井间距 140 m

含气饱和度

0.000 0　0.066 7　0.013 3 3　0.200 0　0.266 6　0.333 3　0.399 9　0.466 6　0.533 2

图 6-98　不同分支井间距多分支水平井开采 10 年时储层含气饱和度分布云图

从图中还可以看出，分支井间距越小，储层压力降低越快，煤层吸附气解吸量就越大，储层含气饱和度越高；相反，随着分支井间距的增大，煤层含气饱和度降低。

对比分支井间距为 180 m 时多分支水平井开采 1 年、5 年和 10 年煤层含气饱和度分布云图可知，由于游离气及钻井和增产作业等引起的吸附气解吸，储层气体饱和度较高；开采初期这部分游离气首先被采出，含气饱和度降低；随着开采的进行，储层压降向地层传播，吸附气解吸量逐渐增大，气体饱和度升高，水平井筒和分支井筒附近最高，由分支井筒向外逐渐减小。

6.7.5　储层气体采收率的变化

由图 6-99 可知，随着开采时间的增加，储层平均气体采收率逐渐升高，并呈现先快后慢的规律；分支井间距越小（分支井数越多），平均气体采收率越高，水平井对储层的控制越强，越有利于提高气体采收率。但分支井数并不是越多越好，应根据开发经济性要求优化分支水平井的布置。

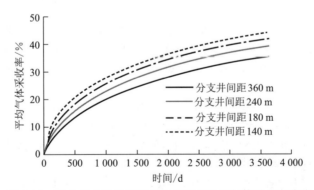

图 6-99　多分支水平井开采煤层气储层平均气体采收率曲线

参 考 文 献

[1]　KING G A, ERTEKIN T, SCHWERER F C. Numerical simulation of the transient behavior of coal-seam degasification wells[J]. SPE Formation Evaluation, 1986, 1(2):165-183.

[2] 周世宁,孙辑正.煤层瓦斯流动理论及其应用[J].煤炭学报,1965,2(1):24-36.

[3] GRAY I. Reservoir engineering in coal seams:Part I —The physical process of gas storage and movement in coal seams[J]. SPE Reservoir Engineering,1992,2(1),28-34.

[4] PALMER I,MANSOORI J. How permeability depends on stress and pore pressure in coalbeds[J]. SPE Reservoir Evaluation & Engineering,1998,1(16):539-544.

[5] SHI J Q,DURUCAN S. A model for changes in coalbed permeability during primary and enhanced methane recovery[J]. SPE Reservoir Evaluation & Engineering,2005,8(4):291-299.

[6] LANGMUIR I. The constitution and fundamental properties of solids and liquids[J]. Journal of the Franklin Institute,1917,183(1):102-105.

[7] 郭勇义.煤层瓦斯一维流场流动规律的完全解[J].中国矿业学院学报,1984,13(2):19-28.

[8] 余楚新,鲜学福,谭学术.煤层瓦斯流动理论及渗流控制方程的研究[J].重庆大学学报,1989,12(5):1-10.

[9] 张广阳,谭学术,鲜学福,等.煤层瓦斯运移的数学模型[J].重庆大学学报,1994,17(4):53-57.

[10] 段三明,聂百胜.煤层瓦斯扩散-渗流规律的初步研究[J].太原理工大学学报,1998,29(4):413-421.

[11] 尹光志,王登科,张东明,等.含瓦斯煤岩固气耦合动态模型与数值模拟研究[J].岩土工程学报,2008,3(10):1 430-1 435.

[12] ANCELL K L,LAMBERT S. Analysis of the coalbed degasification on process at a seventeen well pattern in the Warrior basin of Alabama[C]. SPE 8971,1980.

[13] YOUNG G B C,MCELHINEY J E,PAUL G W. An analysis of Fruitland coalbed methane production,Cedar Hill field,Northern San Juan basin[C]. SPE 22913,1991.

[14] 冯文光.煤层气藏工程[M].北京:科学出版社,2009.

[15] SHI J Q,DURUCAN S. Changes in permeability of coalbeds during primary recovery—Part I : Model formulation and analysis［C］. Proceedings of the International Coalbed Methane Symposium,2003.

[16] SHI J Q,DURUCAN S. Changes in permeability of coalbeds during primary recovery-Part 2:Model validation and field application ［C］. Proceedings of the International Coalbed Methane Symposium,2003.

[17] 田永东,李宁.煤对甲烷吸附能力的影响因素[J].西安科技大学学报,2007,27(2):247-250.

[18] 傅雪海,秦勇.多相介质煤层气储层渗透率预测理论与方法[M].徐州:中国矿业大学出版社,2003.

[19] YANG R T,SAUNDERS J T. Adsorption of gases on coals and heat-treated coals at elevated temperatures and pressure[J]. Fuel,1985,64(5):616-620.

[20] 张晓东,秦勇,桑树勋.煤储层吸附特征研究现状及展望[J].中国煤田地质,2005,17(1):16-21.

[21] LEMIGAS E S. Coalbed methane simulator development for improved recovery of coalbed methane and CO₂ sequestration[C]. SPE Asia Pacific Oil and Gas Conference and Exhibition,Society of Petroleum Engineers,Australia,2005.

[22] 祝东峰.煤层气产能分析与井型优化[D].青岛:中国石油大学(华东),2015.

[23] 聂百胜,何学秋,王恩远.瓦斯气体在煤孔隙中的扩散模式[J].矿业安全与环保,2000,27(5):14-16.

[24] 赵凤坤.煤层气压裂井产能分析及经济评价[D].青岛:中国石油大学(华东),2012.

[25] 鲜保安,王宪红.多分支水平井在煤层气开发中的控制因素和增产机理分析[J].中国煤层气,2006,2(1):14-17.

第7章 煤层气压裂经济评价

煤层气压裂经济评价是将技术经济学理论引入煤层气优化生产过程中,综合考虑施工费用和煤层气井产出效益,针对不同的施工方案分别对其经济效益进行计算和分析,并对各个方案的经济效益进行比较,最终优选出效益好、可行性高的方案,进而指导压裂施工。本章主要介绍净现值、投资收益率、内部收益率等经济评价指标,并对多种影响因素进行盈亏平衡分析以及敏感性分析[1]。

7.1 压裂经济评价指标

量化评价煤层气水力压裂经济效果需要用到一些参数指标,主要包括净现值、投资收益率、内部收益率、压裂施工的投资回收和贴现的投资回收等。

1) 净现值

净现值(NPV)是指投资方案所产生的现金净流量以资金成本为贴现率折现之后与原始投资额现值的差额。净现值越大,方案越优,投资效益越好。目前主要应用净现值法来评价水力压裂经济效果[2-7]。净现值的一般表达式为:

$$NPV = \sum_{t=0}^{n} (CI - CO)_t (1 + i_c)^{-t} \tag{7-1}$$

式中　n——增产有效期,年;

　　　$(CI - CO)_t$——第 t 年的净现金流量;

　　　i_c——基准收益率;

　　　$(1 + i_c)^{-t}$——第 t 年的折现系数。

2) 投资收益率

投资收益率是指项目在正常生产年份的净收益与投资总额的比值。投资收益率反映投资的收益能力,它是投资项目盈利能力的静态评价指标,其一般表达式为[8,9]:

$$R = NB/I \tag{7-2}$$

式中　R——投资收益率;

　　　NB——正常生产年份的净收益(利润、利润税金总额或年净现金流量);

　　　I——投资总额(全部投资或投资者的权益投资额)。

3) 内部收益率

能够使投资项目的净现值等于零的折现率就是该项目的内部收益率(IRR)。内部收益率法和净现值法一样,也是一种动态评价的重要方法。为了更好地了解内部收益率的含义,应先考虑净现值 NPV 与折现率 i 的关系。

从净现值计算公式可以看出,若不改变净现金流量而变动折现率 i,则 NPV 将随 i 的增大而减小。当 i 连续变化时,可以得到 NPV 随 i 变化的函数,即净现值函数。内部收益率的一般表达式为:

$$IRR = i_1 + \frac{NPV_1}{NPV_1 + |NPV_2|}(i_2 - i_1) \tag{7-3}$$

计算出内部收益率 IRR 后,应与基准收益率 i_c 相比较,以判断其经济可行性。对单方案来说,内部收益率越高,经济效益越好。若 $IRR \geqslant i_c$,则认为方案在经济上是可取的;若 $IRR < i_c$,则认为方案在经济上是不可取的。

4)压裂施工的投资回收或贴现的投资回收

压裂施工的投资回收(ROI)是指压后有效期内累积净现金与施工投资的比值。贴现的投资回收(DROI)则是指整个开采期限内累积净现金现值与施工投资现值的比值。

7.2 压裂经济评价模型

大多数煤层的产层净厚度较小,煤层气藏渗透率也比较低,通常需要采用水平井分段多簇压裂来提高煤层气井的产量。由于煤层气藏的各向异性,水力压裂中的关键参数选择就显得尤为重要。大部分煤层气藏之间并无相似性,已开发煤层气藏的经验往往不能应用于新煤层气藏中[10,11]。

通过建立一种以净现值为标准的煤层气藏经济模型,并结合统一压裂设计(UFD)方法,对压裂效果进行经济评价。

7.2.1 统一压裂设计方法

统一压裂设计(UFD)方法最早由 Valko 和 Economides 于 2002 年提出[12]。基于最大化产能,首先引入一个无因次参数——支撑剂数 N_{prop}。对于一个给定的支撑剂数,存在一个最大无量纲生产指数 J_{Dmax} 并对应一个最佳无因次裂缝导流能力 C_{fDopt}。支撑剂数 N_{prop} 可由无因次穿透比 I_X 和无因次裂缝导流能力 C_{fD} 计算得到[13]:

$$I_X = \frac{2x_f}{x_e} \tag{7-4}$$

$$C_{fD} = \frac{K_f W}{K x_f} \tag{7-5}$$

$$N_{prop} = I_X^2 C_{fD} = \frac{4x_f K_f W}{K x_e^2} = \frac{4x_f K_f W}{K x_e^2} \frac{h}{h} = \frac{2K_f V_p}{K V_{res}} \tag{7-6}$$

式中　　x_f——半缝长,m;

$\quad\quad x_e$——方形煤层气藏的长度,m;

$\quad\quad K_f$——支撑剂充填层渗透率,μm^2;

$\quad\quad W$——支撑裂缝缝宽,m;

$\quad\quad K$——煤层气藏渗透率,μm^2;

h——缝高，m；

V_p——支撑剂体积，m^3；

V_{res}——气藏体积，m^3。

由上式可得，支撑剂数 N_{prop} 是两种介质渗透率和体积的比值。作业排量越大，相应的支撑剂数就越大；较小的煤层气藏渗透率也会导致支撑剂数较大。此外，式（7-6）假定产层净厚度和缝高相等，但实际计算中支撑剂数只考虑产层中的支撑剂。

由支撑剂数 N_{prop} 可确定最佳无因次裂缝导流能力 C_{fDopt} 和最大无量纲生产指数 J_{Dmax}，相应公式如下[14]：

$$\left.\begin{array}{l} C_{fDopt}=1.6 \quad (N_{prop}\leqslant 0.1) \\[2mm] C_{fDopt}=1.6+\exp\left(\dfrac{-0.583+1.48\ln N_{prop}}{1+0.142\ln N_{prop}}\right) \quad (0.1<N_{prop}\leqslant 10) \\[3mm] C_{fDopt}=N_{prop} \quad (N_{prop}>10) \end{array}\right\} \quad (7\text{-}7)$$

$$\left.\begin{array}{l} J_{Dmax}=\dfrac{1}{0.990-0.5\ln N_{prop}} \quad (N_{prop}\leqslant 0.1) \\[3mm] J_{Dmax}=\dfrac{6}{\pi}-\exp\left(\dfrac{0.423-0.311N_{prop}-0.086N_{prop}^2}{1+0.667N_{prop}+0.0159N_{prop}^2}\right) \quad (N_{prop}>0.1) \end{array}\right\} \quad (7\text{-}8)$$

最大无量纲生产指数 J_{Dmax} 可用以预测煤层气藏的产量，而最佳无因次裂缝导流能力 C_{fDopt} 可用以确定裂缝的一些最优无因次量，如最优缝长 x_{fopt} 和最优缝宽 W_{opt}，相应公式如下：

$$x_{fopt}=\left(\frac{K_f V_p}{C_{fDopt}Kh}\right)^{0.5} \quad (7\text{-}9)$$

$$W_{opt}=\left(\frac{C_{fDopt}KV_p}{K_f h}\right)^{0.5} \quad (7\text{-}10)$$

7.2.2　经济最优化模型

UFD 方法可使产能最大化，若仅依靠物理优化的结果，可以选择增大裂缝级数和改造规模来单纯增加产量。但是增大裂缝的级数和改造规模必然增加压裂施工成本，正确的做法为物理优化和经济评价相结合，可以盈利的压裂方案才是最佳的压裂设计方案[15]。

设定水力压裂成本和相关操作成本的总和为 I，贴现率为 i。n 年时间内的净现金流设为 CF_n，它是扣除总支出（包括专利费、税收、运营开支）之后的收益量，其计算公式为：

$$CF_n=G_{p,n}P_{g,n}(1-f_r)(1-f_t)(1-f_o) \quad (7\text{-}11)$$

式中　$G_{p,n}$——第 n 年的总产气量；

$P_{g,n}$——第 n 年的天然气价格；

f_r，f_t，f_o——相应专利、税收、运营开支的费率。

压裂煤层后刚开始的一段时间内会产出水，这段时间定义为 t_w，总生产时间为 t_m，产气时间区间为 t_m-t_w，DWC_n 为井生产初期 t_w 时间内的总排水费用。

综上所述，可得到 t_m 时间内水力压裂净现值 NPV 的计算公式：

$$NPV=\sum_{n=t_w}^{n=t_m}\frac{CF_n}{(1+i)^n}-I-\sum_{n=0}^{n=t_w}\frac{DWC_n}{(1+i)^n} \quad (7\text{-}12)$$

7.3 压裂经济评价分析

选取 5 口煤层气井,这 5 口井的 Langmuir 体积 V_L 和 Langmuir 压力参数 p_L 均不相同,见表 7-1。

表 7-1　5 口井的 Langmuir 参数

井　号	$V_L/(m^3 \cdot t^{-1})$	p_L/kPa
A	13.37	3 151
B	16.57	3 372
C	20.36	2 592
D	18.63	2 923
E	14.22	4 702

对这 5 口井,交叉计算一组渗透率($K = 0.1 \times 10^{-3}~\mu m^2$,$0.5 \times 10^{-3}~\mu m^2$,$1 \times 10^{-3}~\mu m^2$,$5 \times 10^{-3}~\mu m^2$,$10 \times 10^{-3}~\mu m^2$ 和 $20 \times 10^{-3}~\mu m^2$)和一组孔隙度($\phi = 2\%$,$4\%$,$6\%$,$8\%$ 和 10%)所对应的净现值。煤层气藏基本物性参数和相应岩石力学参数见表 7-2。

表 7-2　煤层气藏输入参数

	泄油面积 A/m^2	1.295
	净储层厚度 h_n/m	3.048
	总厚度 h_g/m	15.24
	平均裂缝高度 h_f/m	15.24
	储层渗透率 $K/(10^{-3}~\mu m^2)$	5
储层和岩石特性	弹性模量 E/MPa	4 826.33
	泊松比 ν	0.4
	滤失系数/(mm · $min^{-0.5}$)	1.524
	初始储层压力/MPa	5.17
	储层废弃压力 $p_{abandon}/kPa$	689.48
	储层温度 $T_r/℃$	46.1
	支撑剂质量 M_{prop}/t	22.68
	支撑剂渗透率 $K_f/(10^{-3}~\mu m^2)$	100 000
支撑剂特性	支撑剂直径 d_p/mm	0.787
	支撑剂孔隙度 ϕ_p	0.324
	支撑剂相对密度	3.56
井眼特性	井眼半径 r_w/cm	10

为研究不同支撑剂数(支撑剂质量 $M_{prop} = 22.68~t$,$45.36~t$,$68.04~t$ 和 $90.72~t$)、支撑剂渗透

率(K_f＝50 000 $\times10^{-3}$ μm^2,100 000 $\times10^{-3}$ μm^2,150 000 $\times10^{-3}$ μm^2 和 200 000 $\times10^{-3}$ μm^2)对净现值的影响,需要选择一组基本气藏参数。本章中基本案例固定渗透率为 5×10^{-3} μm^2,孔隙度为 2%。

利用统一压裂设计方法,可计算得到每个案例所对应的最大无量纲生产指数 J_{Dmax},进一步可结合相应经济参数(表 7-3),计算每个案例对应的净现值。

表 7-3　NPV 研究所需的经济参数

支撑剂费用/(美元·kg^{-1})	0.88
压裂液费用/(美元·m^{-3})	211.338
平均产水周期 t_w/年	1
转移或遣散费用/美元	70 000
泵注费用/美元	250 000
气体价格/[美元·(1 000 m^3)$^{-1}$]	388.461
贴现率 i/%	10
使用权费占比/%	10
操作支出占比/%	20
税　率/%	30

1) 支撑剂数对净现值的影响

随着支撑剂数的增大,产气量会相应提高,但同时大数目的支撑剂要用到更多的压裂液,从而增加压裂成本。因此,合理控制支撑剂数就显得尤为重要,只有找到最佳支撑剂数才能获得最好的经济效益。

表 7-4 为 5 口井不同支撑剂数(可由支撑剂质量 M_{prop} 计算得到)所对应的采收率。从表中可以看出,尽管支撑剂数增大会导致产气量的增大,但达到一定量之后,支撑剂数增大对产气量变化影响不大,反而会导致成本的增加,从而使净现值变小,经济效益降低。

表 7-4　不同支撑剂数对应的采收率

M_{prop}/lb	50 000	100 000	150 000	200 000	250 000	300 000	350 000	400 000
J_{Dmax}	0.38	0.44	0.49	0.53	0.57	0.60	0.63	0.65
A 井	60.1%	62.0%	63.2%	64.0%	64.6%	65.2%	65.6%	66.0%
B 井	58.6%	60.6%	61.9%	62.8%	63.5%	64.1%	64.6%	65.1%
C 井	50.7%	52.8%	54.2%	55.3%	56.1%	56.8%	57.3%	57.9%
D 井	54.2%	56.3%	57.7%	58.7%	59.5%	60.1%	60.7%	61.1%
E 井	66.6%	68.3%	69.4%	70.2%	70.7%	71.2%	71.6%	71.9%

注:1 lb＝0.453 59 kg。

由最大无量纲生产指数 J_{Dmax} 可制定一个经济标准:支撑剂质量增加 50 000 lb 时 J_{Dmax} 增长率小于 5%,此时支撑剂质量为最优。通过计算发现,最优支撑剂质量为 350 000 lb,见表 7-4。

5口井不同支撑剂数所对应的净现值如图 7-1 所示。从图中可以发现,5口井的净现值在开始的 1~2 年内均为负值,这是因为前期资产设备支出较大,而煤层气藏开采前期的排水费用又增大了总支出。C井的净现值最大,因为其 Langmuir 体积最大,从而使得相应的解吸气产量最大。

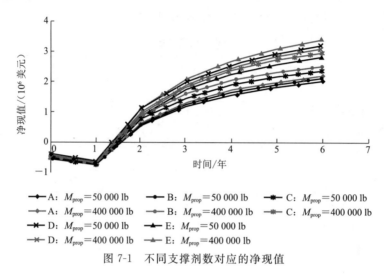

图 7-1　不同支撑剂数对应的净现值

2) 支撑剂渗透率对净现值的影响

支撑剂渗透率 K_f 主要影响裂缝的导流能力,由式(7-9)和式(7-10)可得,支撑剂渗透率越大,所造的缝就越长越窄,而所造的缝越长,则需要的压裂液体积就越大,从而使总的支出增加。支撑剂质量 M_{prop} 和最大无量纲生产指数 J_{Dmax} 均随渗透率 K_f 的增大而增大。J_{Dmax} 随渗透率 K_f 的具体变化如表 7-5 和图 7-2 所示。

表 7-5　不同支撑剂渗透率对应的最大无量纲生产指数

$K_f/(10^{-3}\ \mu m^2)$	J_{Dmax}	J_{Dmax}增长百分率/%
50 000	0.35	—
100 000	0.38	9
150 000	0.40	5
200 000	0.41	3

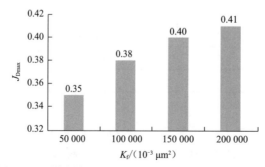

图 7-2　不同支撑剂渗透率对应的最大无量纲生产指数

5 口井不同支撑剂渗透率所对应的采收率见表 7-6。根据由最大无量纲生产指数 J_{Dmax} 制定的经济标准可得，表 7-6 中最优支撑剂渗透率选用 $150\,000 \times 10^{-3}\ \mu m^2$。

表 7-6　不同支撑剂渗透率对应的采收率

$K_f/(10^{-3}\ \mu m^2)$	50 000	100 000	150 000	200 000
J_{Dmax}	0.35	0.38	0.40	0.41
A 井	59.1%	60.1%	60.7%	61.1%
B 井	57.4%	58.6%	59.2%	59.6%
C 井	49.5%	50.7%	51.3%	51.8%
D 井	53.0%	54.2%	54.8%	55.3%
E 井	65.5%	66.6%	67.2%	67.5%

5 口井不同支撑剂渗透率对应的净现值如图 7-3 所示。从图中可以看出，净现值随支撑剂渗透率的增大而增大；由于 C 井的 Langmuir 体积最大，因此其净现值仍为最大。支撑剂渗透率会对净现值造成较大影响，较大的渗透率易造成长而窄的缝，产量增大的同时也会增大压裂成本。

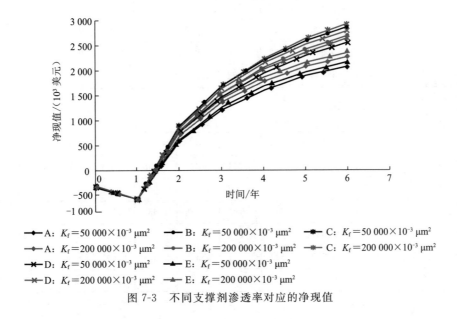

图 7-3　不同支撑剂渗透率对应的净现值

3）煤层气藏的渗透率和孔隙度对净现值的影响

煤层气藏孔隙度非常低，游离气体所占比例很小，因此解吸过程在煤层气的生产中起着主要作用。以 A 井为例，表 7-7 列出了煤层气藏不同渗透率和孔隙度所对应的采收率。从表中可以看出，相对于煤层气藏的孔隙度，其渗透率对采收率的影响要大得多。

表 7-7　A 井不同煤层气藏渗透率和孔隙度对应的采收率

$K/(10^{-3}\ \mu m^2)$	0.1					0.5				
J_{Dmax}	1.17					0.70				
$\phi/\%$	2	4	6	8	10	2	4	6	8	10
初始孔隙气体/Bscf	0.045	0.091	0.136	0.181	0.022 7	0.045	0.091	0.136	0.181	0.227
初始吸附气体/Bscf	1.643	1.609	1.576	1.542	1.509	1.643	1.609	1.576	1.542	1.509
总原地气体/Bscf	1.688	1.700	1.712	1.723	1.735	1.688	1.700	1.712	1.723	1.735
剩余孔隙气体/Bscf	0.028	0.056	0.085	0.115	0.145	0.019	0.037	0.057	0.076	0.096
剩余吸附气体/Bscf	1.346	1.325	1.303	1.281	1.259	1.089	1.073	1.055	1.038	1.021
采收率/%	18.60	18.76	18.93	18.98	19.08	34.36	34.71	35.05	35.35	35.62
$K/(10^{-3}\ \mu m^2)$	1					5				
J_{Dmax}	0.57					0.38				
$\phi/\%$	2	4	6	8	10	2	4	6	8	10
初始孔隙气体/Bscf	0.045	0.091	0.136	0.181	0.227	0.045	0.091	0.136	0.181	0.227
初始吸附气体/Bscf	1.643	1.609	1.576	1.542	1.509	1.643	1.609	1.576	1.542	1.509
总原地气体/Bscf	1.688	1.700	1.712	1.723	1.735	1.688	1.700	1.712	1.723	1.735
剩余孔隙气体/Bscf	0.015	0.03	0.046	0.062	0.078	0.009	0.018	0.026	0.035	0.044
剩余吸附气体/Bscf	0.963	0.947	0.932	0.916	0.900	0.664	0.652	0.639	0.626	0.614
采收率/%	42.06	42.53	42.87	43.24	43.63	60.13	60.59	61.16	61.64	62.07
$K/(10^{-3}\ \mu m^2)$	10					20				
J_{Dmax}	0.33					0.29				
$\phi/\%$	2	4	6	8	10	2	4	6	8	10
初始孔隙气体/Bscf	0.045	0.091	0.136	0.181	0.227	0.045	0.091	0.136	0.181	0.227
初始吸附气体/Bscf	1.643	1.609	1.576	1.542	1.509	1.643	1.609	1.576	1.542	1.509
总原地气体/Bscf	1.688	1.700	1.712	1.723	1.735	1.688	1.700	1.712	1.723	1.735
剩余孔隙气体/Bscf	0.007	0.021	0.021	0.028	0.035	0.006	0.012	0.018	0.024	0.030
剩余吸附气体/Bscf	0.565	0.542	0.542	0.531	0.520	0.503	0.493	0.482	0.472	0.462
采收率/%	66.11	66.88	67.11	67.56	68.01	69.85	70.29	70.79	71.21	71.64

注：1 Bscf＝2 831.7×10^4 m^3。

以 A 井为例,图 7-4 反映了煤层气藏不同渗透率所对应的净现值。

可以得出以下结论:

(1) 孔隙度越大,所能解吸的气体量越大,从而使得产量和净现值均相应增大。

(2) 相对于孔隙度,煤层气藏的渗透率对最终净现值的影响更为明显。不管孔隙度如何变化,较小的渗透率(≤0.1×10^{-3} μm^2)所对应的净现值均为负值,即经济效益为亏损。因此,对于超低渗煤层气藏应选择多段分簇压裂,通过降低压裂成本的方式来得到较高的净现值。

（3）净现值随孔隙度和渗透率的增大而增大，这对选择煤层气藏具有一定的指导作用。

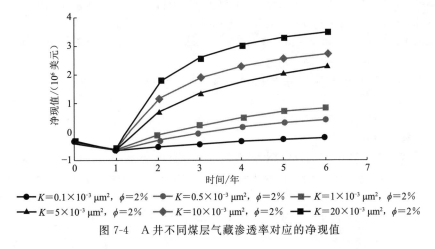

图 7-4　A 井不同煤层气藏渗透率对应的净现值

4）Langmuir 参数对净现值的影响

尽管煤层气藏的各种物性参数和水力压裂设计参数都对净现值有一定影响，但最关键的影响因素是 Langmuir 参数。以上研究表明，Langmuir 体积越大，表示煤层气的欠饱和程度越大，煤层气解吸越困难，产量越小；Langmuir 压力则与之相反，Langmuir 压力越大，煤层气越容易解吸，气井见气时间越早，产气量越高。

综上所述，较大的 Langmuir 压力和较小的 Langmuir 体积能相应获得较高的产能和净现值，而较小的 Langmuir 压力和较大的 Langmuir 体积所能获得的产能和净现值相对较小，经济效益不高。

参 考 文 献

［1］ECONOMIDES M J，OLIGENY. Unified fracture design［M］. Houston：Orsa Press，2002.

［2］LOPEZ-HERNANDEZ H D，VALKO P P，PHAM T T. Optimum fracture treatment design minimizes the impact of non-Darcy flow effects［C］. SPE 90195，2004.

［3］GEERTSMA J. Estimating the coefficient of inertial resistance in fluid flow through porous media［C］. SPE 445，1974.

［4］COOKE C E. Conductivity of fracture proppants in multiple layers［J］. JPT，1973，28（9）：1 101-1 107.

［5］PENNY G S，JIN L. The development of laboratory correlations showing the of multiphase flow，fluid，and proppant selection upon gas well productivity［C］. SPE 30494，1995.

［6］CINCO-LEY H，SAMANIEGO F V，DOMINGUEZ N. Transient pressure behavior for a well with a finite-conductivity vertical fracture［C］. SPE 6014，1978.

［7］蒋廷学，王欣，王永辉. 压裂优化设计方案的模糊决策方法及应用［J］. 石油钻采工艺，1997，19（4）：74-76.

［8］VALKO P P，DOUBLET L E，BLASINGAME T A. Development and application of the multiwell productivity index（MPI）［J］. SPEJ，2000，5（1）：21-31.

［9］ ROMERO D J. Direct boundary method to calculate pseudo-steady-state productivity index of a fractured well with fracture face skin and choked skin［D］. Texas：University of Texas，2001.

［10］ 赵凤坤. 煤层气压裂井产能分析及经济评价［D］. 青岛：中国石油大学（华东），2012.

［11］ 孙元伟. 致密气藏压裂优化方法研究［D］. 青岛：中国石油大学（华东），2015.

［12］ VALKO P P，ECONOMIDES M J. Heavy crude production from shallow formations：long horizontal wells versus horizontal fractures［C］. SPE 50421，1998.

［13］ 金智荣，郭建春，赵金洲，等. 复杂条件下支撑裂缝导流能力试验研究与分析［J］. 石油与天然气学报，2007，29(3)：284-287.

［14］ 郭建春，梁豪，赵志红. 基于最优支撑剂指数法优化低渗气藏裂缝参数［J］. 西南石油大学学报（自然科学版），2013，2(35)：93-98.

［15］ REMERO D J，VALKO P P，ECONOMIDES M J. The optimization of the productivity index and the fracture geometry of a stimulated well with fracture face and choke skins［C］. SPE 73758，2002.

第 8 章 煤层气井压裂实践

从前面的介绍可以看出,煤层气储层压裂设计与产能评价远比常规低渗储层复杂,它不仅涉及煤岩天然裂隙系统的认识与评价、煤岩及储隔层地应力参数解释,还包括复杂裂缝设计方法研究、复杂裂缝系统产能分析方法及相关软件开发等。本章依据前述各章原理,利用"十一五""十二五"国家科技重大专项研究开发的相关软件对沁水盆地不同区块的煤层气直井压裂开发进行系统分析。

8.1 区域地质特征概述

8.1.1 区域地质概况

沁水盆地[1]位于山西省东南部,总体呈椭圆形状,长轴沿北北东(NNE)向延伸,东西宽约 120 km,南北长约 330 km,总面积超过 30 000 km²。盆地周边分布着太行山、王屋山、中条山及太岳山等,海拔多在 700 m 以上,地形起伏大,多为切割显著的黄土地貌。区内有沁河、浊漳河、清漳河等水系,全年流量变化大,含沙量高,为较典型的黄土高原河流。宁武盆地位于山西省宁武县—岚县,呈 NNE 向狭长带状,为晚古生代成煤期后在华北盆地上受构造运动抬升的构造盆地,构造长约 130 km,宽 20~30 km,面积约 3 120 km²。

研究区下古生界及前寒武系与华北地区类似,其中前寒武系包括太古界和元古界,是华北地台盖层的古老基底,厚度巨大;寒武系为一套海相碳酸盐岩沉积建造,厚 215~415 m,奥陶系仅发育下统和中统下部。盆地地层序列如下:

(1) 下中奥陶统(O_{1-2}):由灰岩和含燧石灰岩组成的浅海碳酸盐沉积,局部夹石膏层。与下伏寒武系呈整合接触,地层厚度为 64~209 m。

(2) 中石炭统本溪组(C_2b):由铝质泥岩、灰色泥岩和少量砂岩组成,夹 1~2 层薄层石灰岩及煤线,底部含不稳定的山西式铁矿层。与下伏奥陶系呈不整合接触,地层厚度为 0~35 m。

(3) 上石炭统太原组(C_3t):由浅灰色砂岩、深灰色粉砂岩、泥岩、3~6 层石灰岩及数层到十余层煤层组成。与本溪组呈整合接触,地层厚度为 76~142 m。

(4) 下二叠统山西组(P_1s):由浅灰—深灰色砂岩、粉砂岩、泥岩和 3~4 层煤层组成。与太原组呈整合接触,地层厚度为 11~117 m。

(5) 下二叠统下石盒子组(P_1x):底部为灰色砂岩标志层(K_8);下部为灰色砂岩、泥岩,夹煤线;中上部为灰色泥岩和中细粒砂岩,含铁锰质结核;顶部为含鲕粒紫红色铝质泥岩。与山西组呈整合接触,地层厚度为 41～78 m。

(6) 上二叠统上石盒子组(P₂s):底部为灰绿色砂岩,下部为黄绿色砂质泥岩、紫红色泥岩,中部为杂色砂质泥岩夹多层黄绿色含砾砂岩及少量灰色泥岩,上部为杂色砂、泥岩,顶部为黄绿色砂岩与紫红色泥岩互层。与下石盒子组呈整合接触,地层厚度为 460～550 m。

(7) 上二叠统石千峰组(P₂sh):为黄绿色厚层状中、粗粒砂岩与紫红色泥岩互层,上部夹灰岩和石膏。与上石盒子组呈整合接触,地层厚度为 400～1 020 m。

(8) 三叠系中下统(T₁₋₂):主要为刘家沟组和尚沟组,分布于区内西部、中—北部,中统二马营组出露于工区西北部,岩性主要为紫红色砂岩与泥岩互层,夹有粉砂岩和砾岩。与石千峰组呈整合接触,地层厚度为 0～1 160 m。

(9) 古近系(E)、新近系(N)、第四系(Q):分布厚度不一,其中古近系、新近系厚度为 0～180 m,第四系厚度为 0～240 m。

8.1.2　区域构造演化

沁水盆地为一北北东向复向斜构造,介于太行和吕梁隆起带之间,复向斜轴线大致位于榆社—沁县—沁水一线,构造相对比较简单,断层不甚发育。南北翘起端呈箕状斜坡,东西两翼基本对称,西翼地层倾角相对陡峭,一般为 10°～20°,东翼相对平缓,一般为 10°左右。边侧下古生界出露区为倾角较大的单斜,向内变平缓,古生界和中生界背、向斜褶曲比较发育,但幅度不大,面积较小。不同地区的构造特点不同,总体来看,西部以中生界褶皱和新生界正断层相叠加为特征,东北部和南部以中生界东西向、北东向褶皱为主,盆地中部以北北东—北东向褶皱发育为主,局部地区受后期构造运动的影响,轴向发生改变。断层主要发育于东西边部,断裂规模和性质不同,以正断层居多,断层走向长从几百米到数十千米不等,断距从几米到 4 000 余米,有的可能是岩浆上升的通道。断层延伸方向以北东向为主,局部呈近东西向和北西向延伸。盆地中部有一组近东西向正断层,以及双头-襄恒断裂构造带。盆地根据构造式样差异分为 12 个构造区带。本研究区带分别属于固城-晋城单斜带和寿阳-阳泉单斜带。

沁水盆地主要成煤时期的沉积环境为一套陆表海碳酸盐岩台地沉积体系及陆表海浅水三角洲沉积体系。

早在石炭纪前,本区遭受长期风化剥蚀,在本溪期沉积时,早期地形高低不平,铁铝岩的沉积补偿较浅;晚期海水由东向西进入华北大陆,由于频繁的海侵作用,发育了一套以障壁岛-泻湖体系为主,间夹碳酸盐台地体系的沉积相组合,在低凹处出现了灰岩、泥岩的交替沉积,并在局部地区有薄煤层形成。

在太原期,由于河流作用和海洋作用在河口地区的相互影响及这一时期频繁的海侵海退,使得本区沉积环境多变。但在整个太原期,该区广泛分布的是浅海-潮坪灰岩、泥岩和潮坪砂泥岩。在剖面上,岩相组合自下而上为潮坪-泻湖相、浅海碳酸盐相和湖坪相-滨海三角洲相。沉积初期为分流河道,形成了具有交错层理的细粒砂岩(K₁),向上变为粉砂岩,逐渐过渡到泥岩,具有水平层理,反映了从三角洲平原环境向泻湖-湖坪环境的过渡,最后形

成闭流沼泽,沉积局部可采 16# 煤。在太原早期第一次特大型海侵之前,聚煤作用发生在
潟湖被逐渐淤浅的滨岸沼泽上,形成了厚度较大的 15# 煤。海侵的发生破坏了三角洲平原
的发育,形成了碳酸盐岩台地相沉积,沉积 K$_2$ 厚层灰岩,对其下的 15# 煤具有保护作用。
太原中晚期即第一次特大型海侵结束后,由于地壳振荡,海侵海退现象频繁,形成了碳酸盐
岩台地-三角洲交互沉积环境。聚煤作用发生在海退末期形成的沼泽中,因地势不平,不时
被海水覆盖,使得泥炭沼泽难以发育,聚煤作用不能持久,形成的煤层薄且不很稳定,其顶
板为海相灰岩、泥灰岩或泥岩。总体来看,太原期地形平坦而开阔,海水上升或下降对该区
沉积影响显著,太原期岩相在区域上变化不大,广泛分布的是浅海-潮坪灰岩相。

山西期以分流间湾和潮坪泥岩、粉砂岩相为主。在剖面上,下部以前三角洲潟湖环境
为主,向上递变为三角洲平原前缘的河口坝、分流河道和分流间湾等沉积。山西早期,海水
退去后,海侵作用结束,在以三角洲平原相沉积为主的三角洲沉积基础上发育了一套以细、
粉砂岩及泥岩为主的含煤岩系,底部发育 K$_7$ 砂岩,具有波状层理,由细砂岩向上变为粉砂
岩,为分流河道和潟湖、湖沼沉积。潟湖、湖沼被逐渐充填淤平,形成了淡水泥炭沼泽。由
于底壳相对稳定,为成煤提供了良好的条件,温暖潮湿的气候有利于成煤植物大量生长,因
此形成了稳定性好、厚度大的 3# 煤。后期逐渐形成河口坝和分流间湾沉积,前期的泥炭沼
泽地带迅速被三角洲平原分流河道沉积所覆盖。之后虽然形成过几次泥炭沼泽环境,但分
布范围比较局限。

整个山西隆起的岩浆活动比较频繁,从中新太古宙、元古宙、晚古生代、中生代到新生
代均有不同类型岩浆岩形成,其中以五台期、吕梁期及燕山期岩浆活动最为强烈。对沁水
盆地煤系地层有影响的岩浆活动有:

(1)海西期岩浆岩,主要分布在两处,一处分布在太原西山煤田,为火山晶屑凝灰岩、
层凝灰岩,另一处分布在阳泉市荫营及锁簧等地。

(2)燕山期岩浆岩,主要存在于孟县下王西,为闪长岩类小岩体,其岩性为闪长正长岩
及正长辉长岩。

(3)喜马拉雅期玄武岩,喜马拉雅火山活动主要表现为玄武岩喷出,在山西省分布在
繁寺、应县—怀仁、右玉—左云、天镇和大同等地,岩性以橄榄玄武岩为主。

8.1.3　煤层分布特征

沁水盆地可采煤层多达 10 层以上,单层最大厚度大于 6.5 m,煤层总厚度在 1.2～
23.6 m 之间。整个沁水盆地呈现出“三高两低”的格局,大体呈北东向带状分布。3 个厚度
较大的带自北向南为介休—平遥—榆次、沁源—武乡—榆社和沁水—长字—屯留地区,煤
层厚度一般为 8～12 m,富煤中心主要在榆社、武乡一带及盆地西南部,最厚达 15 m。

1)下二叠统山西组

下二叠统山西组由一套中细粒长石石英砂岩、粉砂质泥岩、泥岩和煤层组成,厚度变化
趋势为北厚南薄,以 K$_7$ 灰岩与太原组分界,上界为 K$_8$ 砂岩之底。K$_7$,K$_8$ 在全区基本上可
稳定追踪,与煤层一起构成盆地内重要的标志层。含煤 2～7 层,由下而上为 5#,4#,3#,
2# 和 1# 煤层,其中 3# 为主煤层。3# 主煤层在盆地中南部厚度稳定在 5～7 m 之间,仅在

盆地西南端减薄至 3～5 m。

3# 主煤层在盆地四周和霍山隆起带均有出露,埋深整体上呈现东北部—东部—东南部浅、中部深的特征,从煤层露头线往盆地中央煤层埋深逐渐增大;东北部寿阳、阳泉地区 3# 煤层埋深小于 600 m,东部埋深从边部煤层出露区向内部逐渐增加,屯留、长子地区埋深在 600 m 左右,而东南部广大地区煤层埋深小于 1 000 m,潘庄-樊庄地区煤层埋深总体变化是北深南浅,中部深东西浅。潘庄区块、沁水区块煤层埋深相对较浅,一般为 200～500 m,樊庄区块、郑庄区块埋藏深度中等,一般为 500～800 m,而祁县、太古一带埋深在 3 000 m 以上,往西埋深增大到 4 500 m 以上,清徐一带煤层埋深超过 5 000 m。沁水盆地 3# 煤层埋深整体上在 2 000 m 以浅的地区占绝大部分,埋深梯度变化在盆地四周大,向内部逐渐变小;西部大东部小。

2)上石炭统太原组

上石炭统太原组由一套灰色中细粒长石石英砂岩、灰黑色粉砂岩、泥岩、灰岩和煤层组成,厚度为 68.28～140.64 m。该组以 K_1 砂岩为底,K_7 砂岩底界为顶,总体上呈现北厚南薄的特点。含煤 4～14 层,由下而上为 16#,15#,13#,12#,11#,10#,9#,8#,7# 及 6# 煤层,下部 15# 煤厚度大,横向稳定,是区内的最主要煤层之一。主煤层 15# 一般厚度 2～6 m,在盆地内总体上北厚南薄。全组煤层厚 0.4～19.4 m,平均 6.36 m。在北部榆次老 1 井一带厚度小,仅为 2 m 左右,而东西两侧厚度增大到 10 m 以上。富煤带位于阳泉—榆社一带,西北部文水、交城煤层较厚,超过 18 m,在南部仅西南的沁水一带较厚,达 8 m,向东、向北减薄为 2～4 m。整个盆地太原组的贫煤区位于太谷、沁源、古县、安泽与长子等地区,这些地区煤层厚度小于 2 m。15# 煤位于 K_2 灰岩之下,常以 K_2 灰岩为顶板。煤层全区广泛分布,横向连续性好,是太原组的主煤层,其厚度变化较大,为 0.6～9.9 m,一般在 2～6 m 之间,总体上呈南北厚、中部和西部薄的趋势。煤厚高值区在寿阳—阳泉一带,和顺—左权之间厚度达 6～9 m;阳城北潘庄、樊庄一带煤层厚度大于 3 m;煤体结构复杂,含 1～5 层夹矸,分叉现象普遍,阳泉地区局部分叉为 15#上与 15#下 2 层,潞安及阳城北等地可分叉为 $15^{\#}_1$,$15^{\#}_2$ 和 $15^{\#}_3$ 层。但西部局部地区煤层也较厚,如介休以西煤层厚度达 6 m 以上。15# 煤埋深总体变化趋势与 3# 煤相似,平均埋深比 3# 煤深 100 m 左右。

8.2 煤储层特征参数的确定

开展煤层压裂优化设计需要储层地质、物性、岩石力学特性和地应力等方面的参数。下面给出两个典型区块郑庄/樊庄、寿阳主力煤层的物理力学特征参数。

8.2.1 煤岩物性参数的确定

郑庄区块位于沁水盆地南缘,主要发育山西组 3# 煤,其埋深在 800 m 左右,煤层厚度 6 m,属光亮煤和半光亮煤。割理发育,最多 4～25 条/cm,基本未被方解石充填,缝宽为 50～100 μm,缝长为 0.5～100 mm。用氦气测得的孔隙为 2%～6%,气测渗透率为 $(0.1～1)\times10^{-3}\ \mu m^2$。镜质组反射率在 1.5～2.0 之间,Langmuir 体积为 25～27 m^3/t,Langmuir 压力为

1.0～1.5 MPa,平均储层压力梯度为 0.91 MPa/100 m,储层含气量为 19.46 m³/t,含气饱和度在 70%～90% 之间。

寿阳区块位于沁水盆地东北部,太原以东 54 km,发育山西组 3# 煤和太原组 15# 煤。3# 煤埋深 600 m 左右,平均厚度 2～3 m;15# 煤埋深 700 m 左右,平均厚度 3～4 m,主要开采 15# 煤。15# 煤割理发育,最多 4～25 条/cm,基本未被方解石充填,其缝宽为 50～100 μm,缝长为 0.5～100 mm。用氦气测得的孔隙度为 0.68%～9.04%,气测渗透率为 0.015×10⁻³ μm²。镜质组反射率在 1.9～2.3 之间,Langmuir 体积为 25～27 m³/m³,Langmuir 压力为 1.0～2.0 MPa。平均储层压力梯度为 0.67 MPa/100 m,15# 煤储层含气量为 8～16 m³/t,平均为 12 m³/t,含气饱和度在 25%～40% 之间。

研究区域主力煤层物性参数汇总见表 8-1。

表 8-1　研究区域主力煤层物性参数

区块名称	地质分层	层位	埋深/m	厚度/m	孔隙度/%	渗透率/(10⁻³ μm²)	Langmuir 体积/(m³·m⁻³)	储层压力梯度/[MPa·(100 m)⁻¹]	初始含气量/(m³·t⁻¹)
郑庄	山西组	3#	1 083	5.5	4	0.08	25.00	0.91	20.28
樊庄	山西组	3#	780	3.9	4	0.10	25.00	1.02	18.53
寿阳	太原组	15#	790	3.0	3	0.10	26.45	0.58	12.88

8.2.2　煤岩力学参数的确定

根据项目研究成果[2,3],3 个研究区域煤层岩石力学参数见表 8-2。其中,郑庄/樊庄煤矿 3# 煤弹性模量为 3 200～5 200 MPa,泊松比为 0.35～0.41,内聚力为 10.20～11.31 MPa,内摩擦角为 23°,力学参数分布较窄。寿阳煤矿 15# 煤弹性模量为 3 300～7 700 MPa,泊松比为 0.25～0.44,内聚力为 7.30 MPa,内摩擦角为 33°,煤层软硬差异较大,弹性参数和强度参数分布较宽。

表 8-2　研究区域煤层岩石力学参数

区块名称	层位	埋深/m	厚度/m	弹性模量/MPa	泊松比	抗拉强度/MPa	内聚力/MPa	内摩擦角/(°)
郑庄	3#	1 083	5.0	3 200～4 500	0.35～0.40	1.32	11.31	22.99
樊庄	3#	780	3.9	4 100～5 200	0.35～0.41	1.45	10.20	22.90
寿阳	15#	790	6.0	3 300～7 700	0.25～0.44	0.97	7.30	33.00

8.2.3　地应力剖面的确定

根据项目研究成果[4,5],郑庄 3# 煤、寿阳 15# 煤储层及顶底板的地应力特征参数见表 8-3。郑庄区块储隔层最小水平地应力相近,顶底板对缝高阻隔的主要因素是地层强度;寿阳区块储隔层最小水平地应力差为 2～4 MPa,顶底板对缝高阻隔的主要因素为地层强度和地应力差。

表 8-3　研究区域煤储层地应力参数

区块名称	层　位	埋深/m	厚度/m	最小水平地应力/MPa
郑 庄	顶 板	776.0～781.0	—	9.52
	3[#]		5	8.09
	底 板		—	9.43
寿 阳	顶 板	792.5～795.5	—	18.87
	15[#]		3	14.82
	底 板		—	16.25
	底 板		—	17.48

8.3　典型区块煤层气开发实践

8.3.1　沁水盆地南缘

沁水盆地南缘主要指郑庄、樊庄、潘庄、成庄、赵庄等,是我国煤层气开采最成功的区域。下面以樊庄、郑庄 3 口典型直井为例分析其压裂生产特性。

1) 产能分析

(1) FZ-AA 井。

FZ-AA 井位于山西省沁水县固县乡安上村,构造位置为沁水盆地南部晋城斜坡带樊庄区块,压裂目的层段为 3[#] 煤层,目的层埋深为 780.0～783.9 m,厚度为 3.9 m,顶底板岩性为砂质泥岩、砂岩,储层物性参数见表 8-4。根据初步压裂设计结果,假设直井压裂缝宽为 13 mm,裂缝导流能力为 400 $\mu m^2 \cdot mm$,由煤层气直井压裂 BP 神经网络产能预测软件得到该井裂缝半缝长与 10 年累积产气量的关系如图 8-1 所示。对每种压裂规模对应的产能进行经济评价,结果如图 8-2 所示。从图中可以看出,半缝长为 155 m 时取得最佳经济效益。

表 8-4　FZ-AA 井储层基础参数

参　数	数　值	参　数	数　值
煤层顶深/m	780.0	煤层原始压力/MPa	8.0
煤层厚度/m	3.9	地层温度/℃	23
区块面积/(m×m)	500×500	煤层初始含气量/(m³·t⁻¹)	18.0
孔隙度/%	4.0	解吸时间/d	10
渗透率/($10^{-3} \mu m^2$)	0.1	水的黏度/(mPa·s)	1
煤层原始含水饱和度	0.98	气体黏度/(mPa·s)	0.01
Langmuir 体积/(m³·t⁻¹)	25	综合压缩系数/MPa⁻¹	4.0×10^{-3}
Langmuir 压力/MPa	3.65	煤岩密度/(kg·m⁻³)	1 350
裂缝缝宽/cm	1.3	井底流压/MPa	1
裂缝导流能力/($\mu m^2 \cdot mm$)	400		

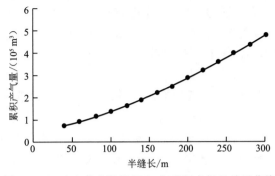

图 8-1　FZ-AA 井半缝长与 10 年累积产气量关系曲线

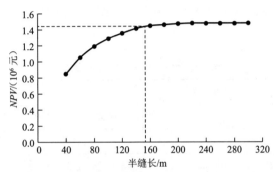

图 8-2　FZ-AA 井不同压裂规模下的经济净现值

　　为了进一步了解最优压裂规模下生产井的产气量变化情况,用自主研发的煤层气压裂产能数值模拟软件[6-8]对 FZ-AA 井生产动态进行分析,如图 8-3 所示,累积产气量随时间的变化规律如图 8-4 所示。

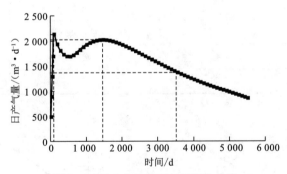

图 8-3　FZ-AA 井日产气量变化曲线

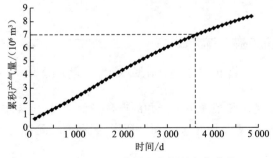

图 8-4　FZ-AA 井累积产气量变化曲线

模拟计算结果表明,在该裂缝条件(半缝长 155 m)下开发 100 d 时取得最高产气量,达到 2 150 m³/d,1 400 d 取得次高产气量(2 030 m³/d),随后日产气量逐渐降低,生产 10 年后产气量下降到 1 400 m³/d,累积产气量可达到 7×10⁶ m³。

(2) ZZ-BB 井。

ZZ-BB 井位于山西省沁水县端氏镇秦庄村,构造位置为沁水盆地南部晋城斜坡带郑庄区块,其压裂目的层为 3# 煤层,目的层埋深为 1 082.8～1 088.3 m,煤层厚度为 5.5 m,顶底板岩性为砂质泥岩、砂岩,储层物性参数见表 8-5。根据初步压裂设计结果,假设直井压裂缝宽为 11 mm,裂缝导流能力为 360 μm²·mm,由煤层气直井压裂 BP 神经网络产能预测软件得到该井裂缝半缝长与 10 年累积产气量的关系,如图 8-5 所示。对每种压裂规模对应的产能进行经济评价,结果如图 8-6 所示。从图中可以看出,半缝长为 132 m 时取得最佳经济效益。

表 8-5 ZZ-BB 井储层基础参数

参　数	数　值	参　数	数　值
煤层顶深/m	1 082.8	煤层原始压力/MPa	7.6
煤层厚度/m	5.5	地层温度/℃	23
区块面积/(m×m)	500×500	煤层初始含气量/(m³·t⁻¹)	18.0
孔隙度/%	4.0	解吸时间/d	10
渗透率/(10⁻³ μm²)	0.08	水的黏度/(mPa·s)	1
煤层原始含水饱和度	0.98	气体黏度/(mPa·s)	0.01
Langmuir 体积/(m³·t⁻¹)	25	综合压缩系数/MPa⁻¹	4.0×10⁻³
Langmuir 压力/MPa	3.65	煤岩密度/(kg·m⁻³)	1 350
裂缝缝宽/cm	1.1	井底流压/MPa	1
裂缝导流能力(μm²·mm)	360		

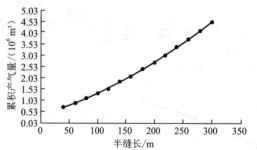 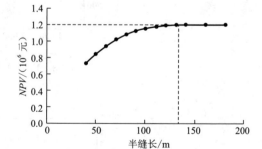

图 8-5　ZZ-BB 井半缝长与 10 年累积产气量关系曲线　　图 8-6　ZZ-BB 井不同压裂规模下的经济净现值

为了进一步了解最优压裂规模下生产井的产量变化情况,用煤层气压裂产能数值模拟软件对 ZZ-BB 井生产动态进行分析,如图 8-7 所示,累积产气量随时间的变化规律如图 8-8 所示。

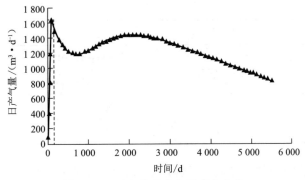

图 8-7　ZZ-BB 井日产气量变化曲线

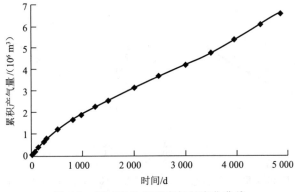

图 8-8　ZZ-BB 井累积产气量变化曲线

模拟计算结果表明,在该裂缝条件下 ZZ-BB 井产气量最高可达到 1 600 m³/d,随后逐渐降低,生产 10 年后产气量下降到 1 220 m³/d,累积产气量可达到 4.8×10⁶ m³。

(3) ZZ-DD 井。

ZZ-DD 井位于山西省沁水县端氏镇秦庄村,构造位置为沁水盆地南部晋城斜坡带郑庄区块,其压裂目的层为 3# 煤层,目的层埋深为 1 055.3~1 061.1 m,煤层厚度为 5.8 m,顶底板岩性为砂质泥岩、砂岩,储层物性参数见表 8-6。根据初步压裂设计结果,假设直井压裂缝宽为 8.2 mm,裂缝导流能力为 263 μm²·mm,由煤层气直井压裂 BP 神经网络产能预测软件得到该井裂缝半缝长与 10 年累积产气量的关系,如图 8-9 所示。

表 8-6　ZZ-DD 井储层基础参数

参　数	数　值	参　数	数　值
煤层顶深/m	1 055.3	煤层原始压力/MPa	10.58
煤层厚度/m	5.8	地层温度/℃	51
区块面积/(m×m)	500×500	煤层初始含气量/(m³·t⁻¹)	14.0
孔隙度/%	3.8	解吸时间/d	10
渗透率/(10⁻³ μm²)	0.08	水的黏度/(mPa·s)	1
煤层原始含水饱和度	0.98	气体黏度/(mPa·s)	0.01

参　数	数　值	参　数	数　值
Langmuir 体积/($m^3 \cdot t^{-1}$)	25	综合压缩系数/MPa^{-1}	4.0×10^{-3}
Langmuir 压力/MPa	3.65	煤岩密度/($kg \cdot m^{-3}$)	1 350
裂缝缝宽/cm	0.82	井底流压/MPa	1
裂缝导流能力/($\mu m^2 \cdot mm$)	263		

对每种压裂规模对应的产能进行经济评价,结果如图 8-10 所示。从图中可以看出,半缝长为 104 m 时取得最佳经济效益。

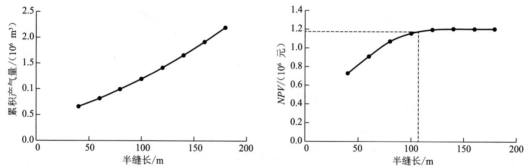

图 8-9　ZZ-DD 井半缝长与 10 年累积产气量关系曲线　图 8-10　ZZ-DD 井不同压裂规模下的经济净现值

为了进一步了解最优压裂规模下生产井的产量变化情况,用煤层气压裂产能数值模拟软件对 ZZ-DD 井生产动态进行分析,如图 8-11 所示,累积产气量随时间的变化规律如图 8-12 所示。

模拟计算结果表明,在该裂缝条件下生产 200 d 时达到第 1 个日产高峰(1 420 m^3/d),生产 1 300 d 时达到最高产气量(1 660 m^3/d),随后产气量逐渐降低,生产 10 年后产气量下降到 860 m^3/d,累积产气量达到 4.9×10^6 m^3。

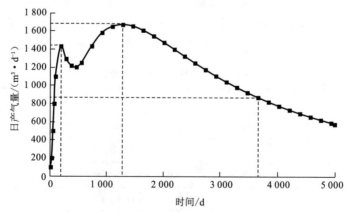

图 8-11　ZZ-DD 井日产气量变化曲线

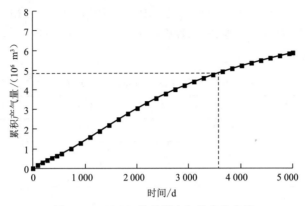

图 8-12　ZZ-DD 井累积产气量变化曲线

2）压裂设计

上面对沁水盆地南缘 3 口典型直井从储层产能角度优化了压裂井的裂缝半缝长，下面从压裂施工角度分析裂缝形成的特点及能否形成产能优化所需要的半缝长。

（1）FZ-AA 井。

要对 FZ-AA 井进行压裂设计，首先需要利用该井的测井资料解释出该井的弹性参数剖面和地应力剖面[4,6-9]，如图 8-13 所示。

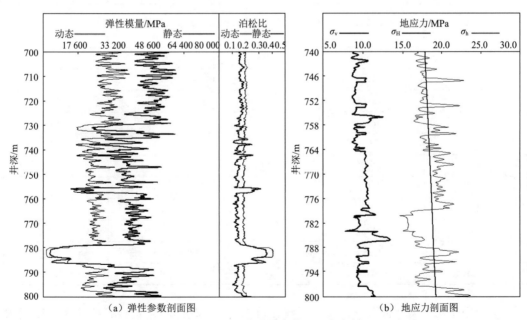

（a）弹性参数剖面图　　　　　　　　　　　（b）地应力剖面图

图 8-13　FZ-AA 井弹性参数和地应力剖面

由图可知，煤储层埋深范围为 780.0～783.9 m。储层顶底板为砂质泥岩、砂岩，深侧向电阻值低，含水性可能较高，压裂时需要注意控制缝高。由测井数据知，本区域岩石平均密度为 2.47 g/cm³，顶底板的断裂韧性为 2 MPa·$\sqrt{m}$，煤层的断裂韧性为 1.2 MPa·$\sqrt{m}$，3# 煤层最小水平地应力较上下隔层应力约小 2.5 MPa。3# 煤层上覆岩层压力为 19.5 MPa，最大水平地应力为 16.5 MPa，最小水平地应力为 12.5 MPa，储层压力约为 8.0 MPa。煤岩抗拉强度为 1 MPa，骨架压缩系数为 0.000 5 MPa^{-1}，综合压缩系数为 0.005 MPa^{-1}。压裂段地层弹性参数与地应力分布见表 8-7。

表 8-7 地层弹性参数与地应力分布

地层井位	弹性模量/MPa	泊松比	最小水平地应力/MPa
顶 板	12 000	0.20	15.0
煤 层	4 000	0.35	12.5
底 板	12 000	0.20	15.0

该井压裂施工采用活性水压裂液，所用支撑剂为 20/40 目石英砂和 12/20 目石英砂。其中在前置液注入阶段采用 20/40 目石英砂段塞，砂量体积为 3.4 m³，前置液体积为 176 m³；总泵注体积为 952 m³，总加砂量为 100 m³，总液量为 852 m³，携砂液平均砂比为 14.0%，总计施工时间为 238 min。设计泵注程序见表 8-8。

表 8-8 泵注程序表

段 数	体积/m³	砂比/%	排量/(m³·min^{-1})	时间/min
1	176	0	4.0	44
2	48	3	4.0	12
3	80	5	4.0	20
4	88	7	4.0	22
5	80	9	4.0	20
6	80	11	4.0	20
7	88	13	4.0	22
8	72	15	4.0	18
9	48	17	4.0	12
10	40	19	4.0	10
11	24	21	4.0	6
12	56	23	4.0	14
13	40	24	4.0	10
14	32	26	4.0	8
总 计	952	—	—	238

设计中所用 20/40 目石英砂支撑剂粒径范围为 0.42～0.84 mm，石英砂颗粒密度为 2.65 g/cm³，孔隙度为 27%，视密度为 1.6 g/cm³，球度为 0.806。压裂液综合滤失系数为 8.0×10^{-5} m/$\sqrt{s}$，单位面积初滤失量为 0.015 m³/m²。射孔采用 102 枪 127 弹，孔密 16 个/m，层厚 3.9 m，总射孔数 62 个，射孔孔眼直径 11.8 mm。

设计软件基本参数输入界面如图 8-14 所示。

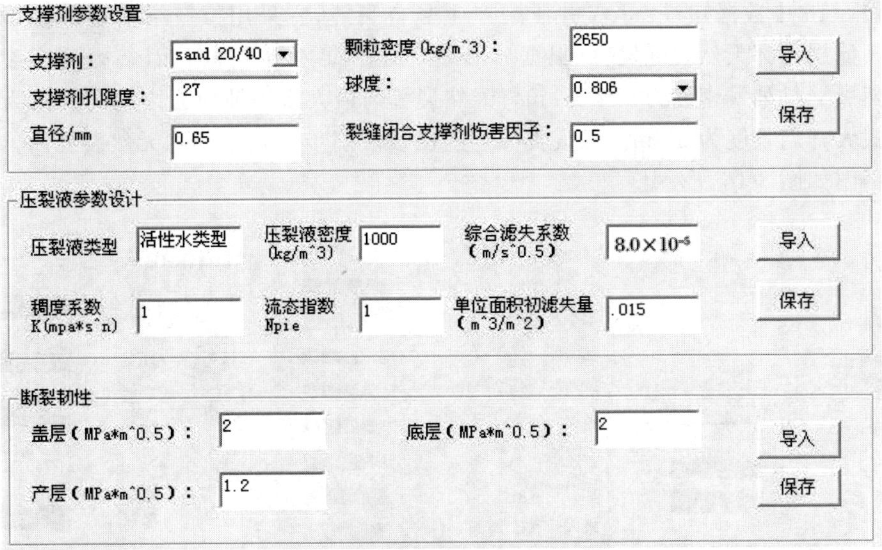

图 8-14　压裂设计基本参数输入界面

　　根据以上数据,结合煤层与上下隔层界面性质、上下隔层岩石弹性参数和应力条件,判断压裂后最可能出现的裂缝形态,判断窗体如图 8-15 所示。

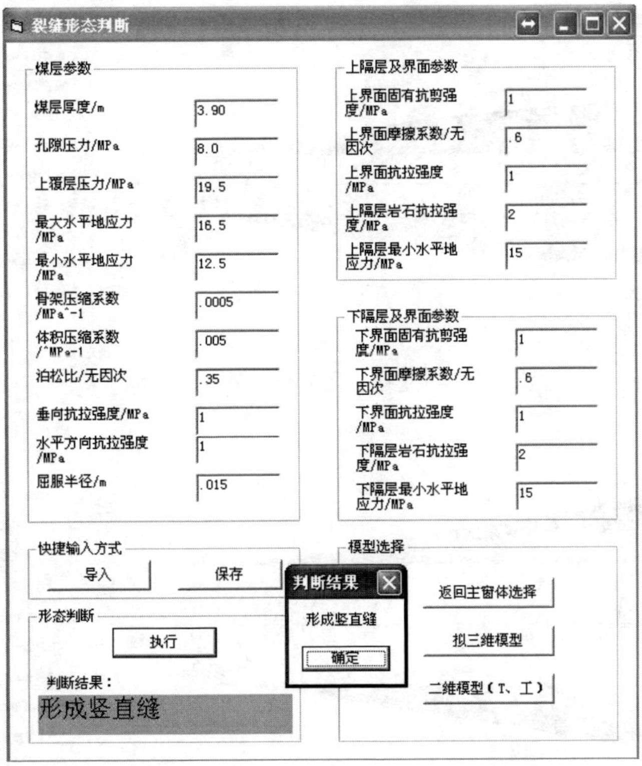

图 8-15　FZ-AA 井压后裂缝形态判断窗体

由图 8-15 中数据知,FZ-AA 井压裂产生竖直裂缝,宜采用拟三维多裂缝模型进行设计。由于储层内部天然裂缝发育,根据分形理论分形维数相等原理,计算得到多裂缝模型等效天然裂缝排列线密度为 0.2 条/m。天然裂缝与最大水平地应力之间的夹角为 60°,天然裂缝最大开启长度为 30 m。假设支撑剂随压裂液同步进入张开的天然裂缝内。设计采用参数截图如图 8-16 所示。

图 8-16 天然裂缝分布参数输入界面

图 8-17 和图 8-19 给出了 FZ-AA 井压裂设计结果。主水力裂缝长 156 m,支撑缝长 130 m,缝高 12 m,井周缝宽 26.03 mm,施工时间 238 min,见表 8-9。

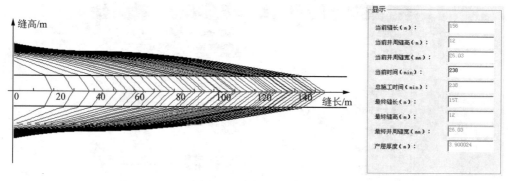

图 8-17 缝高-缝长分布

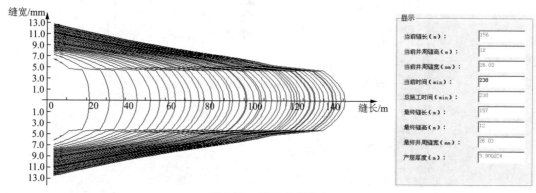

图 8-18 缝宽-缝长分布

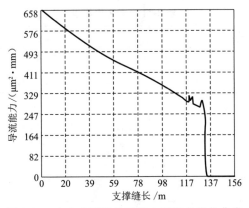

图 8-19　主水力裂缝导流能力随缝长变化曲线

表 8-9　FZ-AA 井压裂设计结果

参　数	取　值	参　数	取　值
施工时间/min	238	最大支撑缝宽/mm	19.9
排量/(m³·min⁻¹)	4	平均支撑缝宽/mm	11.7
缝长/m	156	最大支撑剂铺设浓度/(kg·m⁻²)	65.3
缝高/m	12	平均支撑剂铺设浓度/(kg·m⁻²)	38.0
缝宽/mm	26.03	最大导流能力/(μm²·mm)	658
支撑缝长/m	130	平均导流能力/(μm²·mm)	380

（2）ZZ-BB 井。

根据测井数据，ZZ-BB 井 3# 煤层埋深范围为 1 082.8～1 088.3 m，顶底板厚度取 30 m，建立压裂设计模型。3# 煤上部为砂质泥岩、砂岩。由测井解释曲线得到顶底板断裂韧性为 2 MPa·$\sqrt{m}$，煤层断裂韧性为 1.2 MPa·$\sqrt{m}$，3# 煤层上覆岩层压力为 27 MPa，最大水平地应力为 22.5 MPa，最小水平地应力为 15.5 MPa，3# 煤层最小水平地应力较顶底板应力小 7.0 MPa，储层压力约为 7.6 MPa。煤岩骨架压缩系数为 0.000 5 MPa⁻¹，综合压缩系数为 0.005 MPa⁻¹。压裂段地层弹性参数与应力分布见表 8-10。

表 8-10　ZZ-BB 井压裂段地层弹性参数与地应力分布

层　位	弹性模量/MPa	泊松比	最小水平地应力/MPa
顶　板	10 000	0.20	22.5
煤　层	3 000	0.35	15.5
底　板	10 000	0.20	22.5

该井压裂施工采用瓜胶压裂液，所用支撑剂为 20/40 目石英砂和 16/20 目石英砂。其中在前置液注入阶段采用 20/40 目石英砂段塞，砂量体积为 2.38 m³，前置液体积为 136 m³；总泵注体积为 384 m³，总加砂量为 40 m³，总液量为 344 m³，携砂液平均砂比为 16.2%，总计施工时间为 96 min。设计泵注程序见表 8-11。

表 8-11　泵注程序表

段　　数	体积/m³	砂比/%	排量/(m³·min⁻¹)	时间/min
1	136	0	4.0	34
2	16	7	4.0	4
3	24	11	4.0	6
4	40	15	4.0	10
5	80	18	4.0	20
6	32	21	4.0	8
7	16	24	4.0	4
8	16	26	4.0	4
9	16	24	4.0	4
10	8	26	4.0	2
总　计	384	—	—	96

设计中所用 20/40 目石英砂支撑剂粒径范围为 0.42～0.84 mm，石英砂颗粒密度为 2.65 g/cm³，孔隙度为 27%，视密度为 1.6 g/cm³，球度为 0.806。压裂液综合滤失系数为 $8.0×10^{-5}$ m/$\sqrt{s}$，单位面积初滤失量为 0.015 m³/m²。射孔采用 102 枪 127 弹，孔密 16 个/m，层厚 3.5 m，总射孔数 56 个，射孔孔眼直径 11.8 mm。

根据以上数据，结合煤层与上下隔层界面性质、上下隔层岩石弹性参数和应力条件，判断压裂后最可能出现的裂缝几何形态，判断窗体如图 8-20 所示。

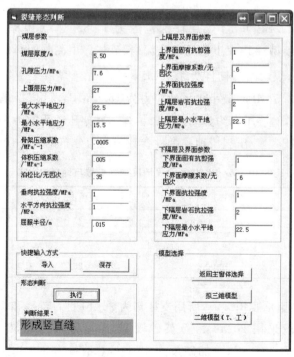

图 8-20　ZZ-BB 井裂缝形态判断窗体

由图 8-20 可见,ZZ-BB 井压裂产生竖直裂缝,宜采用拟三维多裂缝模型进行设计。由于本井天然裂缝发育情况不清楚,下面分两种情况进行设计。情况一:储层天然裂缝不发育,不考虑天然裂缝的影响。情况二:储层天然裂缝发育,多裂缝模型等效天然裂缝排列线密度为 0.2 条/m,天然裂缝与最大水平地应力之间的夹角为 60°,天然裂缝最大开启长度为 30 m。假设支撑剂随压裂液同步进入张开的天然裂缝内。

不考虑天然裂缝影响时,设计结果如图 8-21 和图 8-22 所示。水力裂缝缝长 264.5 m,缝高 8 m,井周缝宽 55.63 mm,施工时间 96 min,见表 8-12。

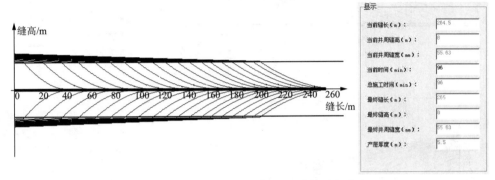

图 8-21　不考虑天然裂缝影响时缝高-缝长分布

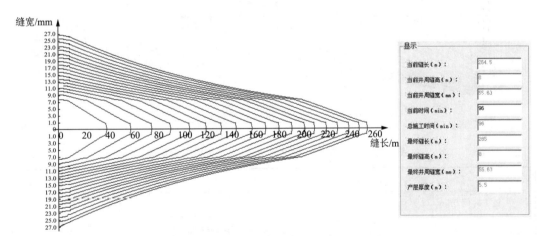

图 8-22　不考虑天然裂缝影响时缝宽-缝长分布

表 8-12　ZZ-BB 井压裂设计结果(不考虑天然缝裂影响)

参　数	取　值	参　数	取　值
施工时间/min	96	最大支撑缝宽/mm	37.6
排量/(m³·min⁻¹)	4	平均支撑缝宽/mm	17.3
缝长/m	264.5	最大支撑剂铺设浓度/(kg·m⁻²)	72.8
缝高/m	8	平均支撑剂铺设浓度/(kg·m⁻²)	33.5
缝宽/mm	55.63	最大导流能力/(μm²·mm)	1 255
支撑缝长/m	225.5	平均导流能力/(μm²·mm)	570

考虑天然裂缝影响时,设计结果如图 8-23 和图 8-24 所示。水力裂缝缝长 92 m,缝高 7 m,井周缝宽 22.84 mm,施工时间 96 min,见表 8-13。

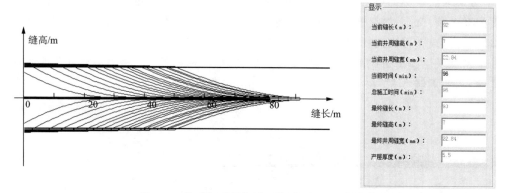

图 8-23　考虑天然缝影响时缝高-缝长关系图

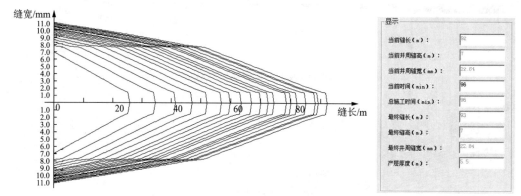

图 8-24　考虑天然裂缝影响时缝宽-缝长关系图

表 8-13　ZZ-BB 井压裂设计结果(考虑天然裂缝影响)

参　数	取　值	参　数	取　值
施工时间/min	96	最大支撑缝宽/mm	16.52
排量/(m³·min⁻¹)	4	平均支撑缝宽/mm	17.5
缝长/m	92	最大支撑剂铺设浓度/(kg·m⁻²)	57.3
缝高/m	7	平均支撑剂铺设浓度/(kg·m⁻²)	36.5
缝宽/mm	22.84	最大导流能力/(μm²·mm)	575
支撑缝长/m	84	平均导流能力/(μm²·mm)	362

对比不考虑天然裂缝和考虑天然裂缝影响的设计结果(表 8-14)可以看出:天然裂缝对水力裂缝缝长有明显的限制作用,天然裂缝使水力裂缝缝长由 264.5 m 减小到 92 m,这是由天然裂缝导致大量压裂液进入煤层割理造成的。同时可以看出,考虑天然裂缝影响后,缝宽也有大幅度减小,这是由缝长变短使得井口处压力降低造成的;天然裂缝对缝高也有一定的限制作用,从 8 m 降到 7 m。

表 8-14　ZZ-BB 井压裂设计结果对比

天然裂缝	滤失总量 /m³	主水力裂缝缝长 /m	主水力裂缝缝宽 /mm	主水力裂缝缝高 /m	主缝导流能力 /(μm²·mm)	压裂液效率/%
考　虑	250.5	92	22.84	7	575/362	34.8
不考虑	298.0	264.5	55.63	8	1 255/570	37.6

图 8-25 给出了主水力裂缝导流能力随缝长的变化曲线。由图可知,由于开启的天然裂缝中填充部分支撑剂,主水力裂缝缝长大幅减小,在主水力裂缝缝口处裂缝导流能力减小,受天然裂缝的影响,平均导流能力由 570 μm^2·mm 下降到 362 μm^2·mm,缝口处最大导流能力由 1 255 μm^2·mm 下降到 575 μm^2·mm。

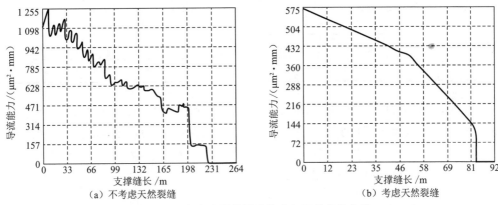

（a）不考虑天然裂缝　　　　　　　　（b）考虑天然裂缝

图 8-25　主水力裂缝导流能力与缝长变化曲线

（3）ZZ-DD 井。

ZZ-DD 井 3# 煤层埋深范围为 1 055.3～1 061.1 m,顶底板为砂质泥岩层、砂岩层。本井岩石平均密度为 2.47 g/cm³,顶底板断裂韧性为 2 MPa·$\sqrt{m}$,煤层断裂韧性为 1.2 MPa·$\sqrt{m}$,3# 煤层最小水平地应力与上下隔层应力相差不大,见表 8-15。3# 煤层上覆岩层压力为 21.1 MPa,最大水平地应力为 26.5 MPa,最小水平地应力为 17.5 MPa,储层压力约为 10.58 MPa。煤岩抗拉强度为 1 MPa,骨架压缩系数为 0.000 5$\sqrt{MPa}$,综合压缩系数为 0.005$\sqrt{MPa}$。

表 8-15　ZZ-DD 井压裂段地层弹性参数与地应力分布

层　位	弹性模量/MPa	泊松比	最小水平地应力/MPa
顶　板	25 000	0.30	18.0
煤　层	5 000	0.24	17.5
底　板	25 000	0.30	18.0

该井压裂施工采用瓜胶压裂液,支撑剂采用 20/40 目石英砂和 16/20 目石英砂。其中在前置液注入阶段采用 20/40 目石英砂段塞,砂量体积为 2.38 m³,前置液体积为 136 m³;总泵注体积为 384 m³,总加砂量为 40 m³,总液量为 344 m³,携砂液平均砂比为 16.2%,总计施工时间为 96 min。设计泵注程序见表 8-16。

表 8-16　ZZ-DD 井泵注程序

段　数	体积/m³	砂比/%	排量/(m³·min⁻¹)	时间/min
1	136	0	4.0	34
2	16	7	4.0	4
3	24	11	4.0	6
4	40	15	4.0	10
5	80	18	4.0	20
6	32	21	4.0	8
7	16	24	4.0	4
8	16	26	4.0	4
9	16	24	4.0	4
10	8	26	4.0	2
总　计	384	—	—	96

设计所用 20/40 目石英砂颗粒密度为 2.65 g/cm³，孔隙度为 27%，视密度为 1.6 g/cm³，球度为 0.806。压裂液综合滤失系数为 8.0×10^{-5} m/$\sqrt{s}$，单位面积初滤失量为 0.015 m³/m²。射孔采用 102 枪 127 弹，孔密 16 个/m，射孔井段 4.8 m，总射孔数 77 个，射孔孔眼直径为 11.8 mm。设计采用的基本参数如图 8-26 所示。

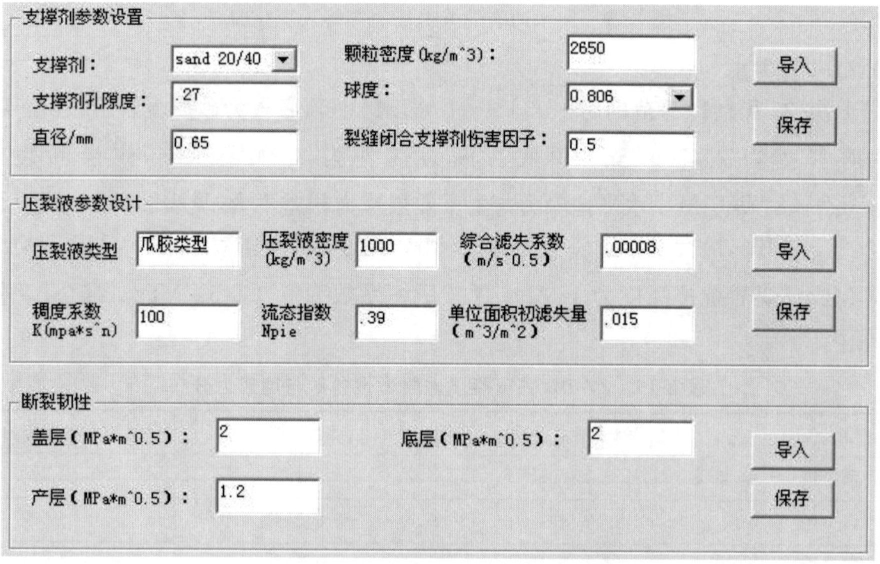

图 8-26　ZZ-DD 井压裂设计基本参数

根据以上数据，结合煤层与上下隔层界面性质、上下隔层岩石弹性参数和应力条件，判断压裂后最可能出现的裂缝形态，判断窗体如图 8-27 所示。

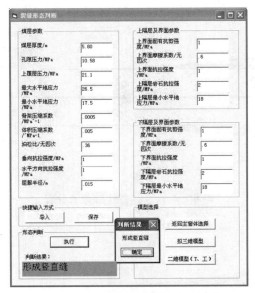

图 8-27　ZZ-DD 井裂缝形态判断窗体

由图 8-27 可知,ZZ-DD 井压裂出现竖直裂缝,宜采用拟三维模型进行设计。考虑到该煤层中裂缝发育情况,设计时考虑天然裂缝的影响。根据分形理论分形维数相等原理,计算得到多裂缝模型等效天然裂缝排列线密度为 0.2 条/m,天然裂缝与最大水平地应力之间的夹角为 60°,天然裂缝最大开启长度为 30 m。假设支撑剂同步进入张开的天然裂缝内。设计所用参数截图如图 8-28 所示。

图 8-28　ZZ-DD 井天然裂缝分布参数

ZZ-DD 井压裂设计结果如图 8-29～图 8-31 所示,主要参数见表 8-17。可以看出,施工结束时裂缝缝长为 104 m,井周缝宽为 15.69 mm,平均支撑缝宽为 8.2 mm,缝高为 10 m,平均导流能力为 263 $\mu m^2 \cdot$ mm。对比 ZZ-BB 井和 ZZ-DD 井,两口井所用压裂液类型、总量和泵注程序相同,而两口井煤层的最小水平地应力不同,ZZ-DD 井的最小水平地应力比ZZ-BB 井高 2 MPa,导致 ZZ-DD 井的缝宽变小,导流能力下降,进而使半缝长略有增加。对比 FZ-AA 和 ZZ-DD 井,两口井所用压裂液类型、总量不同,FZ-AA 井为活性水压裂液,ZZ-DD 井为瓜胶压裂液,前者的滤失系数较大,且最小水平地应力远小于后者,使得FZ-AA 井的井周缝宽增大 26.03 mm,尽管 FZ-AA 井的注入总量是 ZZ-DD 井的 2 倍以上,但是缝长仅增加了 50%,达到 156 m。

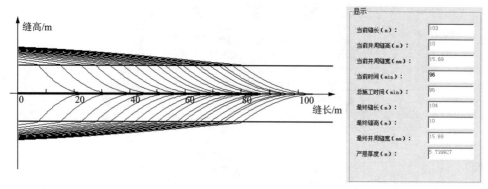

图 8-29　ZZ-DD 井缝高-缝长分布

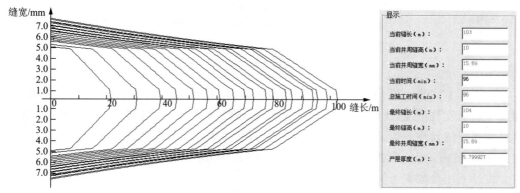

图 8-30　ZZ-DD 井缝宽-缝长分布

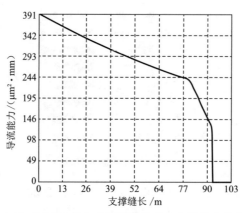

图 8-31　ZZ-DD 井水力裂缝导流能力与缝长变化曲线

表 8-17　ZZ-DD 井压裂设计结果

参　　数	取　　值	参　　数	取　　值
施工时间/min	96	最大支撑缝宽/mm	12.0
排量/(m³·min⁻¹)	4	平均支撑缝宽/mm	8.2
缝长/m	104	最大支撑剂铺设浓度/(kg·m⁻²)	39.4

参　数	取　值	参　数	取　值
缝高/m	10	平均支撑剂铺设浓度/(kg·m^{-2})	26.8
缝宽/mm	15.69	最大导流能力/(μm²·mm)	391
支撑缝长/m	92.5	平均导流能力/(μm²·mm)	263

3）典型井生产动态

（1）FZ-AA井。

FZ-AA井压裂返排后进行降压排采，100 d后开始见气，单井日产气量很低，仅为几十立方米；280 d后日产气量开始迅速升高，到480 d达到最大值（3 050 m³/d），随后略有降低，稳定在2 600 m³/d，如图8-32所示。由图8-32可知，本井压裂产能预测结果与实际产能基本相符。

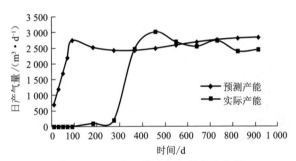

图 8-32　FZ-AA井日产气量变化曲线

图8-33给出了FZ-AA井实际累积产气量及预测值随生产时间的变化曲线[10]。从图中可以看出：两条曲线的斜率相近，表明预测值与实际值变化规律一致，但由于在实际生产过程中排水过程较长，使得初始见气时间延后。

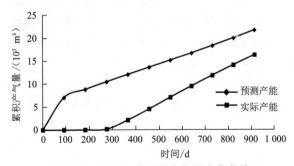

图 8-33　FZ-AA井累积产气量变化曲线

（2）ZZ-DD井。

ZZ-DD井压裂返排后进行降压排采，283 d后开始见气，随后日产气量开始迅速升高，到470 d达到最大值（1 550 m³/d），然后略有降低，稳定在1 200 m³/d，在900 d时由于井下出煤粉，进行修井作业，导致产气量为0，如图8-34所示。预测产能与实际产能对比，500 d后出现了较大偏差，推断为实际开采过程作业程序出现问题，导致单井产量出现了不产气的现象。

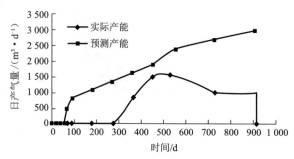

图 8-34　ZZ-DD 井日产气量变化曲线

图 8-35 给出了 ZZ-DD 井累积产气量随生产时间的变化规律。进一步看出，在 800 d 以前，实际产能与预测产能一致，表明该井有产气的物质基础，但在 900 d 作业后却不产气，值得进一步研究。

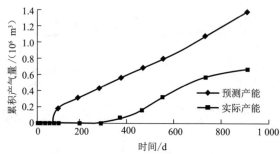

图 8-35　ZZ-DD 井累积产气量变化曲线

8.3.2　沁水盆地北缘

寿阳区块位于山西省中部，沁水煤田北端，属沁水盆地北缘寿阳—阳泉单斜带。在区域构造的控制下，地层总体上为走向近东西、倾向南的单斜构造，在此背景上又发育了一些次一级的褶皱和断裂。已有地质成果显示，区块内稳定发育的煤层主要有 3#，9# 和 15# 煤层，其中 3# 和 15# 煤均覆盖全区，9# 煤在西南局部存在无煤区。太原组 15# 煤层为稳定可采煤层，煤层厚度 1.50～6.08 m，平均 3.57 m，向南煤层变薄，是煤层气开发的主力煤层。下面以 QY-AA，QY-BB 和 QY-CC 3 口井为例，分析其压裂生产特性。

1）产能分析

（1）QY-AA 井。

QY-AA 井的构造位置为山西省中部沁水煤田北端寿阳区块，压裂目的层为 15# 煤层，目的层埋深范围为 740.85～745.26 m，厚度为 4.41 m，顶底板岩性为砂质泥岩、砂岩，储层物性参数见表 8-18。根据压裂初步设计结果，假设直井压裂缝宽为 11 mm，裂缝导流能力为 400 $\mu m^2 \cdot$ mm。由煤层气直井压裂 BP 神经网络产能预测软件得到该井裂缝半缝长与 10 年累积产气量的关系，如图 8-36 所示。

表 8-18　QY-AA 井储层基础参数

参　数	数　值	参　数	数　值
煤层顶深/m	740.85	煤层原始压力/MPa	7.43
煤层厚度/m	4.41	地层温度/℃	23
区块面积/(m×m)	500×500	煤层初始含气量/(m³·t⁻¹)	16
孔隙度/%	4.0	解吸时间/d	10
渗透率/(10⁻³ μm²)	0.1	水的黏度/(mPa·s)	1
煤层原始含水饱和度	0.98	气体黏度/(mPa·s)	0.01
Langmuir 体积/(m³·t⁻¹)	28	综合压缩系数/MPa⁻¹	4.0×10⁻³
Langmuir 压力/MPa	3.65	煤岩密度/(kg·m⁻³)	1 350
裂缝缝宽/cm	1.1	井底流压/MPa	1
裂缝导流能力/(μm²·mm)	400		

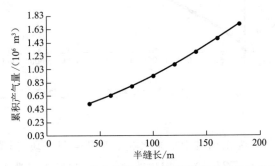

图 8-36　QY-AA 井半缝长与 10 年累积产气量关系曲线

对每种压裂规模对应的产能进行经济评价,结果如图 8-37 所示。从图中可以看出,半缝长为 92 m 时取得最佳经济效益。

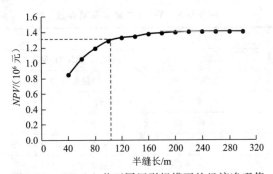

图 8-37　QY-AA 井不同压裂规模下的经济净现值

为了进一步了解最优压裂规模下生产井的产量变化情况,用煤层气压裂产能数值模拟软件对 QY-AA 井生产动态进行分析,结果如图 8-38 所示,累积产气量随时间的变化规律如图 8-39 所示。

模拟计算结果表明,在该裂缝条件下开发 50 d 日产气量迅速达到最高值(1 750 m³/d),随后逐渐降低,生产 10 年后日产气量下降到 300 m³/d,累积产气量达到 2.8×10⁶ m³。

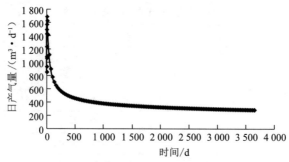

图 8-38　QY-AA 井日产气量变化曲线

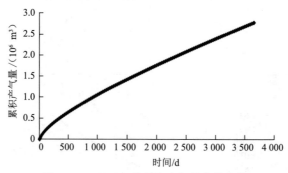

图 8-39　QY-AA 井累积产气量变化曲线

（2）QY-BB 井。

QY-BB 井的构造位置为山西省中部沁水煤田北端寿阳区块,压裂目的层为 15# 煤层,目的层埋深范围为 723.41～727.30 m,厚度为 3.89 m,顶底板岩性为砂质泥岩、砂岩,储层物性参数见表 8-19。根据压裂初步设计结果,假设直井压裂缝宽为 13 mm,裂缝导流能力为 360 $\mu m^2 \cdot$ mm。由煤层气直井压裂 BP 神经网络产能预测软件得到该井裂缝半缝长与 10 年累积产气量的关系,如图 8-40 所示。

表 8-19　QY-BB 井储层基础参数

参　数	数　值	参　数	数　值
煤层顶深/m	723.41	煤层原始压力/MPa	7.25
煤层厚度/m	3.89	地层温度/℃	25
区块面积/(m×m)	500×500	煤层初始含气量/(m³·t⁻¹)	15
孔隙度/%	4.0	解吸时间/d	10
渗透率/(10^{-3} μm^2)	0.1	水的黏度/(mPa·s)	1
煤层原始含水饱和度	0.98	气体黏度/(mPa·s)	0.01
Langmuir 体积/(m³·t⁻¹)	31	综合压缩系数/MPa⁻¹	4.0×10^{-3}
Langmuir 压力/MPa	3.65	煤岩密度/(kg·m⁻³)	1 350
裂缝缝宽/cm	1.3	井底流压/MPa	1
裂缝导流能力/($\mu m^2 \cdot$ mm)	360		

对每种压裂规模对应的产能进行经济评价,结果如图 8-41 所示。从图中可以看出,半缝长为 108 m 时取得最佳经济效益。

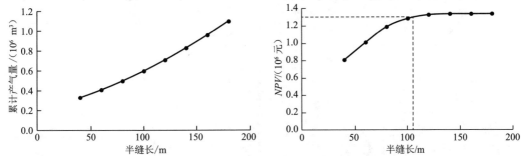

图 8-40 QY-BB 井半缝长与 10 年累积产气量关系曲线 图 8-41 QY-BB 井不同压裂规模下的经济净现值

为了进一步了解最优压裂规模下生产井的产量变化情况,由煤层气压裂产能数值模拟软件对 QY-BB 井生产动态进行分析,结果如图 8-42 所示,累积产气量随时间的变化规律如图 8-43 所示。

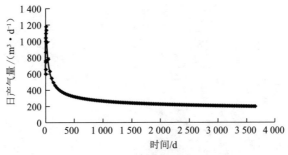

图 8-42 QY-BB 井日产气量变化曲线

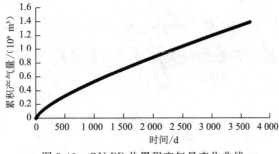

图 8-43 QY-BB 井累积产气量变化曲线

模拟计算结果表明,在该裂缝条件下开发 30 d 时日产气量达到最高值($1\ 200\ m^3/d$),随后逐渐降低,生产 10 年后日产气量下降到 $200\ m^3/d$,累积产气量达到 $1.4 \times 10^6\ m^3$。

（3）QY-CC 井。

QY-CC 井的构造位置为山西省中部沁水煤田北端寿阳区块,压裂目的层为 15$^{\#}$ 煤层,目的层埋埋范围为 790.1～794.8 m,厚度为 4.7 m,顶底板岩性为砂质泥岩、砂岩,储层物性参数见表 8-20。根据压裂初步设计结果,假设直井压裂缝宽为 15 mm,裂缝导流能力为 300 $\mu m^2 \cdot mm$。由煤层气直井压裂 BP 神经网络产能预测软件得到该井裂缝半缝长与 10

年累积产气量的关系,如图 8-44 所示。

表 8-20　QY-CC 井储层基础参数

参　数	数　值	参　数	数　值
煤层顶深/m	790.1	煤层原始压力/MPa	7.92
煤层厚度/m	4.7	地层温度/℃	23
区块面积/(m×m)	500×500	煤层初始含气量/(m³·t⁻¹)	12
孔隙度/%	4.0	解吸时间/d	10
渗透率/(10⁻³ μm²)	0.1	水的黏度/(mPa·s)	1
煤层原始含水饱和度	0.98	气体黏度/(mPa·s)	0.01
Langmuir 体积/(m³·t⁻¹)	28	综合压缩系数/MPa⁻¹	4.0×10⁻³
Langmuir 压力/MPa	3.7	煤岩密度/(kg·m⁻³)	1 350
裂缝缝宽/cm	1.5	井底流压/MPa	1
裂缝导流能力/(μm²·mm)	300		

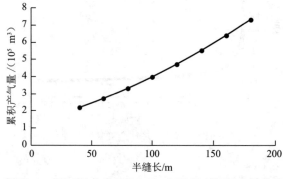

图 8-44　QY-CC 井半缝长与 10 年累积产气量关系曲线

对每种压裂规模对应的产能进行经济评价,结果如图 8-45 所示。从图中可以看出,半缝长为 72 m 时取得最佳经济效益。

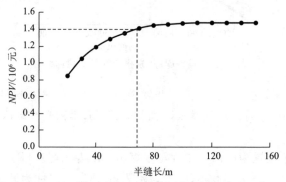

图 8-45　QY-CC 井不同压裂规模下的经济净现值

为了进一步了解最优压裂规模下生产井的产量变化情况,用煤层气压裂产能数值模拟软件对 QY-CC 井生产动态进行分析,结果如图 8-46 所示,累积产气量随时间的变化规律如图 8-47 所示。

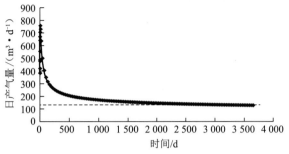

图 8-46　QY-CC 井日产气量变化曲线

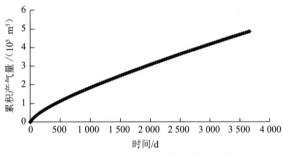

图 8-47　QY-CC 井累积产气量变化曲线

模拟计算结果表明,在该裂缝条件下开发 10 d 时产气量达到最高值(780 m^3/d),随后逐渐降低,生产 10 年后日产气量下降到 130 m^3/d,累积产气量达到 5×10^5 m^3。

将沁水北缘寿阳区块 3 口井的生产动态曲线与沁水南缘樊庄 FZ-AA 井进行比较,可以看出两者煤层埋深、厚度相近,仅初始含气量有差别,但两者的日产气量存在显著差别。由分析可见,初始含气量是影响煤层气井单井日产气量的最敏感因素,其次是储层压力。

2）压裂设计

（1）QY-AA 井。

首先利用 QY-AA 井测井资料解释出该井的弹性参数和地应力剖面,如图 8-48 所示。

QY-AA 井 15$^\#$ 煤层埋深为 740.85～745.26 m,目的层上部为砂质泥岩层、砂岩层,岩石平均密度为 2.48 g/cm^3。通过测井解释得到顶底板断裂韧性为 2 MPa·$\sqrt{m}$,煤层断裂韧性为 1.2 MPa·$\sqrt{m}$,15$^\#$ 煤层最小水平地应力较上隔层应力小 2.05 MPa,较下隔层应力小 2.91 MPa;15$^\#$ 煤层上覆岩层压力为 18.15 MPa,最大水平地应力为 15.7 MPa,最小水平地应力为 10.1 MPa,储层压力为 7.43 MPa。煤岩抗拉强度为 1 MPa,骨架压缩系数为 0.000 5 MPa^{-1},综合压缩系数为 0.005 MPa^{-1}。QY-AA 井弹性参数与地应力分布见表 8-21。

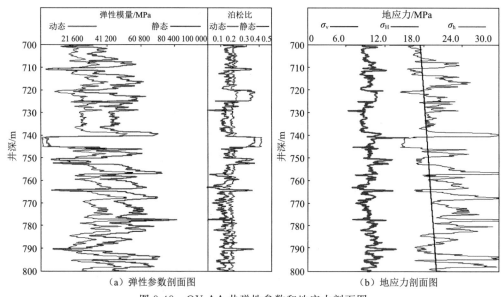

（a）弹性参数剖面图　　　　　　　　　　（b）地应力剖面图

图 8-48　QY-AA 井弹性参数和地应力剖面图

表 8-21　QY-AA 井弹性参数与地应力分布

层　位	弹性模量/MPa	泊松比	最小水平地应力/MPa
顶　板	10 023	0.23	12.15
煤　层	3 541	0.36	10.10
底　板	11 954	0.24	13.01

该井压裂施工采用活性水压裂液,支撑剂采用 20/40 目石英砂和 12/20 目石英砂。其中在前置液注入阶段采用 20/40 目石英砂段塞,砂量体积为 3.4 m³,前置液体积为 44 m³;总泵注体积为 320 m³,总加砂量为 35 m³,总液量为 285 m³,携砂液平均砂比为 14.0%,总计施工时间为 78 min。设计所用 20/40 目石英砂粒径范围为 0.42~0.84 mm,石英砂颗粒密度为 2.65 g/cm³,孔隙度为 27%,视密度为 1.6 g/cm³,球度为 0.806。压裂液综合滤失系数为 10×10^{-4} m/$\sqrt{\text{min}}$,单位面积初滤失量为 0.015 m³/m²。射孔采用 102 枪 127 弹,孔密 16 个/m,层厚 4.41 m。设计泵注程序见表 8-22。

表 8-22　QY-AA 井设计泵注程序

段　数	体积/m³	砂比/%	排量/(m³·min⁻¹)	时间/min
1	44	0	4.0	11
2	24	3	4.0	6
3	28	7	4.0	7
4	24	9	4.0	6
5	24	11	4.0	6
6	32	15	4.0	8
7	24	17	4.0	6

续表

段 数	体积/m³	砂比/%	排量/(m³·min⁻¹)	时间/min
8	32	19	4.0	8
9	24	21	4.0	6
10	32	23	4.0	9
11	32	25	4.0	6
总　计	320	—	—	78

　　根据以上数据,结合煤层与上下隔层界面性质、上下隔层岩石弹性参数及应力条件,判断压裂裂缝几何形态,判断窗体如图 8-49 所示。

　　由图 8-49 可知,QY-AA 井压裂出现竖直缝,宜采用拟三维模型进行设计。QY-AA 井储层内部天然裂缝发育,根据分形理论分形维数相等原理,计算得到多裂缝模型等效天然裂缝排列线密度为 0.18 条/m,天然裂缝排列与最大水平地应力之间的夹角为 60°,天然裂缝最大开启长度为 30 m。假设支撑剂同步进入张开的天然裂缝内。天然裂缝设计参数如图 8-50 所示。

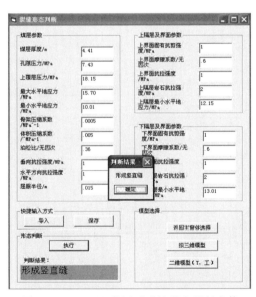

图 8-49　QY-AA 井压后裂缝形态判断窗体

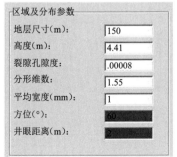

图 8-50　QY-AA 井天然裂缝分布参数输入界面

利用煤岩复杂裂缝压裂设计软件对 QY-AA 井进行压裂设计,结果如图 8-51～图 8-53 所示。从图中可以看出:主裂缝为竖直缝,伴随有斜交的天然裂缝簇。主缝半长 96 m,井周缝宽 22.06 mm,平均支撑缝宽 12.14 mm,平均导流能力 347 $\mu m^2 \cdot$ mm,见表 8-23。

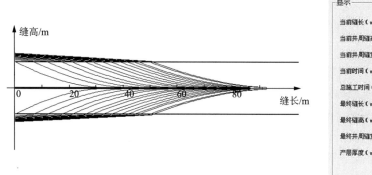

图 8-51　缝高-缝长分布

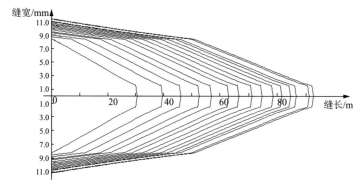

图 8-52　缝宽-缝长分布

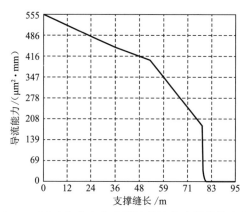

图 8-53　QQ-AA 井主水力裂缝导流能力随缝长变化曲线

表 8-23　QQ-AA 井压裂设计结果

参　　数	取　值	参　　数	取　值
施工时间/min	78	最大支撑缝宽/mm	17.24
排量/(m³·min⁻¹)	4	平均支撑缝宽/mm	12.14
缝长/m	96	最大支撑剂铺设浓度/(kg·m⁻²)	52.10
缝高/m	8	平均支撑剂铺设浓度/(kg·m⁻²)	36.50
缝宽/mm	22.06	最大导流能力/(μm²·mm)	555
支撑缝长/m	82	平均导流能力/(μm²·mm)	347

（2）QY-BB 井。

首先利用测井数据解释出该井的弹性参数剖面和地应力剖面。

QY-BB 井 15# 煤层埋琛为 723.41～727.30 m，目的层上部为砂质泥岩层、砂岩层，测井层段岩石平均密度为 2.48 g/cm³。通过测井解释得到顶底板断裂韧性为 2 MPa·$\sqrt{m}$，煤层断裂韧性为 1.2 MPa·$\sqrt{m}$，15# 煤层最小水平地应力较上下隔层应力偏小约 2.46 MPa，煤层上覆岩层压力为 17.72 MPa，最大水平地应力为 16.33 MPa，最小水平地应力为 12.54 MPa，储层压力为 7.25 MPa。煤岩抗拉强度为 1 MPa，骨架压缩系数为 0.000 5 MPa⁻¹，综合压缩系数为 0.005 MPa⁻¹。QY-BB 井弹性参数与地应力分布见表 8-24。

表 8-24　QY-BB 井弹性参数与地应力分布表

层　　位	弹性模量/MPa	泊松比	最小水平地应力/MPa
顶　板	12 000	0.20	15.00
煤　层	4 000	0.36	12.54
底　板	12 000	0.20	15.00

该井压裂施工采用活性水压裂液，所用支撑剂为 20/40 目石英砂和 12/20 目石英砂。其中在前置液注入阶段采用 20/40 目石英砂段塞，砂量体积为 3.4 m³，前置液体积为 52 m³；总泵注体积为 404 m³，总加砂量为 42 m³，总液量为 362 m³，携砂液平均砂比为 14.0%，总计施工时间 101 min。设计所用 20/40 目石英砂支撑剂的粒径范围为 0.42～0.84 mm，石英砂颗粒密度为 2.65 g/cm³，孔隙度为 27%，视密度为 1.6 g/cm³，球度为 0.806。压裂液综合滤失系数为 10×10⁻⁴ m/$\sqrt{min}$，单位面积初滤失量为 0.015 m³/m²。射孔采用 102 枪 127 弹，孔密 16 个/m，层厚 3.89 m。设计泵注程序见表 8-25。

表 8-25　QY-BB 井泵注程序

段　　数	体积/m³	砂比/%	排量/(m³·min⁻¹)	时间/min
1	52	0	4.0	13
2	32	3	4.0	8

段　数	体积/m³	砂比/%	排量/(m³·min⁻¹)	时间/min
3	40	7	4.0	10
4	40	9	4.0	10
5	32	11	4.0	8
6	40	15	4.0	10
7	32	17	4.0	8
8	32	19	4.0	8
9	32	21	4.0	8
10	32	23	4.0	8
11	40	25	4.0	10
总　计	404	—	—	101

　　根据以上数据,结合煤层与上下隔层界面性质、上下隔层岩石弹性参数及应力条件,判断压裂裂缝几何形态,判断窗体如图 8-54 所示。

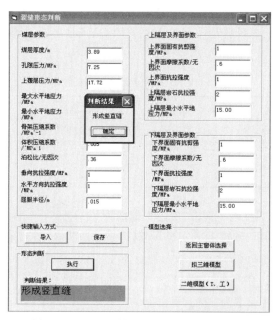

图 8-54　QY-BB 井压后裂缝形态判断窗体

　　由图 8-54 知,该井压裂产生竖直缝,宜采用拟三维模型进行设计。根据分形理论分形维数相等原理,计算得到多裂缝模型等效天然裂缝排列线密度为 0.25 条/m,天然裂缝排列与最大水平地应力之间的夹角为 60°,天然裂缝最大开启长度为 30 m。不考虑天然裂缝壁面摩擦以及抗拉强度、固有抗剪强度,假设支撑剂同步进入张开的天然裂缝内。压裂设计所用天然裂缝参数如图 8-55 所示。

图 8-55 QY-BB 井天然裂缝分布参数输入界面

利用煤岩复杂裂缝压裂设计软件对 QY-BB 井进行压裂设计,结果如图 8-56~图 8-58 和表 8-26 所示。其中,主缝半长 109.5 m,天然裂缝簇与其斜交,缝高 8 m,井周缝宽 21.47 mm,平均支撑缝宽 12.47 mm,平均导流能力 336 $\mu m^2 \cdot mm$。

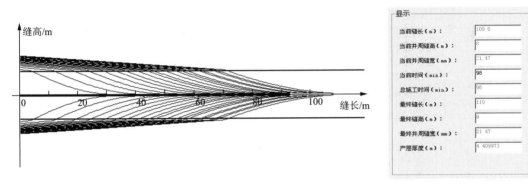

图 8-56 QY-BB 井缝高-缝长分布

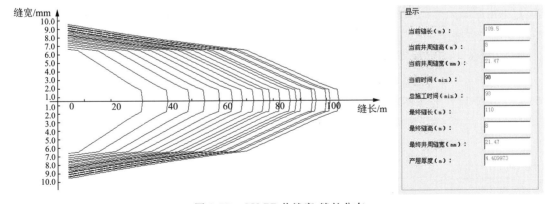

图 8-57 QY-BB 井缝宽-缝长分布

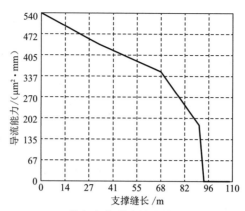

图 8-58　QY-BB 井主水力裂缝导流能力随缝长变化曲线

表 8-26　QY-BB 井压裂设计结果

参　数	取　值	参　数	取　值
施工时间/min	101	最大支撑缝宽/mm	16.52
排量/(m³·min⁻¹)	4	平均支撑缝宽/mm	12.47
缝长/m	109.5	最大支撑剂铺设浓度/(kg·m⁻²)	44.57
缝高/m	8	平均支撑剂铺设浓度/(kg·m⁻²)	28.15
缝宽/mm	21.47	最大导流能力/(μm²·mm)	540
支撑缝长/m	96	平均导流能力/(μm²·mm)	336

（3）QY-CC 井。

首先利用测井资料解释出该井的弹性参数和地应力剖面。由测井数据知，QY-CC 井 15# 煤层埋埗为 $790.1 \sim 794.8$ m，目的层上部为砂质泥岩层、砂岩层，岩石平均密度为 2.48 g/cm³。通过测井解释得到顶底板断裂韧性为 2 MPa·$\sqrt{m}$，煤层断裂韧性为 1.2 MPa·$\sqrt{m}$，煤层最小水平地应力较上隔层应力偏小约 0.85 MPa，较下隔层应力偏小 1.2 MPa，煤层上覆岩层压力为 19.36 MPa，最大水平地应力为 16.19 MPa，最小水平地应力为 13.04 MPa，储层压力为 7.92 MPa。煤岩抗拉强度为 1 MPa，骨架压缩系数为 0.000 5 MPa⁻¹，综合压缩系数为 0.005 MPa⁻¹。QY-CC 井弹性参数与地应力分布见表 8-27。

表 8-27　QY-CC 井弹性参数与地应力分布

层　位	弹性模量/MPa	泊松比	最小水平地应力/MPa
顶　板	10 211	0.23	13.89
煤　层	4 215	0.36	13.04
底　板	12 054	0.24	14.24

该井压裂施工采用活性水压裂液，所用支撑剂为 20/40 目石英砂和 12/20 目石英砂。其中在前置液注入阶段采用 20/40 目石英砂段塞，砂量体积为 3.7 m³，前置液体积为 56 m³；总泵注体积为 440 m³，总加砂量为 47 m³，总液量为 393 m³，携砂液平均砂比为 15.0%，总计施工时间 108 min。设计所用 20/40 目石英砂支撑剂的粒径范围为 $0.42 \sim 0.84$ mm，石英砂颗

粒密度为 2.65 g/cm³,孔隙度为 27%,视密度为 1.6 g/cm³,球度为 0.806。压裂液综合滤失系数为 10×10^{-4} m/$\sqrt{\min}$,单位面积初滤失量为 0.015 m³/m²。射孔采用 102 枪 127 弹,孔密 16 个/m,层厚 4.7 m。设计泵注程序见表 8-28。

表 8-28 QY-CC 井设计泵注程序

段 数	体积/m³	砂比/%	排量/(m³·min⁻¹)	时间/min
1	56	0	4.0	12
2	36	3	4.0	9
3	40	7	4.0	10
4	40	9	4.0	10
5	36	11	4.0	9
6	40	15	4.0	10
7	40	17	4.0	10
8	32	19	4.0	8
9	40	21	4.0	10
10	40	23	4.0	10
11	40	25	4.0	10
总 计	440	—	—	108

根据以上数据,结合煤层与上下隔层界面性质、上下隔层岩石弹性参数及应力条件,判断压裂后最可能出现的裂缝形态,判断窗体如图 8-59 所示。

由图 8-59 可以判定,该井压裂产生竖直裂缝,宜采用拟三维多裂缝模型进行设计。根据分形理论分形维数相等原理,计算得到该井多裂缝模型等效天然裂缝排列线密度为 0.3 条/m,天然裂缝排列与最大水平地应力之间的夹角为 60°,天然裂缝最大开启长度为 30 m。假设支撑剂随压裂液同步进入张开的天然裂缝内。天然裂缝设计参数如图 8-60 所示。

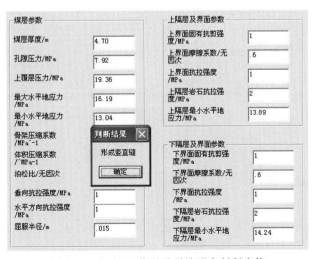

图 8-59 QY-CC 井压后裂缝形态判断窗体

图 8-60　QY-CC 井天然裂缝分布参数输入界面

利用煤岩复杂裂缝设计软件对 QY-BB 井进行压裂设计,结果如图 8-61～图 8-63 所示。其中,主缝半长 75.5 m,天然裂缝簇与其斜交,缝高 7 m,井周缝宽 18.10 mm,平均支撑缝宽 9.43 mm,平均导流能力 304 μm^2 · mm,其他数据详见表 8-29。

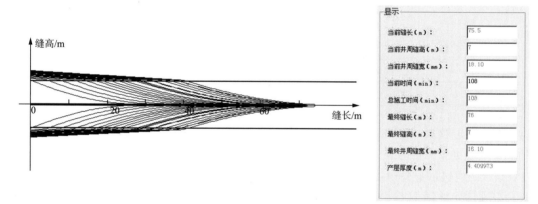

图 8-61　QY-CC 井缝高-缝长分布

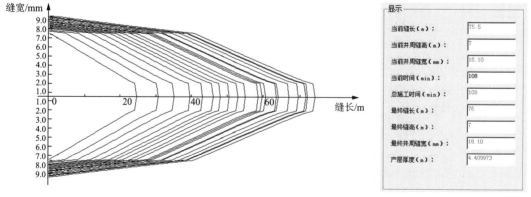

图 8-62　QY-CC 井缝宽-缝长分布

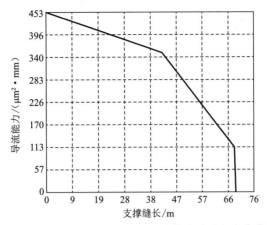

图 8-63　QY-CC 井主水力裂缝导流能力随缝长变化曲线

表 8-29　QY-CC 井设计结果

参　数	取　值	参　数	取　值
施工时间/min	108	最大支撑缝宽/mm	14.52
排量/(m³ · min⁻¹)	4	平均支撑缝宽/mm	9.43
缝长/m	75.5	最大支撑剂铺设浓度/(kg · m⁻²)	37.72
缝高/m	7	平均支撑剂铺设浓度/(kg · m⁻²)	25.66
缝宽/mm	18.10	最大导流能力/(μm² · mm)	453
支撑缝长/m	69	平均导流能力/(μm² · mm)	304

　　对比寿阳区块 3 口压裂井的设计结果可以看出,储层天然裂隙越发育,压裂过程中进入天然裂隙的压裂液和支撑剂越多,导致主水力裂缝的支撑缝宽越小,导流能力越低。

　　3) 典型井生产动态

　　(1) QY-AA 井。

　　QY-AA 井压裂返排后进行降压排采,28 d 后开始见气,随后日产气量迅速升高,120 d 后突然增加到 1 100 m³/d,一直维持到 500 d,之后由于井下出煤粉,进行修井作业,导致日产气量降到 500 m³/d,如图 8-64 所示。与预测产能曲线对比,生产初期实际日产气量低于预测日产气量,这可能是由于排水降压速率偏高,应力敏感性引起近井地带渗透率骤降所致;120 d 后由于基质收缩、出煤粉等原因又增大了近井地带的渗透率,使产量突增;500 d 时修井作业导致储层渗透率受到伤害,产量进一步下降。由此可见,该区域 15# 煤层渗透率的应力敏感性非常突出,应严格控制煤岩应力状态的波动。

　　图 8-65 给出了 QY-AA 井累积产气量随生产时间的变化规律。可以看出,预测产能曲线与实际产能曲线斜率一致,表明该井产气的主要基础参数使用合理,而曲线不重合主要是由储层渗透率应力敏感性导致渗透率波动造成的。

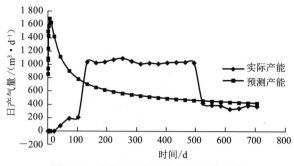

图 8-64　QY-AA 井日产气量变化曲线

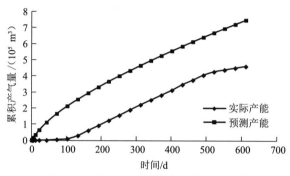

图 8-65　QY-AA 井累积产气量变化曲线

（2）QY-BB 井。

QY-BB 井压裂返排后进行降压排采，200 d 后开始见气，随后日产气量迅速升高，并稳定在 1 300 m³/d 左右，500 d 后由于井下出煤粉，进行修井作业，导致日产气量剧减，3 个月后日产气量又升高到 1 000 m³/d，如图 8-66 所示。预测产能曲线与实际产能曲线相比出现了较大的偏差。

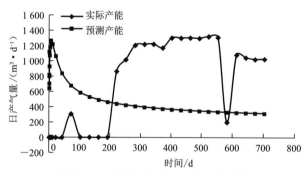

图 8-66　QY-BB 井日产气量变化曲线

图 8-67 给出了 QY-AA 井累积产气量随生产时间的变化规律。同样可以看出，预测产能曲线与实际产能曲线斜率不一致，表明该井产能预测所用基础参数与实际情况不符，可能该井的初始含气量高于预测所用值。

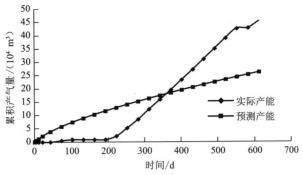

图 8-67　QY-BB 井累积产气量变化曲线

（3）QY-CC 井。

QY-CC 井压裂返排后进行降压排采，300 d 后开始见气，但日产气量非常低，仅有 100 m³/d 左右，到 600 d 日产气量也没有升高，如图 8-68 所示。预测产能曲线与实际产能曲线相比出现了较大的偏差。

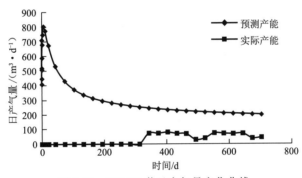

图 8-68　QY-CC 井日产气量变化曲线

图 8-69 给出了 QY-CC 井累积产气量随生产时间的变化规律。同样可以看出，预测产能曲线与实际产能曲线斜率不一致，表明该井产能预测所用基础参数与实际情况不符，可能该井的实际初始含气量低于预测所用值。

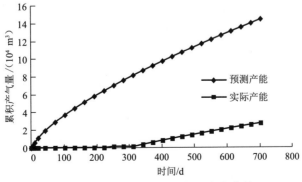

图 8-69　QY-CC 井累积产气量变化曲线

8.3.3 压裂实践小结

以我国典型煤层气产区沁水盆地为对象,考虑盆地南缘与北缘煤储层层位、物性、地质力学性质的差异,对直井煤层压裂和生产特性进行系统分析,取得了如下初步认识:

(1)煤岩是割理非常发育的非均质地层,天然裂隙的存在严重干扰了水力裂缝的几何形态。

(2)通过系统分析认为煤层直井压裂典型的裂缝形态是竖直主裂缝与斜交的天然裂缝簇形成的裂缝网络,基于此开发出拟三维多裂缝煤岩压裂设计软件系统。

(3)主裂缝为对称双翼竖直缝,次生缝为与主裂缝斜交的裂缝簇,裂缝簇中相邻裂缝的间距取决于煤岩的割理密度。

(4)软件分析表明,煤岩压裂与常规砂岩相比,差别巨大。煤岩压裂不仅裂缝几何形态复杂,而且裂缝压裂效率也很低。若仅考虑主裂缝,其压裂效率极低,仅为百分之几,且有一多半支撑剂进入割理系统,如 ZZ-DD 井总支撑剂质量为 64 t,而缝内支撑剂质量仅有 25 t。

(5)该区域煤岩的最小水平地应力略小于顶底板的最小水平地应力,使得顶底板处裂缝宽度与煤岩内的裂缝宽度相近。若顶底板为砂泥岩层,则其缝高的控制作用较差,容易沟通邻近的水层;若顶板为灰岩地层,则其对缝高的控制作用强。

(6)煤层产气量与煤层的多个物理参数相关,这里主要探讨了不同区域煤层日气产量出现巨大差异的原因。对比沁水盆地南缘和北缘发现,理论上日产气量的巨大差异可能是由两个区域储层初始含气量的差异导致的,但这一结论还需进一步验证。在实践上,排水采气阶段一定要控制好压降速率,避免储层应力敏感性对近井地带渗透率的影响,同时要控制好出煤粉的程度,这样才能更好地提高单井日产气量。

参 考 文 献

[1] 孟召平,田永东,李国富.煤层气开发地质学理论与方法[M].北京:科学出版社,2010.

[2] 程远方,吴百烈,李娜,等.应力敏感条件下煤层压裂裂缝延伸模拟研究[J].煤炭学报,2013,38(9):1 634-1 639.

[3] 程远方,吴百烈,袁征,等.煤层气井水力压裂"T"型裂缝延伸模型建立与应用[J].煤炭学报,2013,38(8):1 430-1 434.

[4] 程远方,徐太双,吴百烈,等.煤岩水力压裂裂缝形态实验研究[J].天然气地球科学,2013,24(1):134-137.

[5] 沈海超,程远方,夏元博,等.煤岩等软岩层地应力研究新方法及其应用[J].西安石油大学学报,2009,24(2):39-44.

[6] 袁征.煤层气井压裂"T"型裂缝延伸机理及软件开发[D].青岛:中国石油大学(华东),2013.

[7] 徐太双.煤层气水力压裂复杂裂缝形成实验研究[D].青岛:中国石油大学(华东),2013.

[8] 吴百烈.煤层气储层压裂复杂裂缝设计方法研究[D].青岛:中国石油大学(华东),2015.

[9] 李娜.煤层压裂滤失特性规律模拟实验研究[D].青岛:中国石油大学(华东),2013.

[10] 赵凤坤.煤层气压裂井产能分析及经济评价[D].青岛:中国石油大学(华东),2012.